Bernd Bühler und Andreas Hafer

Von Pythagoras zur Quantenphysik

Bernd Bühler und Andreas Hafer

Von Pythagoras zur Quantenphysik

Eine kurze Geschichte der Naturwissenschaften

THEISS

Die Deutsche Nationalbibliothek
verzeichnet diese Publikation in der Deutschen Nationalbibliografie;
detaillierte bibliografische Daten sind im Internet über
http://dnb.d-nb.de abrufbar.

Der Konrad Theiss Verlag ist ein Imprint der WBG

Die Herausgabe des Werkes wurde durch die Vereinsmitglieder
der WBG ermöglicht.
Satz: Martin Vollnhals, Neustadt a. d. Donau
Einbandabbildung: Atommodell © Yulia Loktionova – istockphoto.com
Einbandgestaltung: Vogelsang Design, Jens Vogelsang, Aachen
Gedruckt auf säurefreiem und alterungsbeständigem Papier
Printed in Germany

Besuchen Sie uns im Internet: www.wbg-wissenverbindet.de

ISBN 978-3-8062-3387-2

Elektronisch sind folgende Ausgaben erhältlich:
eBook (PDF): 978-3-8062-3410-7
eBook (epub): 978-3-8062-3411-4

Inhaltsverzeichnis

Einleitung

„Die Naturwissenschaft ist eine nie fertig zu machende Arbeit, ewig, wie die Arbeit des Stromes, der sein Bett formt."

Ludwik Fleck

Unsere Welt wird durch die modernen Naturwissenschaften geprägt. Die Naturwissenschaftler mit ihren Methoden, ihrem Wissen und ihrer Denkungsart liefern die Modelle, die uns das Leben erklären, die Natur, unseren Körper, die Zusammensetzung der Materie und die Zusammenhänge im Kosmos. Aber sie liefern nicht nur Erklärungen, sondern ihre Erklärungsmodelle machen technische Anwendungen möglich, wie sie die Menschheit in ihrer langen Geschichte nie gesehen, nicht einmal für möglich gehalten hat. Deshalb ist die moderne Naturwissenschaft heute ein globales Phänomen; die Arbeit der Naturwissenschaftler basiert weltweit auf den gleichen Grundlagen.

Wo ist da die Geschichte? Das ist eine gar nicht so leicht zu beantwortende Frage. Zunächst können wir feststellen, dass es schon immer Erklärungen von Naturphänomenen gab, aber diese Erklärungen in verschiedenen Kulturen zu verschiedenen Zeiten sehr unterschiedlich ausfielen. Und unsere moderne Naturwissenschaft mit ihrer Art Naturphänomene zu erforschen und zu erklären ist selbst historisch zu „verorten". Sie entwickelte sich in einer bestimmten Situation der Weltgeschichte unter bestimmten sozialen, wirtschaftlichen und kulturellen Bedingungen, mit geprägt von Denkansätzen, die aus der griechischen Antike stammen. Die moderne Naturwissenschaft entstand im 17. und 18. Jh. in Europa, und verbreitete sich von dort aus in die ganze Welt. Sie selbst ist also ein historisches Phänomen.

Da sind wir bei der Geschichte. Aber was bedeutet das? Wenn man Geschichte erzählt, dann geht man grundsätzlich davon aus, dass die Dinge, von denen man erzählt, sich in Abhängigkeit von der Zeit entwickeln. Heißt das, dass die moderne Naturwissenschaft nicht „wahrer“ ist als die Naturerklärungen vor ihr? Ist sie nur ein historisches Phänomen wie andere auch oder kann sie die Welt „richtig“ erklären? Wäre es zu der heutigen Auffassung von Naturwissenschaft auch gekommen, wenn die historische Entwicklung anders gewesen wäre? Das sind viele schwierige Fragen.

Die Vergangenheit ist ja nicht einfach vorhanden, sie wird für uns greifbar im Wesentlichen in Form von überlieferten Gegenständen, vor allem aber in Form vieler, vieler Texte. Darunter sind solche, die die Menschen, die für uns interessant sind, selbst geschrieben haben, und solche, die über diese Menschen und ihre Handlungen berichten, aus den Zeiten, in denen die Menschen gelebt haben, oder auch aus späteren Zeiten. Aber damit wir ein Bild von der Vergangenheit erhalten, müssen wir es aus allen diesen Überlieferungsteilen zusammensetzen.

So wie zum Beispiel unterschiedliche Maler die Welt unterschiedlich malen, so stellen auch Menschen, die die Geschichte der Naturwissenschaften erforschen, diese unterschiedlich dar. Wie sie sie darstellen, hängt von ihrer Ausbildung ab, von ihrem Interesse am Thema, allgemein von ihrem Weltverstehen. Es gibt nicht die „wahre“ Geschichte. Aber jede Geschichtserzählung, die ernst genommen werden will, muss dennoch bestimmten Ansprüchen genügen, sie muss in sich logisch sein und sie darf den „Fakten“ nicht widersprechen, die man kennt.

Das ist nicht unähnlich den Theorien in den Naturwissenschaften selbst. Auch diese können nicht völlig willkürlich sein, sie müssen irgendwie Überprüfungen standhalten. Aber da müssen wir etwas genauer nachfragen. Wie kommt es eigentlich, dass eine bestimmte Erklärung von Naturphänomenen von der Gemeinschaft als „wahr“, oder sagen wir etwas vorsichtiger, als „richtig“ anerkannt wird? Und, fast noch spannender, warum werden irgendwann Erklärungen nicht mehr als richtig empfunden und andere an ihre Stelle gesetzt?

Man könnte sagen, dass ein Erklärungsmodell dann akzeptiert wird, wenn es zu dem Phänomen „passt“, das es erklären soll – oder nicht mehr akzeptiert wird, wenn es eben nicht mehr „passt". Aber was heißt in diesem Zusammenhang „passen"? Können wir denn ernsthaft behaupten, dass die Erde sich um die Sonne dreht, obwohl wir jeden Morgen sehen können, wie die Sonne „aufgeht"? Und doch sind wir alle (und zu Recht) davon überzeugt, dass sich die Erde um ihre eigene Achse dreht (und außerdem noch um die Sonne). Aber wie kommt man auf so eine „Theorie", die doch unserer Anschauung widerspricht, und wie findet solch eine merkwürdige „Theorie" die allgemeine Anerkennung?

Da sind wir wieder bei der Geschichte. Diese Theorie hat sich erst herausgebildet – aber warum? Liegt es daran, dass die Menschen ihr Denken auf Grund äußerer Einflüsse verändert haben? Etwa so, wie es oft neue Moden gibt oder sich in der Kunstgeschichte Stile ändern? Oder liegt es daran, dass sich aus der Beschäftigung mit dem Naturphänomen, das erklärt werden soll, durch Prüfungen, Diskussionen und Nachdenken gewissermaßen zwangsläufig neue, bessere, „richtigere" Theorien bilden?

Wahrscheinlich stimmt beides. Wissenschaftler ringen um „Wahrheiten", nach bestem Wissen und Gewissen, aber die Art, wie sie ringen, hängt doch von den historischen Bedingungen und der geistigen Atmosphäre ab, in der sie leben. Wenn wir eine Geschichte der Naturwissenschaften schreiben, so müssen wir über beides schreiben, über die innere Entwicklung der Wissenschaft im Sinne eines „Fortschritts" bei der Erklärung von Naturphänomenen, aber auch über die Abhängigkeit dieser Entwicklung von den historischen Bedingungen.

So haben wir ein doppeltes Buch geschrieben, in dem beide Sichtweisen nachzulesen sind. Teilweise parallel, teilweise getrennt in unterschiedlichen Kapiteln. Dieses Buch soll gleichermaßen in die Geschichte der Naturwissenschaft einführen und einen Überblick über ihren Verlauf geben. Mehr noch wäre es schön, wenn dieses Buch Lust darauf machte, einzelne Fragen, die in einer solchen kurzen Darstellung nur angedeutet werden können, genauer zu betrachten. Darum haben wir am Ende des Buches einige Literaturhinweise angefügt, die Verweise auf deutschsprachige Bücher enthalten, die in dieser Hinsicht lesenswert sind.

Um das Buch schreiben zu können, haben wir natürlich viele andere Bücher und Aufsätze zum Thema gelesen. Wir haben darauf verzichtet, diese Literatur anzugeben (obwohl wir damit unsere Belesenheit dokumentiert hätten). Fußnoten mit den entsprechenden Verweisen hätten die Lesbarkeit unseres Buches eingeschränkt, die Nennung der benutzten Literatur hätte es unnötig dick gemacht. Am Ende dieser Einleitung sei darum nur ausdrücklich der Dank allen diesen Historikern und Naturwissenschaftlern ausgesprochen, denen wir unser Wissen verdanken.

Naturwissenschaft im Altertum

„In Wirklichkeit aber wissen wir nichts; denn in der Tiefe liegt die Wahrheit ..."

Demokrit

Am Anfang: Eine Welt voll von Göttern

Als vor hunderttausenden von Jahren das Bewusstsein in den frühen Menschen erwachte, müssen sich in diesen Menschen schon Fragen über Fragen aufgetürmt haben, allen voran sicher: Wo sind wir? Wer oder was sind wir? Woher kommen und wohin gehen wir? Und diese Fragen verlangten nach Antworten. Jede der sich entwickelnden Kulturen gab dabei ihre eigenen Antworten auf alle Fragen, die sich beim Blick in die Weite der Natur stellten. Die Kulturen der Menschheit bauten sich ihre Vorstellungen von der Natur und den Menschen in ihr zusammen, sie konstruierten ein Weltbild. Und so sehr sich die Antworten der verschiedenen frühen Kulturen auch unterscheiden, einige wesentliche Eigenheiten sind in allen Kulturen gleich: Die Wirklichkeit um uns herum besteht aus mehr als nur aus dem, was wir sehen können. Über oder neben dieser sichtbaren Wirklichkeit gibt es noch eine weit größere geistige bzw. göttliche Wirklichkeit, die letztlich als Grundlage allen menschlichen Lebens aufgefasst wird. Die Art dieser Vorstellungen fasst Thales von Milet, der große griechische Philosoph des 6. Jhs. v. Chr., von dem noch in einem gänzlich anderen Zusammenhang die Rede sein wird, sehr schön in folgendem Spruch zusammen: „Alles ist voll von Göttern."

Da wir hier nicht alle frühen Weltbilder betrachten können, sei hier als Beispiel das der Mesopotamier kurz vorgestellt. In Mesopotamien, dem Land zwischen den Flüssen Euphrat und Tigris, entstand die erste der frühen großen Kulturen. Abb. 1 soll einen Eindruck des mesopotamischen Weltbildes vermitteln.

Die Erde stellten sich die Mesopotamier als Scheibe mit einem zentralen Berg vor. Diese Scheibe war vom Weltmeer umgeben. Unter der Erdscheibe war ein gewaltiges Reservoir an Süßwasser, das die Flüsse und Seen speiste, noch weiter unten kam das „Reich ohne Wiederkehr“, die Unterwelt bzw. die Welt der Toten. Die Babylonier stellten sich das Totenreich als einen wirklichen Ort unter der Erde vor, in dem die Seelen der Verstorbenen als „Schatten“ weiterexistierten, und das ohne Hoffnung, je wieder die Sonne zu sehen. Über der Erdscheibe dehnte sich das Reich des Himmels aus, wobei dieser selbst eingeteilt war in einen unteren Bereich, den Himmel der Sterne, in dem sich die Himmelskörper befanden und bewegten, und einen über diesem gelegenen Himmel der Götter. Diese ganze Welt war eingebettet in den riesigen, vielleicht sogar unendlichen Salzwasser-Ozean des Himmels, der mit dem Weltmeer in Verbindung stand.

Die Mesopotamier hatten Überlegungen zum Anfang der Welt. Es gab bei ihnen keine Schöpfung aus dem Nichts. Es war schon immer etwas vorhanden, das Urchaos, denn alles, Himmel, Erde und die Ozeane, war ein großes Gemisch, ohne Ordnung und System. Ordnung wurde erst durch die oberste Gottheit in dieses Chaos gelegt, sie trennte die wesentlichen Bestandteile des Kosmos voneinander und ordnete dadurch die Welt, stellte sie gewissermaßen zusammen. Die übrigen Götter wurden während dieser

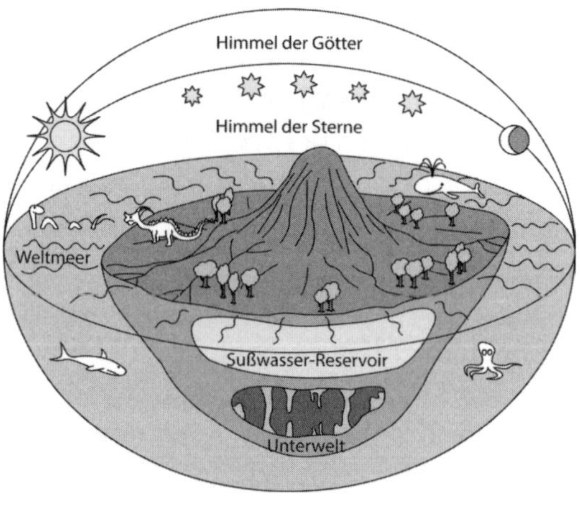

Abbildung 1:
Weltbild der
Mesopotamier

Schöpfungsphasen ins Leben gerufen, die Menschen erst viel später, um letztlich den Göttern zu dienen.

Es gab bei den Mesopotamiern aber noch mehr: Da die Himmelskörper den Göttern sehr nahe waren, glaubten die Menschen, dass der Gang dieser Körper über die Götter und deren Willen etwas sagen konnte – es war die Geburt der Astrologie. Tatsächlich galt das Interesse der mesopotamischen Gelehrten nicht den Bewegungen der Gestirne, um eine Theorie dieser Bewegung zu ermitteln, sondern um damit den Willen der Götter herauszufinden. Deshalb waren die Beobachtungen, die man anstellte, sehr genau, sodass die späteren, mehr naturwissenschaftlich ausgerichteten Gelehrten anderer Völker diese Beobachtungen nutzen konnten.

Die ersten Naturphilosophen: Die Erhaltung des Urstoffs

Fragt man nach, wann denn „echtes" wissenschaftliches Denken begonnen hat, so wird man auf die alten Griechen verwiesen. In diesem Volk gab es zum ersten Mal in der Geschichte Denker, die Welt und Mensch nicht von vornherein auf die Götter bezogen, sondern die auf andere Weise das Geheimnis des Universums durchdringen wollten. Die Ägypter und Mesopotamier hatten auf alle Fragen nach dem Ursprung von Welt und Mensch religiöse Antworten. Warum ausgerechnet die Griechen, und das um ca. 600 v. Chr., anfingen, diese Fragen neu zu beantworten, wird wohl für immer ein Rätsel bleiben. Immerhin hatten die Griechen zu jener Zeit schon einen großen Teil ihrer Geschichte hinter sich, und vor dem 6. Jh. v. Chr. hingen die Griechen, ihren Nachbarn gleich, an Mythen und Göttergeschichten, wie sie etwa Homer in seinen Werken erzählt. Und – das sollte nicht vergessen werden – auch danach hatten die allermeisten Griechen immer noch ein stark religiös geprägtes Weltbild. Man versucht schon lange, eine Lösung dieses Rätsels zu finden, aber so recht überzeugend wirken diese „Lösungen" nicht: Die Zersplitterung des alten Griechenlands in viele kleine konkurrierende Stadtstaaten sowie der intensive Handel und das damit verbundene Kennenlernen aller möglichen Denkarten kann zwar die guten Voraussetzungen klären, aber die gab es anderswo auch.

Thales von Milet

Die Anfänge der neuen Naturbetrachtung waren zunächst auf ein kleines Gebiet der griechischen Welt beschränkt, nämlich auf Ionien an der Westküste der heutigen Türkei, genauer auf die Stadt Milet. Dort lebte Thales von Milet (ca. 624–546 v. Chr.), heute v. a. noch bekannt durch seinen mathematischen Lehrsatz (den „Satz des Thales").

Was aber war das Besondere bei Thales? Er suchte nach einem einheitlichen Prinzip, aus dem die ganze bunte Vielheit der Welt hervorgegangen war, er suchte nach dem Urstoff, aus dem alles wurde, was ist. Und Thales nahm an, dass er mit dem Wasser genau diesen Stoff gefunden hatte. Der Ursprung aller Dinge sei das Wasser und alle Dinge gehen am Ende wieder in diesen Ursprung zurück. Das Wasser bleibe bei allen Veränderungen der Materie immer erhalten. Aber das Wichtigste: Thales schrieb die Ursachen dieser Veränderungen, die das Wasser erfährt, während es sich in die Fülle anderer Materieformen wandelt, nicht Göttern zu, sondern dem Urstoff Wasser selbst. Es seien natürliche, nicht göttliche Ursachen, die den Lauf der Natur bestimmen. Die Natur entfalte sich sozusagen unabhängig und selbstbestimmend aus der Einheit des Wassers in die Vielheit der Erscheinungen, eigenen, inneren Gesetzen folgend, die Thales natürlich noch nicht kannte. Das Ziel aller weiteren Naturwissenschaft sollte es sein, genau diese Gesetze zu finden.

Anaximander von Milet

Als einmal einer mit solchen Gedanken anfing, kamen weitere, die diese Überlegungen aufnahmen und weiterentwickelten oder auch andere Theorien aufstellten. Gemeinsam war all diesen Griechen, dass sie versuchten, den Urgrund allen Seins zu finden, auch wenn fast jeder Philosoph einen anderen Kandidaten dafür wählte. Anaximander (610–547 v. Chr.), ein Schüler des Thales, wählte als Urstoff keinen bekannten wie Wasser, sondern gab ihm den Namen „Unbegrenztes“ (griechisch *apeiron*), ein Urstoff also ohne Grenzen in Raum und Zeit, aus dem alles entstehe und in den hinein auch wieder alles vergehe. Dieser Stoff habe keinen Anfang, es gebe keine Schöpfung dieses Stoffes durch ein göttliches Wesen, vielmehr habe der Stoff selbst einige göttliche Eigenschaften, wie die Ewigkeit. Tatsächlich werde es kein Ende geben, immer wieder werde aus dem *apeiron* heraus eine neue Welt geboren, die schließlich wieder vergehen müsse. Hier sehen wir einen wichtigen Charakterzug des griechischen Denkens: es leugnet einen Anfang und ein Ende der Welt. Die Welt ist hier zeitlich in keiner Richtung begrenzt.

Und noch etwas haben wir Anaximander zu verdanken: die erste Karte der Erde. Anaximander stellte sich die Erde noch – wie damals üblich – als Scheibe vor mit der Landfläche in der Mitte, dreigeteilt durch verschiedene Gewässer in die Kontinente Europa, Afrika (bzw. Libyen) und Asien. Diese Erdscheibe schwebt in der Mitte des Universums und wird von Sonne, Mond und Planeten umkreist. Die Grenze der Welt bildet schließlich bei Anaximander die Himmelskugel, eine ungeheuer große Sphäre, an der die Fixsterne hängen. Über die Erdscheibe machte Anaximander klare Angaben: Sie war ein Drittel so dick wie breit. Insofern ist die Erde mehr ein Zylinder als eine Scheibe. Leider wissen wir nicht, wie er darauf gekommen ist. Im Zentrum der Scheibe lag – wie könnte es anders sein – natürlich Griechenland!

Erwähnenswert in diesem Zusammenhang ist, dass Anaximander in seinem Weltmodell das Totenreich nicht untergebracht hat, ganz anders als die Mesopotamier oder die Ägypter. Natur und Religion wurden nicht mehr so weitgehend vermischt.

Pythagoras: Zahl und Natur

Wir kommen nun zu einem der geheimnisvollsten Gestalten der Antike, zu Pythagoras (ca. 570–510 v. Chr.). Bei Pythagoras wird deutlich, dass religiöses und naturwissenschaftliches Denken noch sehr eng verwoben sind. Für ihn gab es keinen Grund, diese beiden Bereiche zu trennen. Aber religiöses Denken war bei Pythagoras nicht an die griechischen Göttermythen gebunden, er folgte einer ganz anderen Tradition der Religion, nämlich der der Mysterienkulte. Sie hatten sich schon lange vor Pythagoras gebildet und waren im 6. Jh. in stürmischer Entwicklung begriffen. Diese Religionen waren – im Gegensatz zu den traditionellen Religionen – darauf aus, den inneren Weg zu den Göttern zu finden, die Seele in Kontakt mit der göttlichen Welt zu bringen.

Pythagoras wählte einen ganz anderen Weg als die bisher besprochenen Naturphilosophen. Er ging nicht von einem materiellen Urstoff aus, er legte – getreu seiner Vorstellung von der immensen Wichtigkeit der Mathematik – die Zahlen als das Wesentliche der Natur fest, ein abstrakter Urstoff gewissermaßen. Alles ist Zahl! So könnte man das naturwissenschaftliche Programm des Pythagoras beschreiben.

Ausgangspunkt dieser Sichtweise war vielleicht die Beschäftigung mit schwingenden Saiten, eingebaut in ein einfaches Musikinstrument, dem Monochord. Hier ist eine Saite zwischen zwei Keile gespannt. Zupft man diese Saite, so ertönt ein Klang, dessen Höhe von der Länge der Saite (und deren Spannung) abhängt. Pythagoras ging diesem Zusammenhang nach; in einem gewissen Sinne experimentierte er (oder vielleicht erst seine Schüler) als Erster in der Geschichte der Naturwissenschaft auf systematische Weise. Der Zusammenhang zwischen Tonhöhe und Länge der Saite ließ sich in einfacher mathematischer Form darstellen: Je kürzer die Saitenlänge, desto höher der Ton (bei gleicher Spannung der Saite). Aber es war noch faszinierender: Durch Verkürzung auf die Hälfte verdoppelte sich die Tonhöhe. Hört man nun zwei Töne verschiedener Höhe gleichzeitig, so empfindet man den Zusammenklang interessanterweise dann als besonders schön, wenn das Tonhöhenverhältnis und damit die Saitenlängen in einem einfachen Zahlenverhältnis stehen, z. B. 1:2, also gleichzeitig ein Ton mit einem Ton der doppelten Höhe (das wird dann Oktave genannt). Auch beim Längenverhältnis 2:3 oder 3:4 ergibt sich eine angenehme Hörempfindung, eine – wie Pythagoras sich ausdrücken würde – Harmonie.

Was nun für die Saiten und Töne gilt, glaubte Pythagoras im gesamten Kosmos vorzufinden, wenn auch in verborgener Form. Die

Grundlage des Kosmos sei Harmonie, und sie lasse sich mathematisch ausdrücken. Die mathematische Formulierung von Naturzusammenhängen ist somit auf Pythagoras oder zumindest die Pythagoräer zurückzuführen. Sie hat die Naturwissenschaftler nicht mehr losgelassen, auch wenn die eigentliche Mathematisierung erst 2000 Jahre später mit voller Wucht einsetzen wird. Sie ist für immer mit dem Namen Pythagoras verbunden.

Ein weiteres großes Verdienst von Pythagoras bzw. seinen Schülern ist die Idee der Kugelgestalt der Erde. Wie er oder seine Schüler darauf kamen, ist unbekannt. Es könnten vielleicht genaue Beobachtungen von Mondfinsternissen gewesen sein, die den runden Schatten der Erde zeigen, oder auch die Beobachtung von herannahenden Schiffen, deren Masten und Segel zuerst sichtbar werden. Vielleicht waren es auch theoretische Erwägungen, denn die Kugel galt als vollkommener Körper, insofern also geeignet für die Erde. Auf jeden Fall setzte sich seit dem Ende des 6. Jhs. v. Chr. die Auffassung von der Kugelgestalt der Erde langsam durch.

Empedokles

Einen weiteren großen Entwicklungsschritt in der Naturwissenschaft verdanken wir Empedokles (ca. 495–435 v. Chr.). Er steht in der Reihe der Philosophen mit Milet, Thales und Anaximander. Im Gegensatz zu seinen Vorgängern nahm er aber nicht einen einzigen Urstoff an. Für ihn war es nicht vorstellbar, wie aus einem einzigen Urstoff die Fülle der Stoffe auf der Erde entstehen soll; aus Wasser kann seiner Ansicht nach eben nur Wasser werden. Er löste dieses Problem aber sehr elegant: Statt nur einen gibt es mehrere Urstoffe, und zwar genau vier: Erde, Wasser, Luft und Feuer. Die große Zahl verschiedener Stoffe entsteht durch Mischung dieser vier von ihm selbst als „Wurzeln" bezeichneten Elemente.

Empedokles gab aber nicht nur eine neue Urstofftheorie, er beschrieb auch die Gesetze, die nun diesen Mischungen zugrunde liegen. Damit ging er weit über seine Vorgänger hinaus, die zwar auch solche natürlichen Gesetze annahmen, aber noch keine Theorie entwickelten, welcher Art diese sind. Empedokles nahm zwei

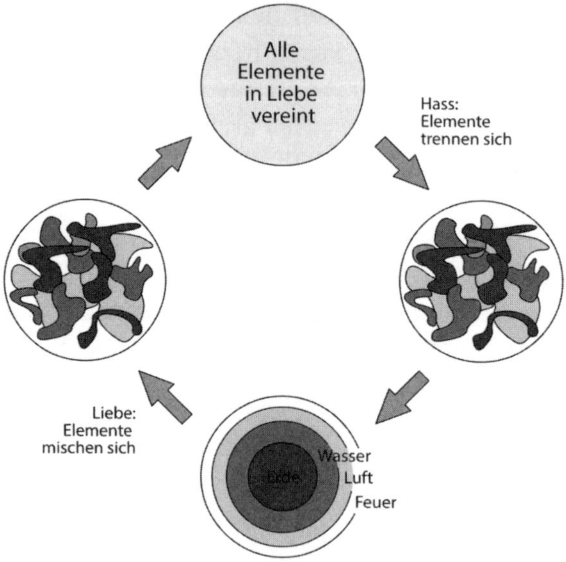

Abb. 2: Weltzyklus des Empedokles

Naturkräfte an, die er „Liebe" und „Hass" nannte, Anziehung und Abstoßung. Liebe führt zur Mischung der Elemente, Hass zu ihrer Trennung. Die Wirkungen dieser beiden fundamentalen Kräfte erzeugt die Dynamik der Welt, in der wir leben.

Empedokles führte somit als Erster Kräfte in die Naturbeschreibung ein; Kräfte, die auf die Stoffe wirken und sie bewegen. Ebenso entwickelte er eine Theorie zum Werden und Vergehen der Welt. Er identifizierte unsere Zeit als die Zeit der fortwährenden Trennung; der Hass gewinnt die Oberhand, daher sind die vier Elemente schon deutlich getrennt.

Wie alle Griechen sah Empedokles kein zeitliches Ende der Welt, und ebenso wenig einen Anfang. Aus dem Urstofferhaltungssatz von Thales wurde bei Empedokles der Elemente-Erhaltungssatz: Die Masse der einzelnen Elemente bleibt bei allen Veränderungen immer gleich, weder kann die Menge eines Elementes mehr noch weniger werden. Und als logische Konsequenz können diese Elemente, wie auch das *apeiron* des Anaximander, weder einen Anfang noch ein Ende haben, denn das würde schließlich dieses Naturgesetz einschränken. Das konnte sich Empedokles nicht vorstellen.

Leukipp und Demokrit

Wir wissen nicht viel über Leukipp, er lebte im 5. Jh. v. Chr. und hatte einen sehr bedeutenden Schüler namens Demokrit (ca. 460–380 v. Chr.), der seine Gedanken aufnahm und fortführte. Leukipp schrieb ein umfassendes Werk, die „Große Weltordnung", in der er den Grundstein zu einem der wichtigsten Eckpfeiler aller Naturwissenschaft legte, dem Kausalgesetz. Sein Werk ist leider nicht erhalten, nur Fragmente finden sich bei späteren Autoren, namentlich bei Demokrit. Sein bekanntester Ausspruch, der allerdings auch bisweilen Demokrit in den Mund gelegt wird, lautet: *„Nichts geschieht von selbst, sondern alles aus einem Grund und unter dem Druck der Notwendigkeit."*

Die Tragweite dieses Satzes kann nur schwer überschätzt werden. Leukipp zufolge gibt es in der Natur keinen Platz für Willkür, auch nicht für die Willkür göttlicher Wesen. Es gibt auch keinen wirklichen Zufall, Zufall bedeutet für Leukipp und Demokrit nur Unwissenheit. Wenn Menschen die Ursachen für bestimmte Ereignisse nicht erkennen können, sprechen sie von „Zufall", in Wahrheit aber gab und gibt es für alle Ereignisse einen Grund. Das Kausalgesetz ermöglicht letztlich auch erst wissenschaftliches Forschen, und dieses Forschen soll schließlich die verborgenen Gründe für die Phänomene der Natur und der menschlichen Welt liefern.

Die strenge Gültigkeit des Kausalgesetzes führt zum Determinismus, also zu der Auffassung, dass alle Ereignisse „aus Notwendigkeit" ablaufen müssen und daher von Anfang an auch vorherbestimmt, also determiniert sind. In dieser Auffassung ist dann auch der Mensch nicht mehr frei in seinem Denken und Tun, auch er wird vom Kausalgesetz beherrscht. Er denkt und handelt so wie er handeln *muss*. Der Siegeszug dieser Denkweise, begonnen von Leukipp und Demokrit, sollte allerdings noch einige Jahrhunderte auf sich warten lassen, denn die übrigen griechischen Denker konnten sich einer solch radikalen Auffassung nicht anschließen, da in dieser Theorie kein Raum für „Freiheit" blieb. Freiheit aber, was auch immer man unter diesem Begriff verstehen mag, war für Griechen außerordentlich wichtig. Das Gefühl, Herr über sein Schicksal zu sein (zumindest, soweit die Götter es zuließen), war zu wertvoll für das griechische Lebensverständnis, als dass man es als eine Illusion ansehen konnte.

Leukipp und Demokrit gingen auch der Frage nach, wie man sich die Struktur dieser Welt genau vorzustellen habe. Die Welt besteht aus Materie, aber aus was genau besteht Materie? Was geschieht, wenn man Materie immer weiter zerkleinern würde, was käme dabei heraus? Kann man diese Teilung beliebig lange wiederholen, ohne dass sich die Qualität des Stoffes ändert, oder hört die Teilbarkeit irgendwann auf, gibt es einen unteilbaren kleinsten Bestandteil der Materie? Empedokles und seine Vorgänger hätten wohl mehr zu der Antwort tendiert, dass Substanzen beliebig oft teilbar sind und stets dieselbe Substanz bleiben. Sie sahen die Materie als kontinuierlich an. Demokrit und Leukipp waren dagegen anderer Meinung.

Sie waren der Auffassung, dass die Teilbarkeit irgendwann aufhören müsse und die kleinste mögliche Materiemenge irgendwann erreicht sei. Diese kleinsten Bestandteile, aus der die Materie aufgebaut ist, nannten sie Atome. Das Wort kommt aus dem Griechischen *atomos* und bedeutet „unteilbar". Sie stellten sich also alle Körper, alle Flüssigkeiten, auch die Luft als aus Atomen zusammengesetzt vor. Diese Atome bewegten sich nun im ansonsten leeren Raum, denn wenn der Raum, in dem sie sich befinden, nicht leer wäre, könnten sie sich ja gar nicht bewegen. Um es mit Demokrit zu sagen:

„Nur scheinbar hat ein Ding eine Farbe, nur scheinbar ist es süß oder bitter; in Wirklichkeit gibt es nur Atome im leeren Raum."

In dieser ersten Atom-Theorie gibt es einen unendlich großen leeren Raum, in dem sich unendlich viele winzige, massive Atome bewegen. Auch damit betreten diese beiden Denker Neuland: Der Weltraum ist unendlich groß. Hatte Empedokles schon die Unendlichkeit der Zeit gepredigt, so setzten Leukipp und Demokrit die Unendlichkeit des Raumes oben drauf. Und in dieser Unendlichkeit ist Platz für viele Welten, so sagt Demokrit: *„Es gibt unzählige Welten, die sich durch ihre Größe unterscheiden. In manchen ist weder Sonne noch Mond, in manchen sind sie größer als in unserer Welt, und in manchen gibt es mehr davon."*

All diese unendlich vielen Welten bestünden aus Atomen, die wiederum aus dem gleichen Urstoff zusammengesetzt seien; die verschiedenen Stoffe hätten aber unterschiedlich gestaltete Atome. Das einzelne Atom bleibe immer unverändert, es ändere nur seine Bindungen mit anderen Atomen. Denn alle Atome hätten verschiedene Haken und Ösen, mit denen sie sich untereinander verbinden könnten. Diese Bindungen könnten aber auch wieder gelöst werden, da die Atome in ständiger Bewegung seien, niemals könne ein Atom in Ruhe bleiben.

Platon: Die Welt der Ideen

Alle diese Gedanken der Naturphilosophen hielten auch Einzug in die damalige kulturelle Hauptstadt Europas, Athen. Viele Philosophen fanden sich dort ein, das 5. Jh. v. Chr. war die große Blütezeit dieser Stadt, insbesondere in militärischer Hinsicht. Doch während sich das militärische und politische Blatt im letzten Drittel dieses Jahrhunderts wendete – Athen verlor gegen Sparta den schlimmen Peloponnesischen Krieg – blieb das philosophische Denken der Stadt treu und brachte die beiden wahrscheinlich einflussreichsten Philosophen des Abendlandes hervor: Einer von ihnen, Aristoteles, sollte dabei auch die Naturwissenschaften ganz entscheidend voranbringen. Doch Aristoteles war selbst Schüler von Platon. Platon hat zwar für die Naturwissenschaft bei weitem nicht die Bedeutung wie sein Schüler, doch haben seine Theorien alle Denker der späteren Zeit inspiriert.

Insbesondere stellte Platon die Frage nach den Grundlagen der Erkenntnis: Wie können wir überhaupt etwas über die Welt wissen? Und diese Frage ist natürlich auch für die Naturwissenschaft entscheidend. Grundlage seiner Theorie ist der Gedanke, dass es über oder hinter unserer Welt der Gegenstände, Tiere und Menschen, also der Wirklichkeit des Vergänglichen, noch eine ganz andere Wirklichkeit gibt, die Wirklichkeit der unvergänglichen Ideen. So existiere für alle Wesen der Welt eine unvergängliche Idee, für Nashörner gibt es etwa eine Idee des Nashorns, das reale Nashorn sei eine Erscheinung der Idee Nashorn. Die Urbilder verwirklichten sich in den Einzelerscheinungen unserer Welt der Gegenstände. Das

Wissen um die Wirklichkeit, z. B. die Erkenntnis, dass das vor uns stehende Wesen ein Nashorn ist, aber auch das Wissen, dass bestimmte Taten gut, andere schlecht sind, sei nichts anderes als eine Wiedererinnerung der menschlichen Seele an ihre Zeit vor der Geburt, als sie im Reich der Ideen weilte und dort all diese Ideen sehen und erkennen konnte. Auch Gerechtigkeit und Schönheit sind Ideen; die höchste aller Ideen aber ist die Idee des Guten. Sie ist für Platon Ziel und Ursprung allen Seins.

Die Wahrnehmung durch unsere Sinne ist für Platon nur ein Schauen eines Schattenbildes. Es gebe zwar Ähnlichkeiten des Wahrgenommenen mit dem Wesen, z. B. dem Nashorn, aber das Eigentliche bleibe unseren Sinnen verborgen. Dies führte Platon dazu, Beobachtungen der Natur und insgesamt alles, was greif- und sichtbar ist, als nicht erfolgversprechend auf dem Weg zur Wahrheit einzuschätzen. All das könne nicht zu einem echten Wissen über die Wirklichkeit führen. Das echte Wissen gebe es nur im Reich der Ideen, und der Weg dahin könne nur über Nachdenken und Intuition führen.

Der Mathematik wird daher eine große Rolle zugewiesen. Denn mathematische Objekte sind der Welt der Ideen ganz nahe, sie erschließen sich durch reines Denken. Hier ist der Einfluss der Pythagoräer klar zu sehen. Eine besondere Bedeutung für die Natur haben die *platonischen Körper*. Dabei handelt es sich um fünf verschiedene spezielle Polyeder. Ein Polyeder (vom Griechischen *poly* [viel] und *hedros* [Fläche]) ist ein Körper, der von ebenen und geradlinigen Flächen begrenzt wird, also ein Quader zum Beispiel. Der Quader aber ist kein platonischer Körper, denn diese müssen noch als zusätzliche Eigenschaft haben, dass ihre begrenzenden Flächen gleichseitige Vielecke sind, und in jeder Ecke müssen gleich viele dieser Vielecke zusammenstoßen. Das bekannteste Beispiel ist der Würfel, der auch als Hexaeder (vom griechischen Wort *hex*[sechs]) bezeichnet wird: Er wird von sechs Quadraten begrenzt, also gleichseitigen Vierecken, und in jeder Ecke des Würfels stoßen drei dieser Quadrate zusammen.

Es gibt tatsächlich Beweise dafür, dass es nur fünf solcher Körper geben kann, und die Griechen haben mindestens einen dieser Beweise auch gekannt. Abb. 3 zeigt alle fünf, ganz links das Tetraeder mit vier gleichseitigen Dreiecksflächen, rechts folgen dann der

Abb. 3: Die platonischen Körper

Würfel, das Oktaeder mit acht gleichseitigen Dreiecksflächen, das Dodekaeder mit zwölf gleichseitigen Fünfecken und schließlich das Ikosaeder mit 20 gleichseitigen Dreiecksflächen.

Platon hatte eine originelle Theorie zum Aufbau der Materie, er vereinigte die Vier-Elemente-Lehre des Empedokles und die Atomtheorie des Demokrit mit seiner Ideenlehre. Die Materie bestehe – da stimmte Platon dem Empedokles zu – aus den vier Elementen. Diese Elemente aber müssten auch im Reich der Ideen eine (vollkommene) Entsprechung haben. Platon ordnete nun jedem der vier Elemente einen der vier platonischen Körper zu, das Tetraeder sei die Idee des Feuers, die Erde wurde dem Würfel, Luft dem Oktaeder, Wasser schließlich dem Ikosaeder zugeordnet. Die realen Elemente bestünden nun aus Atomen (wie Demokrit schon sagte), die Form der Atome sei aber je nach Element verschieden: Feueratome seien winzig kleine Tetraeder, Erdatome entsprechend winzige Würfelchen etc. Diese Wahl war dabei nicht willkürlich, für das Feuer beispielsweise wurde das Tetraeder wegen seiner spitzen Winkel und Kleinheit gewählt, daher sei es leicht und komme überall hindurch.

Aristoteles: Der Lehrer des Abendlandes

Aristoteles (384–322 v. Chr.) wird oft als der größte Lehrer des Abend- und Morgenlandes bezeichnet, wohl nicht zu Unrecht. Sein Werk ist so vielseitig und -schichtig, dass es schwer ist, überhaupt so etwas wie einen einigermaßen vollständigen Überblick zu bekommen, was wir hier gar nicht erst anstreben. Das Hauptanliegen von Aristoteles – wie auch das von Platon – war eigentlich keineswegs die naturwissenschaftliche Erfassung der Welt. Aristoteles wollte in erster Linie ergründen, wie man ein gutes Leben führt; die Ethik stand im Mittelpunkt seiner Überlegungen. Um diese aber gut und rational zu begründen, baute er sein naturphilosophisches Weltbild als Hintergrund auf.

Was wir auf jeden Fall festhalten wollen: Aristoteles gelang die Grundlegung eines in sich geschlossenen Weltbildes, in dem auf praktisch alle Fragen eine Antwort präsentiert wurde. Das macht den ungeheuren Erfolg des Aristoteles aus, sodass man – wenn auch etwas vereinfacht – die kommenden Jahrhunderte bis zur Renaissance als das aristotelische Zeitalter in der Geschichte der Naturwissenschaft bezeichnen kann.

Die Ideenlehre seines Lehrers wurde von ihm nicht weiter verfolgt, er hielt sie für wertlos. Das Wesen der Dinge suchte Aristoteles in den Dingen selbst, nicht in einer anderen Wirklichkeit. Natürlich gab es auch für ihn allgemeine Begriffe, wie das Nashorn, doch war der Begriff Nashorn für ihn ein von allen bekannten Nashörnern abgeleiteter Begriff, der eben bestimmte Wesen wegen ihrer Ähnlichkeit abstrakt zusammenfasste.

Die himmlische und die irdische Welt

Aristoteles teilte die Welt, oder besser gesagt den Kosmos, grundsätzlich in zwei völlig verschiedene Teile. Ausgangspunkt dieser Teilung waren einfache Beobachtungen, die jedermann jederzeit machen kann, damals wie heute. Wenn wir in einer sternklaren Nacht eine Weile an den Himmel schauen, vielleicht sogar eine Stunde oder mehr, so sehen wir, wie gleichmäßig und ruhig alle Bewegungen ablaufen, die wir dort bemerken können. Auch wenn wir diese Beobachtungen eine Nacht später wiederholen, wird es keine Überraschung geben. Alles läuft unglaublich regelmäßig ab. Bei genauer Beobachtung ist dann auch die Geometrie dieser Bewegung zu erkennen, Himmelskörper durchlaufen Kreise.

Im Gegensatz dazu das bunte Treiben auf dem Marktplatz am Tag danach: Wilde Bewegungen von Menschen und Tieren, scheinbar regellos und chaotisch, jede Stunde bietet ein anderes Bild, es ist praktisch unmöglich, auch nur die Bewegungen eines einzigen Menschen für eine Minute vorherzusagen.

Für Aristoteles war das Grund genug, die himmlische Welt streng von der irdischen zu unterscheiden, und für beide Regionen eine völlig unterschiedliche Gesetzmäßigkeit zu fordern: Die himmlische Welt war dabei vollkommen, regelmäßig und einheitlich, die irdische dagegen unvollkommen, chaotisch und zusammengesetzt.

Im Mittelpunkt des Universums ruhte für ihn die Erde, diese unvorstellbar große Kugel. Die Kugelgestalt der Erde war den Griechen ja schon seit Pythagoras bekannt; als Aristoteles lebte, gab es unter den Gebildeten darüber keinen Zweifel mehr.

Die Erde war aber nicht nur irgendeine Kugel, nein, sie war der größte Körper im Kosmos des Aristoteles, so unglaublich groß, dass es als völlig unmöglich galt, dass sie sich bewegen könnte. Und so wie es auch der bloße Augenschein ergibt, stellte sich Aristoteles vor, dass sich alle Himmelskörper um die Erde bewegen. Die Bahn, die diese Körper, also die Sterne und die Planeten, einschließlich der Sonne und des Mondes, nur annehmen konnten, war die Kreisbahn, und zwar nicht eine angenäherte oder ungefähre Kreisbahn, sondern eine geometrisch ganz exakte. Denn die himmlische Welt war vollkommen, und die einzige geometrische Figur, die vollkommen ist, ist der Kreis. Niemals könne ein Himmelskörper auf die Idee kommen, eine irgendwie von einem Kreis abweichende Bahn (z. B. eine Ellipse) zu beschreiben, denn dies würde seiner Vollkommenheit widersprechen.

Doch nicht nur die Bahn selbst musste vollkommen sein, auch die Bewegung auf dieser Bahn musste der Vollkommenheit genügen. Dies bedeutete, dass sich die Geschwindigkeit nie verändern und niemals ein Himmelskörper schneller oder langsamer werden durfte.

Und so bewegten sich im Kosmos des Aristoteles in steigender Entfernung Mond, Merkur, Venus, Sonne, Mars, Jupiter und Saturn auf solchen Kreisen mit stets gleicher Geschwindigkeit um die Erde herum. Alles aber wurde umschlossen von einer ganz besonderen Kugelschale, der sogenannten Fixsternsphäre. An ihr dachte sich Aristoteles die Sterne festgeheftet („fixiert"), und diese ganze Sphäre rotierte dann an einem Tag um die ruhende Erde herum. Jenseits

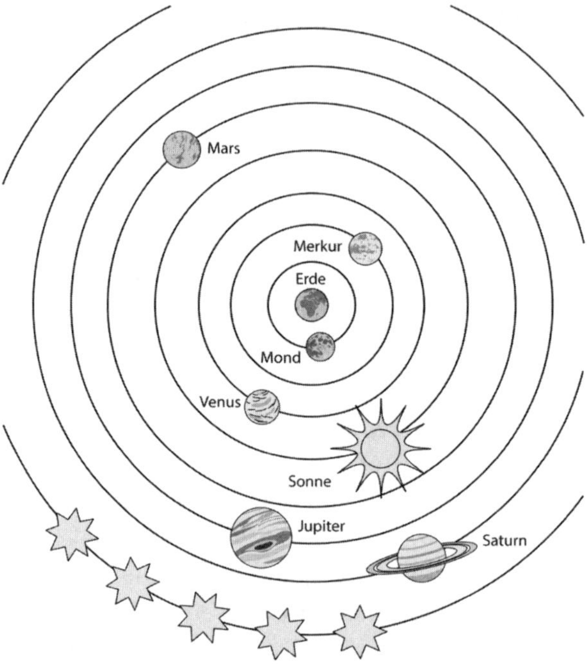

Abb. 4: Der Kosmos des Aristoteles

dieser Sphäre gab es nichts, keinen Raum, keine Materie, einfach nichts. Alle Himmelskörper bestanden nicht aus der gewohnten irdischen Materie, die Aristoteles sich aus den vier Elementen Erde, Wasser, Luft und Feuer zusammensetzen ließ (wie bei Empedokles), sondern aus einem ganz eigenen, dem fünften Element (lateinisch *quinta essentia*), dem Äther. Dieses Element war – wie alles in der himmlischen Welt – vollkommen, daher unwandelbar. Es war außerordentlich dünn, viel dünner als Luft, und aus ihm gingen die übrigen vier Elemente hervor.

Die irdische Welt stellte sich Aristoteles zwar nicht so extrem geordnet wie den Himmel vor, doch auch hier herrschte eine natürliche Ordnung. Das Kugelschalenmodell des Himmels übertrug Aristoteles auf die Erde, und so kam er zu der Auffassung, dass sich die vier irdischen Elemente wie Kugelschalen aneinanderreihten. Bei Empedokles findet sich die entsprechende Grundlage dieses Denkens. Im Innersten des Universums war das Element Erde konzentriert, diese riesige, massive Kugel, unbeweglich und starr. Über dieser Kugel war dann eine Schicht von Wasser, darüber eine entsprechende Schicht Luft (die Atmosphäre) und schließlich gab es über der Luftschicht noch eine Schicht Feuer, noch dünner als Luft, aber dichter als der sich dann nahtlos anschließende Äther.

Dies wäre der Zustand in einer vollständig geordneten Welt, doch die irdische Region war nicht vollkommen, also war auch die Ordnung dieser Welt eine unvollkommene, sichtbar schon allein dadurch, dass es Kontinente und Inseln gibt, die das Element Erde weit aus dem Wasser schieben. Dies ist für die Einteilung der Bewegungen wichtig, die Aristoteles vorgenommen hat, wie wir im nächsten Abschnitt sehen werden.

Hier sollten wir auch noch kurz darüber sprechen, was Aristoteles von den Atomen Demokrits und Platons hielt. Einfach gesagt: Nicht viel! Er erörterte die Theorien der beiden, verwarf sie aber. Für ihn war die Teilbarkeit von Materie ohne Ende möglich: Man könne zum Beispiel Wasser endlos weiter teilen, immer wäre es Wasser. Niemals würde man auf kleinste Teile, die Atome, oder gar auf winzige geometrische Körper, in diesem Fall Ikosaeder, treffen, egal wie klein der Tropfen Wasser auch würde. Die Materie bildete für ihn ein raumerfüllendes Kontinuum, daher gab es innerhalb des Wassers oder auch der anderen Elemente keinen leeren Raum, in dem sich irgendwelche Atome bewegen konnten. Einen leeren Raum konnte es nach Aristoteles nicht geben.

Die Bewegungen und ihre Ursachen

Aristoteles war ein großer Systematiker und Einteiler. Alle Phänomene der ihn umgebenden Welt ordnete er in ein System von Kategorien ein, von den Verfassungen der griechischen Stadtstaaten über die Tiere und Pflanzen bis hin zu den Bewegungen in der Natur selbst. Und so klassifizierte er auch die Bewegungen.

Seinem Grundprinzip von der Zweiteilung des Kosmos folgend, teilte er die Bewegungen zunächst grundsätzlich in irdische und himmlische Bewegungen ein. Wie schon vorher ausgeführt, war nach Aristoteles alles in der himmlischen Welt vollkommen, daher waren auch die Bewegungen der himmlischen Körper ewig, gleichmäßig und kreisförmig.

Die irdischen Bewegungen waren dagegen unvollkommen, endlich und alles andere als gleich- und kreisförmig. Aristoteles unterschied dabei drei verschiedene Klassen:

1. Es gibt Bewegungen, die letztlich zur Wiederherstellung der natürlichen Ordnung führen. Dabei handelt es sich dann um die natürlichen Bewegungen. Das beste Beispiel dafür ist das Fallen eines angehobenen Steines. Die Ursache dieser Bewegung ist in dem Antrieb des Steines zu suchen, wieder an seinen natürlichen Ort zurückzukommen. Da ein Stein im Wesentlichen aus dem Element Erde besteht, führt ihn dieser Antrieb schnellstmöglich, also auf einer geradlinigen Bahn, zur Erde hin. Damit war die uralte Frage, warum Körper zur Erde fallen, elegant erklärt. Außerdem müssten schwerere Körper schneller zur Erde fallen als leichtere, denn schwere Körper haben mehr vom Element Erde in sich als leichte.

Doch nicht nur fallende Steine haben eine natürliche Bewegung. Wenn Rauch von einer Feuerstelle aufsteigt, handelt es sich ebenfalls um eine natürliche Bewegung, denn Rauch gehört zum Feuer, und daher ist dem Rauch ein Antrieb eigen, der ihn in die Sphäre des Feuers, also nach oben, bringt. Auch Luftbläschen, die im Wasser nach oben steigen, gehören in diese Kategorie. So konnte Aristoteles mit diesem Modell bereits eine ganze Fülle von Bewegungen erklären.

2. Neben diesen natürlichen Bewegungen gibt es noch die gewaltsamen Bewegungen, die also nicht der natürlichen Ordnung zustreben, sondern ihr „davonlaufen“ bzw. ihr gegenüber neutral sind. Beispiele dafür sind das Heben eines Steines vom Erdboden oder das Ziehen eines Karrens durch Ochsen. Für diese Bewegung muss dem Körper (Stein oder Karren) ein Antrieb von außen aufgeprägt werden, der Körper erfährt eine „Kraft“ von einem anderen Körper (der Stein von dem, der den Stein anhebt, bzw. der Karren von dem Ochsen). Sobald der äußere Antrieb aufhört, hört auch die Bewegung auf; der Karren steht, sobald der Ochse nicht mehr zieht. Damit ergibt sich also ein Zusammenhang zwischen dem äußeren Antrieb und der Geschwindigkeit: ohne Antrieb keine Geschwindigkeit. Bei

großem Antrieb (z. B. zwei oder drei Ochsen) bewegt sich der Karren auch entsprechend schneller. Diese Gesetzmäßigkeit, die jedem einleuchtet, wird sich erst viele Jahrhunderte später als falsch bzw. unpräzise erweisen.

3. Die dritte Art von irdischer Bewegung, neben der natürlichen und der gewaltsamen, ist die Bewegung der Lebewesen. Diese bewegen sich nicht, um eine natürliche Ordnung wiederherzustellen, und im Allgemeinen werden sie auch nicht durch eine äußere Gewalt dazu gezwungen, sondern sie bewegen sich aus eigenem Antrieb.

Jede Bewegung hatte also nach Aristoteles eine Ursache, einen Antrieb. Ohne diesen gebe es keine Bewegung. Was aber war dann der Antrieb der vollkommenen Bewegungen der himmlischen Körper? Auch diese bewegten sich nicht einfach so. Aristoteles dachte sich nicht nur die Fixsterne an einer großen kristallenen Sphäre angeheftet, auch die sieben Planeten seien an Sphären angeheftet. Die Bewegung der Himmelskörper wäre somit verursacht durch die Drehung der Kristallsphären. Aber durch was wurde diese Drehung veranlasst? Hier stellte sich Aristoteles eine komplizierte Abfolge von Bewegungen vor: Die äußerste Sphäre, die der Fixsterne, drehe sich in 24 Stunden um ihre Achse, diese Bewegung würde durch direkten Kontakt an die unteren Sphären übertragen, die Fixsternsphäre treibe also die Saturnsphäre an, diese wiederum die Sphäre des Jupiter usw.

Schließlich noch die Frage: Was setzte nun die Fixsternsphäre in Bewegung? Dies war für Aristoteles der „erste Beweger", der große göttliche Geist, der außerhalb von Raum und Zeit wohnte und das Universum in Bewegung setzte, seit unendlicher Zeit und in alle Ewigkeit. Die letzte Ursache allen Geschehens war also bei Aristoteles – wie auch bei Platon – eine übernatürliche, eine göttliche.

Die Welt der Lebewesen

Sehr viele Werke von Aristoteles widmeten sich den Lebewesen. Aristoteles führte eine stufenweise Anordnung der Lebewesen ein: Ganz unten waren die leblosen Objekte zu finden, wie Steine und Mineralien, dann kamen die Pflanzen, weiter oben die Tiere und noch weiter oben war der Mensch platziert. Für Aristoteles ging es auch noch weiter, für ihn waren nämlich die vollkommenen Himmelskörper auf einer höheren Stufe als der unvollkommene Mensch angesiedelt, und auf der obersten Stufe kam schließlich der erste Beweger, das vollkommenste Wesen überhaupt.

Wie wir schon gesehen haben, war Aristoteles bemüht, die Phänomene der Natur genau einzuteilen, insofern verwundert es nicht, dass er als Erster aller Wissenschaftler auch die Tiere einteilte bzw. klassifizierte. Er gebrauchte dazu die vergleichende Methode, indem er alle ihm bekannten Tierarten (immerhin 580) nahm und alle ihre Eigenschaften verglich. Durch diese Vergleiche kam er zunächst zu der grundlegenden Unterscheidung von Bluttieren und blutlosen Tieren, was der heutigen Einteilung der Tiere in Wirbeltiere und Wirbellose entspricht. Bei den Wirbeltieren unterschied er Vögel, Fische, Haartiere (die heutigen Säugetiere) und eierlegende Tiere (die heutigen Reptilien und Amphibien). Aristoteles stellte darüber hinaus aber auch einige Spezialgruppen auf. So wusste er bereits, dass Wale keine Fische sind, weil sie ganz andere Merkmale haben (Lungenatmung, lebendgebärend), er schuf für sie eine ganz eigene Gruppe bei den Bluttieren.

Nach Aristoteles: Die Zeit des Hellenismus

Aristoteles war der Letzte der Philosophen, die ein großes Lehr-System errichtet haben, und außerdem war er auch – gemessen an seinem Einfluss – der Erfolgreichste. Gleichzeitig verweist Aristoteles aber auch schon auf die ihm nachfolgenden Wissenschaftler, die viel weniger ganze Lehrgebäude und umfassende Theorien ausarbeiteten, sondern meist in einzelnen wissenschaftlichen Bereichen forschten. Aristoteles hatte es letztlich vorgemacht, denn neben der Entwicklung seiner umfassenden Theorien war er ein begeisterter Zoologe. Hier betrieb er echte empirische Spezialforschung. Dies war dann auch die übliche Vorgehensweise in der Zeit nach ihm. Alle wesentlichen Theorien von Bau und Wesen des Kosmos waren schon da, und nicht nur die von Aristoteles, es gab ja nach wie vor die Vorstellungen von Demokrit und Platon.

Durch die Eroberungen Alexanders des Großen am Ende des 4. Jhs. v. Chr. wurde die griechische Kultur in den Osten, v. a. nach Ägypten und Mesopotamien verbreitet. Es entstanden mehrere Zentren dieser neuen, sogenannten hellenistischen Kultur. Das Bedeutendste war eine Stadtneugründung Alexanders des Großen in Ägypten im Mündungsdelta des Nil: Alexandria. Die dortigen Herrscher, die Ptolemäer, Nachfahren eines der Generäle Alexanders, schafften es, im ägyptischen Raum lange Zeit eine stabile politische Ordnung zu etablieren, eine nicht unwichtige Grundlage für erfolgreiche wissenschaftliche Forschung, und sie waren auch klug (oder eitel?) genug, diese Forschung intensiv zu fördern. So wurde Alexandria mit seiner weltberühmten Bibliothek, die größte, die die Welt bis dahin gesehen hatte, zu einem Magnet für alle Gelehrten von Rang.

Athen: Epikur und die Stoa

Neben Alexandria verblassten die athenischen Schulen, die Akademie Platons und die Schule des Aristoteles, ziemlich. Die Philosophie wandte sich in Athen jetzt nahezu ausschließlich ethischen Fragestellungen zu. Insbesondere Epikur aus Samos (341–270 v. Chr.) und Zenon von Kition (333–261 v. Chr.) gründeten im 3. Jh. ihre Schulen, die teilweise recht gegensätzliche Ansichten vertraten. Epikur stand naturwissenschaftlich Demokrit sehr nahe, denn er war der Ansicht, dass die Materie aus unteilbaren Atomen in einem unendlichen leeren Raum besteht, dass es unendlich viele Welten gibt und dass dies seit ewiger Zeit so ist und auch ewig so bleiben wird. Im Gegensatz zu Demokrit aber glaubte er nicht an die absolute Herrschaft der Notwendigkeit. Er führte in die Bewegung der Atome auch „Zufälligkeiten" ein, und durch solche zufälligen Änderungen in der geradlinigen Bahn von Atomen sollte es nach Epikur zur Bildung von Körpern, Lebewesen, Planeten etc. kommen. Die Frage, was diese Zufälle nun aber genau sind, ließ er leider unbeantwortet.

Zenon, der Begründer der Stoa, war naturwissenschaftlich ganz woanders angesiedelt. Der Kosmos der Stoiker war im Wesentlichen der des Aristoteles: die Erde im Mittelpunkt, umkreist von den übrigen Himmelskörpern. Der einzige, wenn auch nicht unwesentliche

Unterschied war, dass dieser Kosmos von einem unendlich großen leeren Raum eingefasst war. Nur innerhalb des Kosmos, da waren die Stoiker wieder ganz bei Aristoteles, dürfe es keinen leeren Raum geben. Wir finden hier die für viele Jahrhunderte gültige Auffassung, dass es so etwas wie einen absoluten leeren Raum geben muss, der ohne Materie existieren kann und der die Bühne darstellt, auf der alles Geschehen sich ereignet. Was nun die zeitlichen Dimensionen dieser Vorstellung betrifft: Der Kosmos sei zeitlich unbegrenzt zu beiden Seiten, er unterliege aber einer zyklischen Veränderung, ähnlich wie bei Empedokles. Am Anfang eines Zyklus stehe das Urfeuer, das alle anderen Elemente und damit auch den Menschen nach einem göttlichen Plan hervorbringe, der Kosmos stürze dann am Ende eines Zyklus wieder in ein großes Feuer (den „Weltenbrand“), um anschließend wieder neu zu erstehen.

Aber diese naturwissenschaftlichen Betrachtungen waren nur ein Randfeld der Philosophien Epikurs und Zenons, im Wesentlichen ging es um die Frage nach dem guten Leben eines Menschen. Naturwissenschaftliche Forschung wurde weder von Epikureern noch von Stoikern praktiziert. Ihre philosophischen Gebäude wurden zu wichtigen Grundlagen der neuen Zeit des Hellenismus. Die Stoa – das wird sie dann später für die Römer interessant machen – hatte als wichtige Voraussetzung für ein gutes Leben ein gutes Wirken in der Öffentlichkeit, während Epikur ein eher zurückgezogenes Leben bevorzugte.

Exkurs: Das Rätsel der Planetenbewegung

Die Beobachtung der Bewegungen der Himmelskörper war von Anfang an einer der wichtigsten Anstöße für naturwissenschaftliche Forschung. Die meisten der Sterne des Nachthimmels machen nichts weiter als das, was die Sonne auch macht: sie gehen im Osten auf und im Westen unter. Genauer betrachtet aber ist es keine Auf- und Untergangsbewegung, sondern eine Umkreisung des Himmelsnordpols, der (zufällig) vom Polarstern gekennzeichnet wird. Der Polarstern geht weder auf noch unter, er bleibt stets an derselben

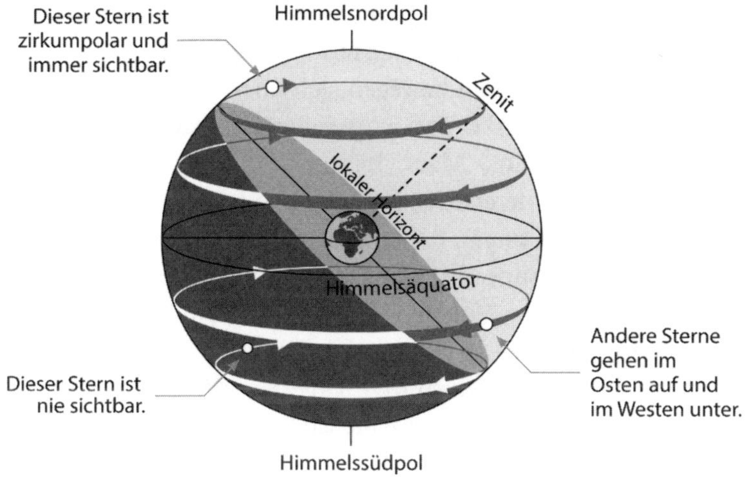

Abb. 5: Drehung der Fixsterne

Stelle am Himmel. Alle anderen Sterne bewegen sich in mehr oder weniger großen Kreisen um den Polarstern herum; bei manchen Sternen ist der Kreisdurchmesser noch so klein, dass sie über dem Horizont bleiben, bei anderen ist er so groß, dass es zu einem Auf- und einem Untergang kommt

Es sieht so aus, als ob die Sterne an einer riesigen Kugel angeheftet wären und sich diese Kugel einmal in 24 Stunden von Ost nach West um die ruhende Erde drehe (Abb. 5). In Wahrheit ist es die Erde, die sich in 24 Stunden einmal um ihre Achse dreht, doch wir werden sehen, dass es ein langer Weg war, bis alle davon überzeugt waren.

Nun gibt es nicht nur diese Sterne, die man als Fixsterne bezeichnet, weil sie scheinbar an der Himmelskugel fixiert sind. Es gibt noch andere, die zusätzlich zu dieser Bewegung noch eine andere haben, sie bewegen sich gegenüber den Fixsternen im Laufe der Zeit. Die Sonne beispielsweise wandert im Laufe eines Jahres einmal durch die ganze Himmelskugel und dabei auch durch die berühmten Tierkreiszeichen. Sie bewegt sich dabei von West nach Ost, also der Bewegung der Himmelskugel entgegengesetzt. Auch der Mond macht eine solche Bewegung, braucht für eine vollständige Durchquerung der Tierkreiszeichen aber nur einen Monat.

Neben Sonne und Mond bewegen sich noch fünf andere, deutlich weniger helle Himmelskörper entgegengesetzt zur Himmelskugel, nämlich Merkur, Venus, Mars, Jupiter und Saturn. Die Griechen nannten sie die Wanderer bzw. Wandelsterne. Das griechische Wort für Wanderer war *planetes*, daher unser Name Planet. Für die Griechen war auch die Sonne ein Planet, genauso wie der Mond, also gab es sieben Wandelsterne. Von den weiteren Planeten Uranus und Neptun wussten die Griechen noch nichts, erst das Teleskop sollte zur Entdeckung dieser Planeten führen. Um zu erklären, dass die Planeten ihre eigene Bewegung haben, musste man sie von der Himmelskugel entfernen und zwischen Himmel und Erde positionieren. So haben wir es bei Aristoteles gesehen: Die Erde ist im Zentrum, die übrigen Planeten umkreisen sie. Die Himmelskugel selbst ist ganz am Ende des Kosmos, braucht 24 Stunden für eine Umdrehung, die Planeten bleiben bei ihrer Bewegung um die Erde immer ein Stück zurück, bewegen sich also langsamer um die Erde herum, sodass die Sonne z. B. nach einem Jahr einmal durch die Himmelskugel läuft.

So weit, so gut. Doch es gibt da noch ein großes Problem. Wenn es so wäre, wie wir bei Aristoteles gesehen haben, dann müssten die Planeten einfach nur – in Bezug auf die Himmelskugel mit den Fixsternen – eine Bewegung von West nach Ost aufweisen, und das nach Möglichkeit – wir erinnern uns: Planeten müssen vollkommen sein – immer gleichförmig. Doch diesen Gefallen haben die Planeten den Griechen nicht getan. Insbesondere der Mars zeigt ein sehr auffälliges „Verhalten", denn anstatt brav die Himmelskugel gleichmäßig von West nach Ost zu durchwandern, wird er ab und zu langsamer und dreht dann sogar seine Richtung um und läuft für einige Wochen von Ost nach West, wird also schneller als die Himmelskugel. Es handelt sich hier um die sogenannten Planetenschleifen. Sie kommen bei allen fünf der Antike bekannten Planeten vor, im Schnitt bei jedem Planeten einmal im Jahr.

Abb. 6 zeigt die Bahn des Mars, die er im Sommer 2003 durchlaufen hat. Im Juni läuft er wie erwartet durch das Sternbild Wassermann von West (im Bild rechts) nach Ost (im Bild links) Er wird

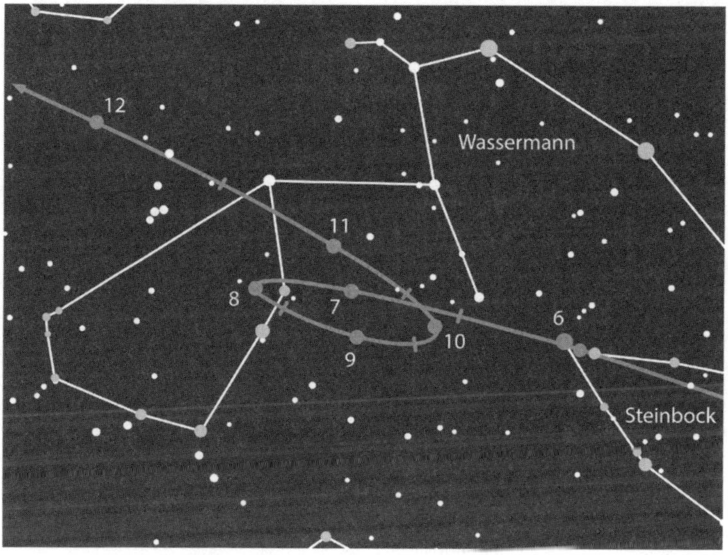

Abb. 6: Bewegung des Mars

dann im Laufe des Juli langsamer, um dann schließlich seine Richtung (bei Punkt 8) umzukehren. Er läuft nun bis Anfang September noch einmal durch das Sternbild Wassermann, aber eben von Ost nach West, also „rückwärts“, wie die Astronomen sagen. Er wird dann wieder langsamer, um schließlich noch einmal umzudrehen und in der „richtigen“ Richtung weiterzulaufen. Das Spiel wird sich dann gegen Ende des Jahres wiederholen.

Diese Schleifen können mit bloßem Auge ganz gut beobachtet werden. Die Griechen mussten also eine Erklärung finden. Die einfache Vorstellung von schlichten Kreisbahnen um die Erde kann das nicht fassen. Damit kam auch Aristoteles nicht zurecht. Aber er sah auch keine Bahnen, die die Himmelskörper durchlaufen. Für ihn waren die Planeten an Kugelschalen aus Äther befestigt, die auf komplizierte Weise ineinander geschachtelt waren. Durch Einfügung von Hilfssphären schaffte es der Mathematiker Eudoxos von Knidos (ca. 400–340 v. Chr.) die Planetenschleifen zu erklären, aber sein System war extrem schwierig. Aristoteles übernahm diese Theorie von Eudoxos (es gab keine Alternative) und

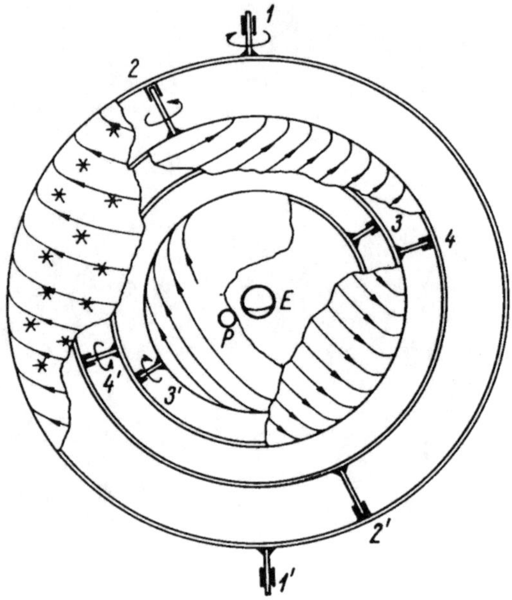

Abb. 7: Die Sphären des Eudoxos

verbesserte sie durch Zufügung weiterer Sphären, was die Sache selbstverständlich nicht leichter machte. Während Eudoxos 26 Sphären (für sieben Planeten wohlgemerkt) benötigte, erhöhte Aristoteles ihre Zahl auf 55.

In der Vorstellung von Eudoxos' sehen wir die Erde im Mittelpunkt als kleine Kugel, ganz außen die Fixsternsphäre mit ihrer senkrechten Rotationsachse, die durch die Pole der Erde läuft. Um diese Achse dreht sich der Fixsternhimmel um die Erde (Abb. 7). Im Innern sind drei weitere Sphären gezeichnet, die zu einem Planeten, hier dem Mars, gehören. Die Rotationsachsen dieser inneren Sphären sind jeweils an der ihr nächstäußeren befestigt, sie werden also von der äußeren Sphäre mitgedreht, haben aber eben auch ihre eigene Drehung. Für jeden Planeten sind mehrere Sphären nötig, der Planet selbst sitzt in der innersten seiner Sphären. Durch entsprechende Anordnung und Drehrichtung der Rotationsachsen schaffte es Eudoxos, die Rückläufigkeit der Planeten zu erklären. Jetzt müssen wir uns in dieses Bild noch weitere 22 (Eudoxos) bzw. 51 (Aristoteles) Sphären hinzudenken, dann haben wir eine ungefähre Vorstellung von dieser Theorie.

Diese komplizierte Geschichte war für viele der griechischen Wissenschaftler sehr unbefriedigend; insbesondere wog die Tatsache sehr schwer, dass diese Sphärentheorie ein Faktum gar nicht erklären konnte: Einige der Planeten zeigten auffällige Helligkeitsschwankungen, als ob sie sich mal näher und mal ferner von der Erde befinden würden. Angeheftet an eine kristallene Äthersphäre, die sich um die Erde dreht, könnten die Planeten so etwas aber nicht zeigen.

Es war eine große Herausforderung, diesen Umstand zu klären, und die komplizierte Sphärentheorie zu ersetzen durch eine einfachere und bessere Theorie. Einige der griechischen Gelehrten nahmen sie an.

Aristarch von Samos

Derjenige, der die der Wirklichkeit am nächsten kommende Lösung dieses Problems hatte, war Aristarch von Samos (310–230 v. Chr.). Er ging – wie so viele gute Gelehrte – nach Alexandria, um dort weiterzuforschen. Aristarch war in der Lage, die seltsame Rückläufigkeit der Planeten auf das Einfachste zu erklären, ohne 55 Sphären anzunehmen, die auf komplizierte Art miteinander verschachtelt waren. Aber der Preis war nicht gering: Er behauptete, dass die Erde *nicht* im Mittelpunkt des Kosmos stehe. Stattdessen soll sich die Erde – wie die übrigen fünf Planeten auch – um die Sonne bewegen, auf Kreisen natürlich. Die Erde sollte dabei die dritte Position annehmen, weiter innen wäre der Platz von Venus und Merkur, weiter außen dann sollten Mars, Jupiter und Saturn ihre Kreise drehen.

Damit war er dann in der Lage, elegant die Rückläufigkeit der Planeten zu erklären: Da die Erde sich schneller um die Sonne bewegte als die äußeren Planeten, würden diese durch jene immer wieder überholt, wie Abb. 8 zeigt: Hier ist die Sonne im Mittelpunkt des Sonnensystems gezeichnet, die Erdbahn ist der dann folgende Kreis (Merkur und Venus sind ausgelassen), es folgt die Bahn des Mars, oben ist die scheinbare Bewegung des Mars am Firmament eingezeichnet. Die Erde benötigt für einen Umlauf ein Jahr, der Mars ungefähr zwei. Die Positionen von Erde und Mars zu sieben verschie-

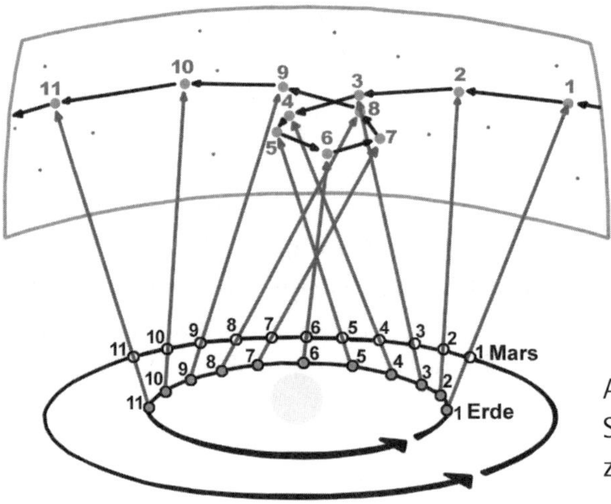

Abb. 8: Erklärung der Schleife im heliozentrischen System

denen Zeiten sind eingezeichnet, beginnend bei 1. Der Mars wird zwischen den Positionen 1 und 5 scheinbar langsamer, die Erde fängt an, ihn einzuholen, zwischen den Zeitpunkten 5 und 7 wird der Mars überholt. In dieser Zeit läuft der Mars am Firmament zurück, bis die Erde ungefähr in Position 7 ist, dann wird der Mars wieder in seine ursprüngliche Richtung weiterlaufen.

Mit diesem Modell konnte Aristarch auch erklären, warum der Mars ausgerechnet bei seinen Rückläufigkeiten heller ist als bei seiner normalen Bewegung, denn gerade beim Überholen ist der Mars der Erde ja am nächsten.

Natürlich behauptete Aristarch auch die Eigendrehung der Erde, die gigantische Sphäre der Fixsterne brauchte sich nun nicht mehr zu drehen. Es war viel einfacher, die kleine Erde um sich drehen zu lassen als den riesigen Himmel. Es gab allerdings ein großes Argument gegen seine Lehre, und dieses konnte Aristarch nicht so ohne Weiteres entkräften: Bei einer so extrem weitläufigen Bewegung wie der der Erde um die Sonne müssten sich doch auch die Sterne gegeneinander verschieben, die näheren Sterne müssten sich gegenüber den ferneren verschieben, so wie sich die nahen Bäume bei einer Zugfahrt gegenüber den fernen Bergen bewegen. Natürlich erklärte Aristarch das völlig richtig damit, dass alle Fixsterne sehr weit entfernt sind, sehr weit im Verhältnis zum Erdbahn-Durchmesser, aber richtig überzeugend war das für die damalige Zeit nicht.

Aristarch ist bis weit zu den Grenzen des Wissens vorgedrungen, weiter als jeder vor ihm. Das Erbe von Aristarch wurde nicht mehr weitergegeben, die Wissenschaft blieb letztlich in ihrer Gesamtheit viele Jahrhunderte lang auf der Stufe des aristotelischen Weltbildes stehen.

Nur sehr wenig Material ist uns von Aristarch erhalten, meist sind es nur Zitate anderer, späterer Autoren. Die Überlieferung des Wissens war in der Antike (und im Mittelalter) eine mühsame Angelegenheit. Zunächst gab es die mündliche Überlieferung des Lehrers an seine Schüler, ansonsten mussten die Texte abgeschrieben werden. Dies wurde – wegen des enormen zeitlichen und finanziellen Aufwandes – natürlich nur mit den Texten gemacht, die als wichtig und richtig empfunden wurden. Texte von Außenseitern wie Aristarch waren da eher nicht mit gemeint. Es ist bezeichnend, dass ausgerechnet eine frühe Schrift des Aristarch überliefert wurde, in der er noch eine geozentrische Sichtweise vertritt, die späteren Schriften dagegen allesamt verloren gingen, bis eben auf Zitate bei „wichtigeren“ Autoren.

Während Aristarch die erste kosmische Vermessung durchführte, bestimmte der Leiter der Bibliothek von Alexandria, Eratosthenes von Kyrene (273–192 v. Chr.), den Umfang der Erde. Er kam auf etwa 40000 km. Und genau das ist auch der heute akzeptierte Wert!

Apollonius von Perge und die Rettung des geozentrischen Systems

Kommen wir zurück zu den kosmischen Problemen der Planetenbewegung. Obwohl Aristarch schon die richtigere Lösung bot, konnte sich kaum einer mit seinem System anfreunden, und das, obwohl er sogar seine Theorie mit Messungen und klaren mathematischen Überlegungen untermauerte. Da sich die Erde nicht bewegen durfte, musste es eine andere Lösung des Planetenproblems geben. Nicht nur die Rückläufigkeit musste dabei anders erklärt werden, auch die abwechselnde Helligkeit der Planeten war schwierig zu deuten. Eine in den Planeten innewohnende periodische Helligkeitsänderung war ausgeschlossen, denn die Himmelskörper waren ja vollkommen nach der Lehre des Aristoteles und sogar göttlich nach der stoischen Auffassung, daher konnte sich ihre Helligkeit nicht von innen heraus ändern. Die Helligkeitsschwankungen mussten durch Annäherung und Entfernung gegenüber der Erde erklärt werden, so viel stand fest. Und Aristarch durfte auf keinen Fall Recht haben. Was also konnte die Lösung sein?

Tatsächlich kam ein gewisser Apollonios von Perge (260–190 v. Chr.) auf eine wirklich geniale Idee, mit der man nicht nur die schwankende Helligkeit der Planeten erklären konnte, sondern auch ihre Rückläufigkeit. Und das Beste: Alles blieb im geozentrischen System. Er schlug drei Fliegen mit einer Klappe, ein Geniestreich sozusagen. Was aber war diese Idee? Er führte die Epizykel ein. Wie das Wort schon andeutet, handelt es sich um einen Kreis, der auf (griechisch *epi*) einem anderen Kreis, dem Deferenten, liegt.

Apollonios nahm an, dass sich alle Planeten auf einem relativ kleinen Kreis bewegen, dem Epizykel, dessen Mittelpunkt nun seinerseits eine Bewegung ausführt, und zwar die kreisförmige Bewegung um die Erde herum (Abb. 9). Während der Planet mit dem Epizykel um die Erde kreist, bewegt er sich manchmal mit der Bewegung des Epizykelmittelpunkts mit, also in Abb. 9 im Gegenuhrzeigersinn, aber manchmal eben auch entgegen dieser Bewegung. Diese Teile der Bewegung sind dann die rückläufigen Bewegungen, die Schleifen. Gleichzeitig werden auch die Helligkeitsschwankungen klar: Die Epizykelbewegung nähert und entfernt den Planet periodisch. Damit war das geozentrische Weltbild gerettet. Die Erklärung des Aristarch wurde in den Papierkorb befördert.

Hipparchos von Rhodos und Claudius Ptolemäus

Im zweiten vorchristlichen Jahrhundert schien die Zahl der großen Wissenschaftler deutlich kleiner geworden zu sein, vielleicht, weil die griechische Wissenschaft langsam an ihre Grenzen gekommen war, aber genau kann man den Grund dafür nicht sagen. Überwäl-

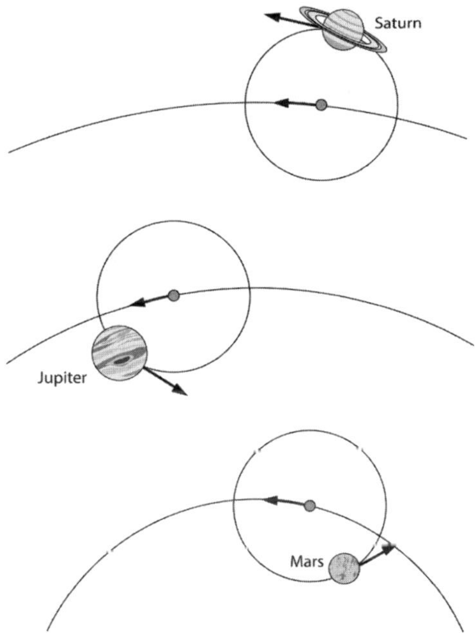

Abb. 9: Epizykel

tigende Entdeckungen wurden nicht mehr gemacht, es wurde brav im Rahmen der aristotelischen oder auch der Demokrit'schen Weltsicht geforscht, ohne aber je wieder so große Gestalten wie Archimedes oder Aristarch hervorzubringen.

Eine Ausnahme im 2. Jh. v. Chr. aber gab es noch: Hipparchos von Rhodos (ca. 190–120 v. Chr.). Er war der genaueste Astronom der Antike, er erstellte Sternkarten, in der er die Position von ca. 1000 (!) Sternen vermerkte. Natürlich beschäftigte sich Hipparch auch mit den Planetenbewegungen. Da seine Messungen die genauesten waren, die es bis dahin gegeben hatte, war er gezwungen, das Epizykelsystem des Apollonius noch komplexer zu machen. Er führte systematisch Exzenter ein, d. h., er ließ den Mittelpunkt der Deferenten nicht in der Erde, sondern verschob ihn irgendwo in das Weltall. Ein Epizykel pro Planet auf dem Deferenten reichte ihm auch nicht mehr; auf diese Epizykel erster Ordnung musste jeweils noch ein Epizykel zweiter Ordnung angebracht werden. Es ergab sich ein alles in allem recht verwickeltes, nur schwer durchschaubares System.

Im zweiten nachchristlichen Jahrhundert wurde die Diskrepanz zwischen dem Modell des Hipparch und den Beobachtungsdaten allerdings so groß, dass klar war, nicht einmal dieses komplexe System reiche aus. In Alexandria gelang es einem Astronomen mit einer weiteren Zufügung zum System des Hipparch aus Epizykeln und Exzentern, die Daten wieder berechenbar machen: Es war Claudius Ptolemäus (ca. 100–160 n. Chr.), der letzte große Astronom der Antike. Nach seinem Namen wird das geozentrische Weltsystem oft auch ptolemäisches genannt, obwohl er es eigentlich nur übernommen hat. In der Form aber, in der Ptolemäus die Planeten einordnete, blieb die geozentrische Vorstellung noch viele Jahrhunderte bestehen.

Seine wichtigste Erfindung zur Rettung der Beobachtungen oder besser zur Rettung des geozentrischen Weltbildes war der Äquant, eine komplizierte mathematische Konstruktion, die die stets gleichmäßige Bewegung der Planeten retten sollte. Über die Ursachen dieser verwickelten Bewegungen konnte Ptolemäus nichts weiter sagen, die physikalische Natur dieser Bahnen war völlig unklar. Der abstrakte Äquant hatte die Situation nur noch verschlimmert, denn eigentlich war er nur ein mathematischer Kniff, um die konstante Geschwindigkeit wenigstens theoretisch zu retten; der Planet selbst bewegte sich einfach nicht mehr gleichförmig. Viele Astronomen der späteren Zeit sollten gerade diese Äquanten als sehr unschön und willkürlich empfinden.

In seinem berühmten Lehrwerk *Mathematike syntaxis*, Mathematische Ordnung (des Himmels) (später unter dem arabischen Namen *Almagest* bekannt geworden), stellte er seine Theorie dar. Es wurde das Standardwerk der Astronomie bis in die frühe Neuzeit. Die Theorie der Planetenbewegung war die damals am besten ausgebaute Theorie der Naturwissenschaft und das blieb sie auch noch lange Zeit.

Archimedes von Syrakus und die Römer

Neben den großen astronomischen Forschungen gab es auch viele Fortschritte auf dem Gebiet der „irdischen Physik". Die herausragende Gestalt dieses Gebiets war Archimedes von Syrakus (287–212 v. Chr.), ein Zeitgenosse von Apollonios und Eratosthenes. Er ist auch ein Beispiel dafür, dass wissenschaftliche Forschung im 3. Jh. v. Chr. nicht nur in Alexandria stattfand, wobei Archimedes einige Jahre in Alexandria zubrachte und ganz sicher von dort wertvolle Impulse bekam. Aber er zog es vor, in seine Heimatstadt Syrakus zurückzukehren und dort unter dem Schutz und mit der Förderung des Königs von Sizilien weiterzuforschen.

Archimedes war in erster Linie ein genialer Mathematiker, aber er wendete die Mathematik konsequent auf naturwissenschaftliche Probleme an, ohne jede religiöse Komponente, wie sie noch bei Pythagoras oder Platon deutlich zu erkennen war. Er war derjenige, der als Erster mit der strengen und rein rationalen Mathematisierung der Naturbeschreibung anfing.

Archimedes beschäftigte sich beispielsweise mit dem Eintauchen von Körpern ins Wasser. Er kam dadurch zu dem berühmten archimedischen Prinzip: Er bemerkte, dass Körper, die in Wasser tauchen, leichter werden, sie erfahren einen Auftrieb. Und er fand heraus, dass sich dieser Auftrieb exakt angeben lässt: Der Körper wird genauso viel leichter, wie die verdrängte Wassermenge schwer ist. Sein Prinzip wendete Archimedes dann auch im Schiffsbau an, so wie er alle seine physikalischen Erkenntnisse meist gleich in die Praxis umsetzte. Denn Schiffe benötigen Auftrieb, und durch seine mathematischen und physikalischen Kenntnisse gelang es ihm, das größte Schiff der damaligen Zeit für seinen König zu bauen, die Syrakusia, ein prächtiges Palastschiff mit ca. 60 m Länge, wenn wir der Überlieferung Glauben schenken.

Auch das Hebelgesetz wurde von ihm erstmals mathematisch genau angegeben. Bekannt waren Hebelwirkungen schon seit Tausenden von Jahren. Erst Archimedes aber schaffte es, die Gesetzmäßigkeit zahlenmäßig genau zu fassen. Dies ist eines der schönsten Beispiele, wie Archimedes die Natur mathematisch beschrieb, und zwar die irdische Natur, nicht die himmlische, die schon von den früheren Wissenschaftlern mathematisiert worden war. Auch das Hebelgesetz wurde von Archimedes in vielerlei Weise angewendet, und er soll insgesamt sehr viele nützliche Maschinen erfunden haben. Die Stadt Syrakus soll etwa gerade wegen der Maschinen des Archimedes drei Jahre lang der Belagerung durch die Römer standgehalten haben. Und letztlich fiel die Stadt nur durch Verrat eines Syrakusers an die Römer. Diese Eroberung kostete Archimedes das Leben, denn ein römischer Soldat erschlug ihn, sehr zum Verdruss des römischen Feldherrn, der Archimedes aus verständlichen Gründen lebend wollte.

Die Römer eroberten aber nicht nur Syrakus, sondern nach und nach auch die gesamte griechische Welt. Die Römer standen grundsätzlich der griechischen Wissenschaft und Philosophie nicht negativ gegenüber, sie bewunderten sie sogar, fanden aber speziell in den Naturwissenschaften nur wenig Wertvolles, was sich auszubauen gelohnt hätte. Sie übernahmen das, was ihnen wichtig erschien, und beachteten den Rest nicht weiter. Von den Philosophien konnte insbesondere die Stoa die Römer überzeugen, die Epikureer hatten es da viel schwerer, denn für einen typischen Römer war ein zurückgezogenes Leben im Grunde nicht vorstellbar. So gibt es insgesamt nur wenige Spuren römischer Naturwissenschaft, rühmliche Ausnahmen sind einzig die Werke *De rerum natura* („Über die Natur der Dinge") von Titus Lucretius Carus (ca. 99–55 v. Chr.) und die *Naturalis historia* („Naturgeschichte") von Plinius dem Älteren (23–79 n. Chr.).

Der Verlust der antiken Wissenskultur in Europa

Es kam zu einem langsamen Niedergang der griechisch-römischen Wissenschaft. Das hatte natürlich etwas zu tun mit der schleichenden politischen Krise des „Römischen Reiches" seit dem 2. Jh. Sie führte allmählich dazu, dass die Macht der Zentrale schwächer wurde und die Randgebiete dem äußeren Druck immer weniger standhalten konnten. Das Römische Reich löste sich langsam auf.

Im östlichen Teil des ehemaligen Reiches gingen die Veränderungen fast unmerklich vonstatten. Im Westen und Norden, dem Gebiet des späteren katholischen Europa, waren die Brüche deutlicher, weil hier Eroberer aus dem Norden, die ihre eigenen Traditionen mitbrachten, die politische Macht übernahmen. Hier wurden schneller und grundlegender die alten wirtschaftlichen und kulturellen Strukturen umgeformt oder zerstört. Allmählich entstand eine Gesellschaft, die im Wesentlichen nicht mehr durch Handel geprägt und nicht mehr auf städtische Zentren bezogen war, sondern nun nahezu ausschließlich auf Landwirtschaft beruhte.

Die Ursachen sind vielfältig, sollen uns aber hier nicht weiter interessieren. In unserem Zusammenhang erscheint interessanter, warum die Wissenskultur überhaupt verschwand, denn man könnte sich ja vorstellen, dass dieses Wissen unter neuen politischen Bedingungen weiter bestanden hätte.

Grundsätzlich dürfte dieses „Verschwinden" mit der prekären Überlieferungssituation der Texte selbst zu tun gehabt haben, wie schon bei Aristarch erwähnt. Texte gingen einfach verloren. Noch wesentlicher dürfte aber Anderes gewesen sein.

Wir haben gesehen, dass der Niedergang schon in der hellenistischen Epoche begann, das Problem der antiken Wissenschaft also nicht erst mit dem Ende des Römischen Reiches aufkam, sondern sich nur beschleunigte. Was aber könnte das Problem gewesen sein? Eines der Kennzeichen und gleichzeitig auch eine der Schwächen der griechisch-hellenistischen Wissenschaft bestand darin, dass sie nicht praktisch wurde. Die römische Kultur hatte durchaus Sinn für technische Praxis, aber weniger für „reine" Wissenschaft oder innovative technologische Lösungen. So erkannte man auch nicht das Potenzial, das in der Wissenschaft steckte. Das lag an dem Mainstream der Wissenschaft selbst, die nach Aristoteles mit Technik nichts zu tun haben wollte. Es lag aber auch daran, dass die römische Wirtschaft auf der Arbeit von Sklaven beruhte. Arbeit hatte fast keinen Wert und es bestand kein Anreiz, sie durch mechanische Hilfen zu ersetzen, zumal die Sklaven als „Werkzeuge", als die man sie ansah, gut funktionierten. Die Verankerung der Wissenschaft in der Gesellschaft fehlte.

Schließlich wurde die politische Krise begleitet von einer zunehmenden geistigen Krise. Das zeigte sich am wachsenden Interesse an neuen Religionsbewegungen, die sich seit dem 1. Jh. n. Chr. überall im Reich bildeten, und von denen das Christentum die erfolgreichste war.

Zwischen dem 2. und 5. Jh. entstanden die Grundlagen der christlichen Theologie. Intellektuelle jener Zeit von Tertullian (um 160–nach 220) bis zu Augustinus (354–430) schufen ein einheitliches Lehrsystem. Dieses beruhte auf den überlieferten christlichen Quellen, es entstand aber auch in Übereinstimmung mit einer allgemeinen philosophischen Atmosphäre der Spätantike. Man suchte nach neuen Gewissheiten, neuen sinnstiftenden Lehren, und diese waren eher auf das Jenseits ausgerichtet als darauf, die materielle Welt zu erkennen. Die Idee, die der Welt zugrunde lag, war nun das christliche Heilsversprechen, das Lebensziel die Erlösung nach dem Tode. Entsprechend stand die christliche Lehre dem, was wir Naturphilosophie nennen, mehr als skeptisch gegenüber, sie hielt sie schlicht für überflüssig.

Das heißt nicht, dass dieses naturphilosophische Wissen völlig aufhörte zu existieren. Es wurde nur weitgehend bedeutungslos für die Wahrnehmung und Interpretation der Welt und damit war es wirkungslos. Es verschwand in den Elfenbeintürmen einzelner Geistlicher, in Klöstern, in Klosterbibliotheken, im Osten wie im Westen – und ging dort häufig auch verloren. Bisweilen benutzte man die alten Pergamente, auf denen antike Naturforschung aufgeschrieben war, als Einbände für neue christliche Bücher oder kratzte die Schriften ab, um die Pergamente neu zu beschreiben.

Im Osten wurde das Christentum relativ schnell als Staatsreligion übernommen und der weltlichen Herrschaft der Kaiser untergeordnet, die sich als direkte Nachfolger der römischen Kaiser verstanden. Im Westen war die Lage komplizierter, weil die neuen Herrscher weder eine einheitliche Religion mitbrachten, noch ausgebildete Verwaltungsstrukturen, die die alten römischen ersetzen konnten. So waren die neuen Herrschaftsträger auf die Kirche angewiesen und übernahmen den katholischen Glauben, um einerseits ihre Macht zu organisieren und um sich andererseits eine göttliche Legitimation zu geben. Aufgrund dieser starken Position der katholischen Kirche konnten die weltlichen Herren auch nie die vollständige Kontrolle über die Kirche erringen, es war eine Beziehung auf Augenhöhe. Diese Differenz zwischen weltlicher und geistlicher Herrschaft war ein Grund für die ganz besondere Entwicklung im katholischen Europa.

Sie führte auch zu einer Art kultureller Arbeitsteilung. Die Fähigkeit zu lesen und zu schreiben, zumindest in der Oberschicht der römischen Antike eine kulturelle Selbstverständlichkeit, ging verloren. Nun konnten fast nur noch die Geistlichen schreiben und lesen. Entsprechend wurde Wissen studiert, erweitert und weitergegeben in erster Linie in Klöstern und diese lagen in aller Regel weit entfernt von Städten, Dörfern und den befestigten Sitzen der weltlichen Herren. Es waren gewissermaßen Inseln der Bildung.

Wissenstransfers

Kulturell lag das katholische Abendland bis in das 2. Jahrtausend eher am Rande. Bedeutender waren andere Mächte. Da war das alte Oströmische Reich mit der Hauptstadt Konstantinopel (dem heutigen Istanbul), zwar christlich wie das Abendland, aber mit einer abweichenden, der „orthodoxen" Theologie, geführt vom byzantinischen Kaiser.

Und da war vor allem das sich seit dem 7. Jh. rasch ausbreitende muslimische Herrschaftsgebiet, das um die Jahrtausendwende die Arabische Halbinsel, ganz Nordafrika und Palästina und die daran anschließenden östlichen Gebiete und den größten Teil Spaniens umfasste.

Zwar dominierte auch in der muslimischen Kultur der spirituelle Zugang zur Welt, aber es gab (zunächst) eine größere Offenheit für Naturphilosophie und für das Wissen der Antike, das muslimische und jüdische Gelehrte im 7. Jh. aufgrund der wachsenden Kontakte mit dem Byzantinischen Reich wiederentdeckt hatten und dann studierten und weiterentwickelten. Sie übersetzten diese Schriften vor allem ins Arabische. So gelangten sie, versehen mit ausführlichen wissenschaftlichen Kommentaren, mit der islamischen Expansion über Nordafrika nach Westen und damit nach Sizilien und vor allem nach Spanien und so an die Grenzen des katholischen Europas.

Die islamische Wissenschaft des letzten Viertels des 1. Jahrtausends ist ein faszinierendes Kapitel der Wissenschaftsgeschichte. Auf Dauer setzten sich aber in den islamisch beherrschten Gebieten die fundamentalistischen islamischen Theologen durch, die von Anbeginn an dem Wissenschaftsinteresse skeptisch gegenüberstanden. Das lag auch daran, dass im Islam weltliche und geistliche Herrschaft nicht getrennt waren, sodass sich eine einheitliche, wissenschaftsskeptische Haltung durchsetzen konnte.

Die Blüte der islamischen Wissenschaft blieb historische Episode, aber in unserem Zusammenhang ist sie von großer Bedeutung, weil durch sie ein Wissenstransfer nach Europa ermöglicht wurde. Das galt in erster Linie für die Vermittlung antiken Wissens aus dem Mittelmeerraum ins westliche Europa, aber auch für mathematisches Wissen aus Indien.

Mittelalterliche Naturwissenschaft

„Der Glaube sucht einsichtig zu werden."
Anselm von Canterbury

Aufbrüche: Europa entdeckt die Naturphilosophie

Im 11. Jh. änderte sich vieles im katholischen Europa. Die Bevölkerung nahm zu, in der Landwirtschaft wurden größere Überschüsse erzielt. Geld und Handel spielten wieder eine größere Rolle, und Städte wurden wieder besiedelt oder neu gegründet. Damit änderte sich auch das Verhältnis der Menschen der materiellen Welt gegenüber, mithin auch ihre Wahrnehmung. Ganz allmählich entwickelte sich damit so etwas wie ein Bedürfnis nach allgemeiner Bildung und nach neuen Welterklärungen. Mit den Kathedralschulen im 11. Jh. entstanden neue Bildungseinrichtungen, in denen man sich wieder intensiver auch mit Naturphilosophie zu beschäftigen begann.

Seit dem Ende des 11. Jhs. lösten die Universitäten mehr und mehr die Kathedralschulen und vor allem die Klöster als die Zentren des Wissens ab. Das war in mehrfacher Hinsicht von großer Bedeutung. Die Universitäten (wie auch die Kathedralschulen) waren, im Gegensatz zu den meisten Klöstern, in Städten angesiedelt, gehörten also zur städtischen Kultur, waren Teil städtischen Lebens. Die Studenten der Universitäten waren vor allem seit dem 14. Jh. nicht mehr nur Geistliche, und schließlich waren Universitäten reine Männerbünde. Während es auch Frauenklöster gegeben hat, an denen Wissen studiert und erweitert wurde, blieb Frauen im Allgemeinen der Zugang zur universitären Bildung verwehrt. Das auf universitärer Bildung gestützte Wissenssystem war also tendenziell weltlich, städtisch und männlich. Und erstmalig in der Geschichte entstand ein eigener Berufsstand, der hauptamtlich damit betraut war, Wissen zu erweitern und zu lehren: die Professorenschaft.

Das erwachte Interesse an Bildung war die Grundlage dafür, dass neues Wissen erarbeitet und weitergegeben werden konnte. Man machte sich, vor allem in den Bibliotheken der Klöster, auf die Suche nach bislang unbeachtet gebliebenen antiken Texten. Die Kontakte mit den muslimischen Gebieten führten auch dazu, dass alte Texte in Europa bekannt wurden. Einzelne Intellektuelle wagten sich sogar in muslimische Gebiete, weil der Ruf der muslimisch-jüdischen Wissenschaft, vor allem ihrer Medizin, nach Europa gedrungen war, um dort neue Quellen des Wissens zu erschließen.

Im Jahre 1084 eroberten christliche Truppen die spanische Stadt Toledo. Toledo war eines der Zentren der arabisch-jüdischen Wissenskultur, eine Fundgrube für neues altes Wissen! Die Texte wurden ins Lateinische übersetzt und verbreiteten sich nun schnell unter den Intellektuellen des katholischen Europa und beschleunigten so die geistige Neuorientierung.

Die scholastische Methode

Was war das Wesentliche dieses geistigen Umbruchs? Wissenschaft erhielt nun wieder eine Bedeutung für die Interpretation der Welt, eine Bedeutung neben der Theologie. Dafür war die antike Überlieferung so wichtig, denn sie konnte als Vorbild für eine eigenständige Wissenskultur der Naturphilosophie dienen. Vor allem konnte man von der antiken Epoche lernen, dass Naturphilosophie ein Wissen ist, das Naturphänomene nicht nur einfach beschreibt, sondern mithilfe von Modellen, die aus der Natur selbst abgeleitet werden, erklärt und begründet. Erklärungen dieser Art brauchten indes auch einen logischen und methodischen Rahmen. Darum begann man im Abendland wieder darüber nachzudenken, wie man zu Erkenntnis gelangt.

Der Kirchenvater Augustinus hatte den Wissenserwerb als eine Art Erleuchtung verstanden, als ein Verstehen, das sich einstellt durch die einfühlende Lektüre der christlichen Texte. Mit dem neuen Interesse an der Naturphilosophie begann sich das zu ändern. Mit seinem berühmten Satz: „Der Glaube sucht einsichtig zu werden“, formulierte Anselm von Canterbury (1033–1109) das neue Lebensgefühl, schon bevor die antiken Schriften in Europa ankamen. Weiter angespornt durch die Überlegungen zur Logik, vor allem in den Texten vor Aristoteles, dachte man nun über das Verhältnis von Glauben und Vernunft nach und darüber, wie man naturphilosophisches Wissen unabhängig vom Glauben vernünftig gewinnen und begründen könne.

Im 12. Jh. entstanden die Grundlagen eines solchen Forschungs- und Wissensprogramms, das man als „Scholastik“ bezeichnet. Es beruhte im Wesentlichen auf drei Forderungen: Man soll Wissenschaft betreiben, indem man sich an den großen Texten der Vergangenheit als Autoritäten orientiert, indem man dieses überlieferte Wissen durch logische Schlussfolgerungen kritisch prüft und indem man dieses so überprüfte Wissen in einer Weise darstellt, die gelehrt werden kann.

Im Mittelpunkt der kritischen Prüfung von Texten stand ein Argumentationsverfahren, das ermöglichte, vernünftige Erklärungen der Dinge von solchen zu unterscheiden, die durch Vernunft nicht begründbar waren. Das setzte voraus, dass die Dinge der Welt überhaupt vernünftig erklärt werden können. In dieser Annahme steckt viel von der antiken griechischen Tradition, in der viel Mühe darauf verwandt worden war, zu zeigen, dass es Prinzipien gibt, mit denen Wirkungen auf „rationale“ Ursachen zurückgeführt werden können. Damit war ganz grundsätzlich Natur der Vernunft zugänglich.

Scholastische Naturphilosophie zielte also vorrangig auf die logische Qualität sprachlicher Argumente, nicht auf Naturerfahrungen. Naturphänomene wurden nicht eigentlich „beobachtet“, sondern rein logisch in Auseinandersetzung mit den Texten vor allem des Aristoteles diskutiert. Deshalb bekam die Scholastik später einen schlechten Ruf. Aber man darf die Bedeutung dieses logischen Verfahrens für die weitere Entwicklung der Naturphilosophie und der späteren Naturwissenschaft nicht unterschätzen. Es begründete eine sehr europäische Denktradition, wonach man Richtiges vom Falschen durch systematisches Vorgehen eindeutig trennen könne.

Die Teilung der Welt

Nun war für die Intellektuellen, zumeist Geistliche, eine Situation entstanden, die nicht so einfach zu lösen war. Da war das theologische Wissenssystem, in dem sie groß geworden waren. Da war die neue alte Überlieferung, die man studieren musste, die man auch dem christlichen Rahmen anpassen musste, in dem sie lebten und dachten. Und die Inhalte der nun zugänglichen alten Texte waren verwirrend und bisweilen widersprüchlich. Es handelte sich um die antiken Texte des Aristoteles und anderer antiker Autoren, und zwischendrin gab es auch Texte anderer Herkunft.

Zum Beispiel gab es astrologische und vor allem alchemistische Texte. Astrologie und Alchemie beruhten auf der Annahme magischer Kräfte, für die im christlichen Weltbild eigentlich kein Platz war. Die Alchemie erklärte mithilfe von magischen Kräften die Natur als Ergebnis von Verwandlungsprozessen. Anders aber als die aristotelische Theorie zielte Alchemie nicht bloß auf Naturerklärung, sondern auch darauf, in Naturprozesse einzugreifen, mithilfe dieser magischen Kräfte also Natur selbst zu verändern und sogar zu erzeugen.

Man nahm insbesondere an der Geheimnistuerei der Alchemisten Anstoß. Weil der einzelne Alchemist selbst an der magischen Prozedur innerlich beteiligt war, wurde nicht verraten, was man tat, und wenn es niedergeschrieben wurde, dann in kaum verständlichen, geheimen Codes. Alchemie faszinierte trotzdem oder vielleicht gerade deswegen.

Für die Auseinandersetzung mit der Astrologie war ein Werk von Claudius Ptolemäus grundlegend, das er kurz nach seinem „Almagest" geschrieben hatte, das „Tetrabiblos". Darin begründete er einen vernünftigen Zugang zur Astrologie. Der Gang der Natur war demnach beeinflusst von kosmischen Vorgängen. So weit konnte auch die offizielle Kirche damit einverstanden sein; problematisch war jedoch die Vorstellung, auch das Schicksal von Menschen hinge von diesen Einflüssen ab. Das widersprach dem christlichen Menschenbild. Trotzdem wurde dieses Buch sehr populär.

Man begann, sich auf unbekannten Gebieten voranzutasten, und setzte sich mit allem auseinander, was man in antiken Schriften vorfand: Es herrschte eine Atmosphäre des Aufbruchs. Aber diese Diskussionen standen auch immer unter dem Vorbehalt der Frage des rechten Umgangs mit dem neuen Wissen. Dabei versuchte die katholische Kirche, ihre Deutungshoheit der Welt durchzusetzen und zu behaupten. Das war ein wesentlicher Grund dafür, dass diese Diskussionen sich allmählich immer stärker auf das Werk des Aristoteles konzentrierten; eine Entwicklung, die ganz entscheidend mit dem Werk des Albertus Magnus (1200–1280) in Zusammenhang stand.

Er machte, wenn man so will, Aristoteles populär, weil er ihn christlich deutete. Aber er blieb auch einem neuen Blick auf die Welt treu, indem er die vernünftige Erklärung der Naturphänomene gegen die Theologie behauptete. So deutete er sogar die Angaben zur Beschaffenheit der Welt in der Schöpfungsgeschichte als „poetische Bilder" und forderte, dass auch außergewöhnliche Naturphänomene auf anderer Grundlage beschrieben werden müssten als auf Grundlage der biblischen Angaben und dem Eingreifen Gottes. „*Wenn ich die Natur betrachte, interessieren mich keine Wunder!*", lautet ein berühmter Ausspruch von Albertus Magnus. Am populärsten wurden seine Beobachtungen von Tieren und Pflanzen, die er, ganz im Geist des Aristoteles, systematisch zusammenfasste.

Für die weitere Entwicklung der Naturphilosophie im Mittelalter spielten zwei Bettelorden eine wichtige Rolle, die im 13. Jh. entstanden waren: die Franziskaner und die Dominikaner, denen auch Albertus Magnus angehörte. Ihre Klöster befanden sich in aller Regel in den Städten, anders als die der anderen Mönchsorden.

Die Franziskaner, begründet von Franz von Assisi, strebten eine Neuorientierung an, weg von der großen Papstkirche, hin zu einer an den Ursprüngen der Kirche sich orientierenden Praxis der gelebten Nächstenliebe, einem Armutsideal und einer sinnlichen Hinwendung zu Gottes Schöpfung. Die Franziskaner wurden von der Amtskirche zunächst mit Argwohn betrachtet, dann gewissermaßen offiziell einverleibt. Sie blieben aber immer in einer etwas kritischen Position zur Amtskirche. Ihre „Gegenspieler" waren die Dominikaner. Sie standen der Amtskirche viel näher, und viele ihrer Mitglieder spielten später eine Rolle im Dienste der Inquisition, d. h., dass sie aktiv an der Verfolgung und Verurteilung von Menschen beteiligt waren, die von der offiziellen Lehre der Kirche abwichen.

Die Franziskaner neigten eher dazu, die Naturphilosophie als Teil der Theologie zu verstehen. Franziskus sprach mit den Vögeln, das hatte auch Bedeutung für die Wahrnehmung der Natur. Natur wurde gewissermaßen als Zeichen Gottes betrachtet, die man entschlüsseln konnte, um dann zur theologischen Wahrheit zu gelangen. Dieser Ansatz hatte auch Folgen für die Art, wie Wissenschaft betrieben wurde. Um die Zeichen zu deuten, musste man sich intensiv mit ihnen beschäftigen. Das führte zu einer Forschungspraxis, bei der systematische Beobachtungen eine größere Bedeutung gewannen, denn die theologische Wahrheit ließ sich ja durch die göttlichen Zeichen, die Naturphänomene, selbst entschlüsseln.

Hier sei nur der englische Naturphilosoph Roger Bacon (1220–1293) erwähnt, der vor allem in Oxford lehrte, dem vielleicht wichtigsten geistigen Zentrum der franziskanischen naturphilosophischen Bewegung. Er beschäftigte sich nicht nur mit Aristoteles, sondern studierte mit demselben Interesse alle neu zugänglich gewordenen Schriften. Von Platon und den neuplatonischen Schriften übernahm er die Sonnenmystik und mit ihr das Interesse an Lichtphänomenen und die Idee, dass die Welt mathematisch zu erklären sei. Er beschrieb optische Phänomene, formulierte mathematische Zusammenhänge und verwendete experimentelle Methoden, um allgemeine Gesetze zur Erklärung und Beschreibung dieser Phänomene zu entwickeln.

Naturphilosophie war für ihn aber mehr als bloße Naturforschung, sie war für ihn Schlüssel zur Weltdeutung, sie konnte theologische Wahrheiten erzeugen. Naturphilosophie war nach diesem Konzept letztendlich Teil der Theologie. Die Kirche empfand diesen Ansatz eher als Bedrohung ihrer Deutungshoheit; diese Richtung des Umgangs mit dem neuen Wissen wurde bekämpft, ausgegrenzt und führte schließlich nur noch ein Schattendasein. Zu Ruhm gelangte Bacon erst im 19. Jh., als er zu einer Art Leitfigur der modernen Naturwissenschaft erhoben wurde.

In der Kirche setzte sich, wenn auch nicht ohne Schwierigkeiten, ein anderer Weg durch. Es gab einen arabischen Philosophen,

Ibn Rushd (1126–1184) – im Lateinischen Averroes genannt –, der die Möglichkeiten unterschiedlicher Wahrheitsbereiche diskutierte, den des Glaubens (Theologie) und den der Vernunft (zum Beispiel Naturphilosophie). Seiner Meinung nach stand die Vernunft sogar über dem Glauben; so konnte es Wahrheiten geben, die aus vernünftigen Gründen geschlossen wurden und dem Glauben widersprachen.

Eine doppelte Wahrheit? Für die Kirche unvorstellbar! Aber konnte man das aristotelische Erklärungssystem so einfach verbieten? Es blieb attraktiv, gerade auch für Theologen in der Kirche. So blieb tatsächlich nur die Möglichkeit, die beiden Zweige, Philosophie und Theologie, als getrennte Erkenntnisformen anzuerkennen, freilich nicht so radikal wie Averroes es vorgegeben hatte. Am wirkungsmächtigsten bei dieser „Trennung" waren dabei die Schriften des italienischen Dominikanermönches (und Schülers von Albertus Magnus) Thomas von Aquin (um 1225–1274).

Thomas lehrte, dass wir den Glauben mithilfe der Vernunft begründen können. Sogar die Existenz Gottes ließe sich mit vernünftigen Argumentationen beweisen. Entsprechend verstießen wir nicht gegen unseren Glauben, wenn wir unsere Vernunft auch auf andere Lebensbereiche anwenden. Damit verband er Glauben und Vernunft und somit grundsätzlich die katholisch-christliche Lehre mit aristotelischen Gedanken.

Nun gab es für die katholischen Christen nicht mehr nur das „Buch der Bibel", sondern auch ein „Buch der Natur", das sich lesen ließ. Diese beiden Bücher stünden auch nicht in einem Gegensatz, sondern Gott äußere sich gleichermaßen in Sprache (Bibel) und in der Natur, in der natürlichen Ordnung der Welt. Zur göttlichen Wahrheit gelangte man durch den Glauben, dafür war allein die Theologie zuständig. Daneben aber gab es Bereiche, die wir mithilfe der von Gott verliehenen Vernunft unabhängig von der Theologie analysieren können, auch den Bereich der Naturphänomene. Auch das Studium der Natur konnte Hinweise auf die Wahrheit der göttlichen Schöpfung liefern, aber doch nur in untergeordneter Funktion. Thomas von Aquin sprach von Naturphilosophie als *„Magd der Theologie"*.

Führende geistliche Amtsträger taten sich selbst mit dieser Version der Trennung schwer und noch 1277 wurden in einem Verdammungsschreiben unter anderem solche Versuche verboten, sogar auch Teile der Ideen von Thomas von Aquin und zahlreiche Aussagen des Aristoteles. Auf Dauer war man aber gegen das neue Denken in der Kirche selbst machtlos. Die Trennung in der Art, wie sie Thomas von Aquin formuliert hatte, wurde zur Grundlage der christlichen Theologie im 14. Jh.

Diese Art der Trennung war mit der „Aristotelisierung" der Naturphilosophie verbunden, die schon Albert betrieben hatte. Aristoteles wurde gleichsam von der Kirche zur wichtigsten Autorität für alle naturphilosophischen Fragen erhoben. Alle anderen antiken Autoren führten nunmehr ein Schattendasein, bis ins 15. und 16. Jh. Warum Aristoteles?

Zum einen entsprach seine eher materialistische Grundhaltung der Atmosphäre des neuen naturphilosophischen Denkens. Andererseits dachten die christlichen Gelehrten damals in geschlossenen Erklärungsmodellen. Aristoteles entsprach dieser Denktradition, da er ein vollständiges Erklärungsmodell der materiellen Welt überliefert hatte. So konnte man sein Erklärungssystem auf christliche Vorstellungen beziehen. Man begann Aristoteles zu „christianisieren"; das ging so weit, dass man ihn zu einem *„Vorläufer Christi in der natürlichen Weisheit"* erklärte.

Der Trennungsgedanke der scholastischen Naturphilosophie blieb zwar das Paradigma der Naturforschung im Spätmittelalter, aber er wurde doch unterschiedlich ausgelegt, zumal von Mitgliedern des Franziskanerordens, wie z. B. dem berühmten William Ockham (1295–1349).

Grundlage dieser neuen Haltung war eine Art des Denkens, die man Nominalismus nennt. Demnach besteht die sichtbare Welt nur aus konkreten Einzeldingen, und wir Menschen können mittels der Vernunft nur diese einzelnen Dinge erkennen und keine Allgemeinbegriffe. Daraus ergibt sich, dass der Mensch das Wesen Gottes grundsätzlich nicht erkennen könne, da Begriffe nur Namen, also „Erfindungen" der Menschen seien, weshalb sichere Erkenntnis auch über Gott nicht möglich sei, nur die Gewissheit des Glaubens.

Das war eine grundsätzliche Kritik an der Lehre von Thomas von Aquin, der ja behauptet hatte, Gott beweisen zu können. Nach Ockham verschafft uns allein der Glaube Gewissheit über das Heilsgeschehen und das ewige Leben.

Durch Vernunft ließen sich demnach keine allgemeingültigen Wahrheiten gewinnen. Da die naturphilosophischen Erklärungen aber ausschließlich auf der Vernunft beruhen, ließen sich über Naturphänomene auch keine sicheren Aussagen machen. Das klingt zunächst nach Einschränkung. Für die Naturphilosophie aber war es vor allem aber eine Befreiung, denn gemäß dieser nominalistischen Auffassung waren nun alle Erklärungsmodelle erlaubt, auch wenn sie der Bibel widersprachen, da es sich nur um Hypothesen, keine Glaubensaussagen, handelte. Dieses Wissenschaftsprogramm wurde Grundlage der europäischen Entwicklung. Es öffnete den Naturphilosophen alle Türen zu einer unabhängigen Diskussion von Naturphänomenen, und darin liegt ein Schlüssel für die Entwicklung der modernen Naturwissenschaft in Europa.

Mit dem Namen William Ockhams ist auch ein berühmtes methodisches Prinzip verbunden, das womöglich gar nicht von ihm stammt. Wie auch immer, es war „Ockhams Rasiermesser", das sich gegen eine Praxis der Scholastik wendete, neu auftauchende Phänomene immer mithilfe neuer Ursachen und Modelle zu erklären. Demgegenüber forderte Ockham, als Erklärungsmodelle möglichst einfache, sehr fundamentale Prinzipien heranzuziehen, die für möglichst alle Naturphänomene gelten. Mit diesem „Rasiermesser" ist also die Idee verbunden, dass Naturphänomene so einfach wie möglich erklärt werden können.

Trotzdem blieb die nominalistische Naturphilosophie zunächst im Rahmen ihrer scholastisch-aristotelischen Grundlagen. Naturphilosophie blieb bis in das 15. Jh. hinein ausgerichtet an den Modellbildungen des Aristoteles und sie blieb Philosophie, also ein Nachdenken über die Texte von Aristoteles zur Natur und eine auf logischen Grundlagen beruhende Auseinandersetzung mit diesen Texten.

Das mittelalterliche Weltmodell

Die Bibel enthält keine eigentliche Kosmologie. Es gibt nur Andeutungen, die zum erheblichen Teil auf babylonische Vorstellungen zurückgehen. Es gab aber schon im Frühmittelalter kosmologisches Wissen, das auf dem antiken „common sense" beruhte. Demnach war die Erde unbewegter Mittelpunkt des Universums und um sie drehten sich auf perfekten Kreisbahnen Mond, Sonne, die Planeten und die Fixsterne. Der christliche Gott wurde schon sehr früh mit dem Demiurgen von Platon gleichgesetzt und als ein Schöpfer beschrieben, der mit Hilfe der Geometrie die Welt erschuf.

Freilich gab es zunächst offenbar kein Interesse an einer intensiveren Beschäftigung mit solchen Modellen des Kosmos, das änderte sich erst im 12. und vor allem im 13. Jh. und dann im Zusammenhang mit der Auseinandersetzung mit Aristoteles' Modell, das zur Grundlage der Vorstellung des Mittelalters vom Kosmos wurde. Dieses Modell wurde entsprechend eingebunden in eine christliche, deutende Kosmologie und mit religiösen Bedeutungen „aufgeladen". Sehr schön lässt sich das an einem Bild des Kosmos des Dante Alighieri (1265–1321) sehen, der die zu seiner Zeit herrschende Vorstellung zusammenfasste.

Im Zentrum war die Erde, unterhalb der Sphäre des Mondes eine unvollkommene Welt, aber nun wurde diese Unvollkommenheit identifiziert mit der christlichen Vorstellung der sündigen Welt, während die vollkommene Welt der himmlischen Sphären mit ihren vollkommenen Bewegungen, wie sie auch Aristoteles beschrieb, nun bevölkert wurde mit vollkommenen Wesen wie Engeln und Erzengeln, die nun die Aufgabe übernahmen, die Sphären zu bewegen. Ganz oben befand sich der Ort Gottes (das himmlische Paradies). Der Aufbau des Kosmos war, wie schon bei Aristoteles, streng hierarchisch gedacht. Entsprechend gab es innerhalb der Sphäre der Erde die Hölle und am oberen Ende das Fegefeuer und das irdische Paradies.

Wenn wir dieses Modell des Kosmos mit den antiken griechischen und römischen Vorstellungen vergleichen, erkennen wir, wie anders sich das Mittelalter den Naturphänomenen näherte. Es war ein Her-

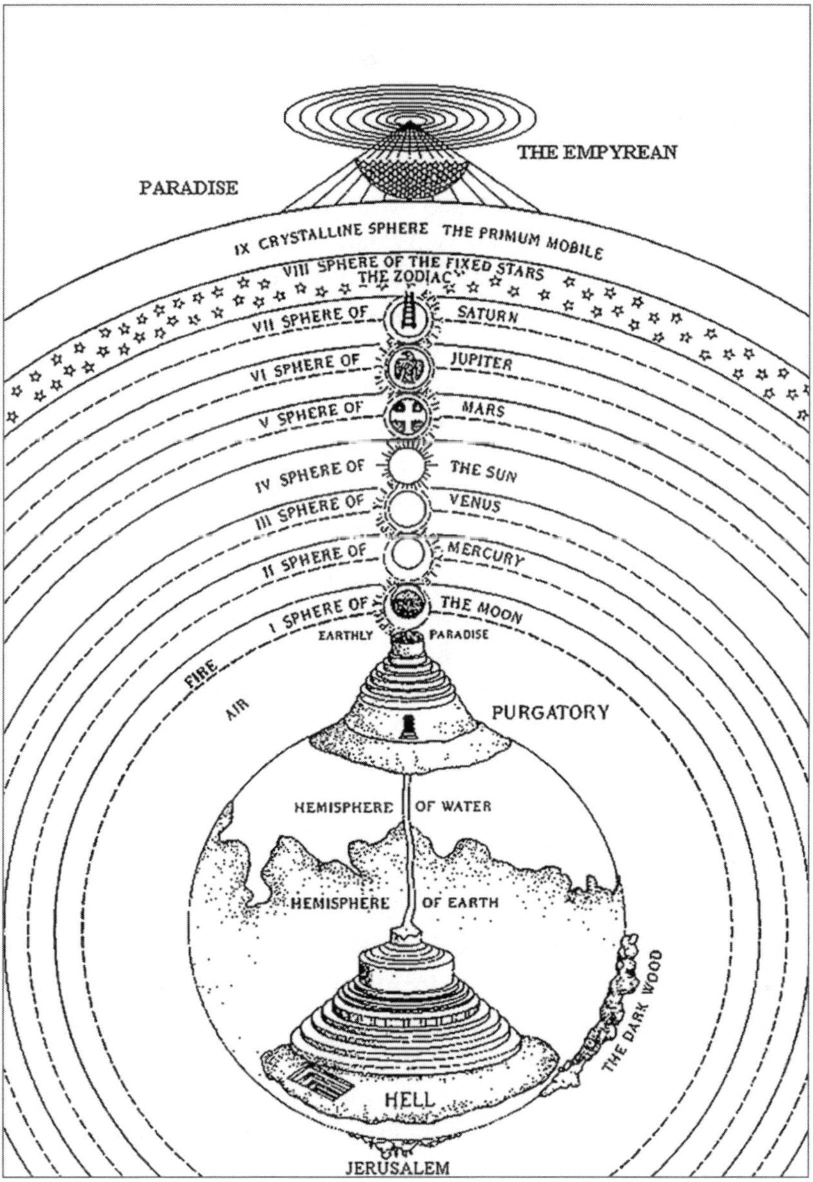

Abb. 10: Der Kosmos des Dante Alighieri

angehen, das aus einem religiösen Blickwinkel erfolgte. Ein wenig erinnert das an vorgriechische Zeiten, etwa an die Art und Weise, in der man in Gesellschaften wie den alten ägyptischen oder babylonischen Hochkulturen die Welt wahrnahm. Aber wir werden sehen, dass gerade die Verknüpfung des christlich-religiösen Blickwinkels mit der Tradition der antiken Naturphilosophie das hervorbrachte, was wir als moderne Naturwissenschaft bezeichnen können.

Das war schon im Mittelalter erkennbar, denn die religiöse „Aufladung" war das eine, etwas anderes war das allnächtliche Himmelsschauspiel, das die christlichen Naturphilosophen in Anlehnung an die „heidnischen" antiken Autoren zu begreifen suchten. Das Modell des Aristoteles lieferte dabei eine grundlegende physikalische Vorstellung vom Aufbau des Kosmos. Entsprechend verstand man das aristotelische Modell als Kosmologie, während das des Ptolemäus als Astronomie aufgefasst wurde, das die Möglichkeit bot, mithilfe von Berechnungen die Bewegung der Planeten recht genau zu bestimmen. Die Astronomie entsprach somit einem praktisch anwendbaren Wissen, das die Himmelserscheinungen berechenbar machte, die Kosmologie der physischen (und damit göttlichen) Wahrheit.

Die Wissenschaftskultur im 14. Jahrhundert

Das scholastisch-aristotelische Wissensprogramm war die unbestrittene Grundlage der Naturphilosophie. Sie blieb es im Wesentlichen bis ins 16. Jh. Innerhalb dieses Rahmens entfalteten sich Ideen und Ansätze zur Lösung konkreter Fragestellungen. Wir wollen noch etwas im 14. Jh. verbleiben, weil sich hier grundlegende Diskussionen entwickelten, die man insbesondere mit zwei Naturphilosophen in Verbindung bringen kann: Jean Buridan und Nicole Oresme.

Über das Leben von Jean Buridan (um 1300–etwa 1358) wissen wir sehr wenig. Sicher ist, dass er an der Universität von Paris studierte und später dort auch lehrte, dass er ein Schüler von William Ockham und offenbar kein Theologe war.

Nicole Oresme (um 1320–1382) war eine Art „Idealtypus“ des gebildeten Theologen des Spätmittelalters, bewandert natürlich in theologischen Fragen der Zeit, aber auch interessiert an der Naturphilosophie. Entsprechend wird er auch in mittelalterlichen Bildern dargestellt, mit Pult (als Theologe) und mit dem Himmelsglobus (als Naturphilosoph).

Dem aristotelisch-katholischen Weltbild zufolge war es völlig klar, dass die Erde unbewegt in der Mitte des Universums steht. Aber das war nicht notwendig aus den astronomischen Beobachtungen ableitbar. Zumindest die tägliche Drehung der Erde um die eigene Achse war denkbar, aus Gründen der Vernunft. Und wir erinnern uns, dass gemäß dem Nominalismus naturphilosophische Aussagen lediglich hypothetisch sind! Das heißt aber auch, dass man jede Möglichkeit durchdenken konnte. Entsprechend fragte Albert von Sachsen (um 1316–1390) in einer für die nominalistische Scholastik typischen Frageform:

„Ob es vernünftiger ist anzunehmen, dass die Erde bewegt ist und der Himmel ruht, als umgekehrt, denn es ist gleichermaßen möglich, den Auf- und Untergang der Sterne durch die tägliche Bewegung der Erde von West nach Ost zu erklären wie durch die tägliche Bewegung des Himmels und die Ruhe der Erde.“

In seiner Begründung, warum das so ist, formulierte Nicole Oresme das Prinzip der Relativbewegung. Er verwendete zu dieser Begründung ein Gedankenexperiment, das so berühmt ist, dass wir es hier wörtlich zitieren wollen:

„Also, wenn ein Mensch sich im Boot A befindet, das sich gleichmäßig, schnell oder langsam bewegt, und er kann nichts um sich herum sehen außer einem zweiten Boot B, das sich genau in derselben Weise bewegt wie Boot A, so sage ich, diesem Menschen wird es scheinen, als ob sich keines der Boote bewege. Wenn A in Ruhe ist und B in Bewegung, wird es ihm erscheinen als bewege sich B; wenn A in Bewegung ist und B in Ruhe, wird es für ihn genauso aussehen: dass sich B bewegt. […] Uns scheint es so, als ob der Ort, an dem wir uns befinden, immer in Ruhe und der andere immer in Bewegung sei, genauso wie ein Mensch in einem fahrenden Boot meint, dass die Bäume sich draußen bewegen. Wenn sich nun ein Mensch im Himmelsgewölbe

befände und sich im regelmäßigen Tagesrhythmus bewegte, so müsste ihm scheinen, dass die Erde die tägliche Bewegung ausführe, so wie sich für und auf der Erde das Himmelsgewölbe zu drehen scheint.“

Er argumentierte noch weiter, ganz im Sinne von „Ockhams Rasiermesser“, dass es einfacher wäre, die Erde rotierte und nicht sämtliche Sphären. Trotzdem bestritt Nicole Oresme letztlich nicht die in der Bibel festgelegte „Wahrheit“, dass die Erde stillsteht. Er drückte das in der spitzfindigen Art scholastischer Dialektik aus, deren Pointe ist, dass die Wahrheit allein aus dem Glauben gewonnen werden kann:

„Ich sage nun in der Tat, [...] dass es die Wahrheit ist, dass die Erde nicht so bewegt ist, sondern nur der Himmel. Allerdings sage ich [auch], dass dieser Schluss auf keine Weise bewiesen werden kann, sondern nur durch die Überzeugung angenommen werden kann, wie das genauso für die gegenteilige Position gilt, so dass er nur geglaubt werden kann.“

Buridans-Theorie

Jede unnatürliche Veränderung, zu der auch die räumliche Bewegung gehört, setzt gemäß Aristoteles eine Art Kraft voraus, die den Gegenstand durch unmittelbaren Kontakt bewegt. Beim legendären Ochsenkarren ist das kein Problem, aber wie ist das mit dem Werfen eines Steines? Offensichtlich handelt es sich bei dem Wurf um eine gewaltsame Bewegung, aber wer oder was bewegt den Stein, wenn er die Hand verlassen hat?

Aristoteles’ Lösung bestand darin, dass die beim Wurf mit dem Körper mitbewegte, umgebende Luft den Körper weiterträgt. Der geworfene Gegenstand fliegt geradlinig in Wurfrichtung, bis die umgebende Luft zur Ruhe gekommen ist, und fällt dann, entsprechend seinem Wunsch, an seinen natürlichen Ort zu gelangen, senkrecht nach unten.

Diese Erklärung genügte den Naturphilosophen bis weit in die Zeit des Mittelalters, wenn es auch einzelne skeptische Überlegungen schon in der Antike und der Spätantike gegeben hatte. Aber erst im

13. und vor allem im 14. Jh. begann man sich intensiv mit diesem Problem zu beschäftigen, und im Rahmen dieser Beschäftigung mehrten sich die Stimmen, die unzufrieden waren mit dieser Erklärung. Die naturphilosophische Lösung des Problems war die *Impetustheorie.*

Ihre entscheidende Idee ist die Übertragung der Kraft von dem äußeren Beweger auf den bewegten Gegenstand selbst, die dann im Gegenstand weiterwirkt und nur aufgrund äußerer Kräfte (Luftwiderstand und Schwere) zum Erliegen kommt. Hier wird die aristotelische Auffassung der Ursache einer Bewegung durch direkten Kontakt ergänzt durch die Ursache einer Bewegung durch „Übertragung". Mit dem Impetus wird nun eine abstrakte „Kraft" in den bewegten Körper „eingeprägt", die *vis impresa,* wie es im Lateinischen heißt.

Woher kamen aber diese Zweifel und warum konnte man erst zu dieser Zeit die Impetus-Lösung akzeptieren, obwohl die Idee schon früher vereinzelt formuliert worden war? Grundsätzlich dürfte das mit gesellschaftlichen Veränderungen zu tun haben, mit einer neuen Atmosphäre des Denkens. Man könnte dabei daran erinnern, dass sich im 13. und 14. Jh. die Welt der Wirtschaft grundsätzlich veränderte und entsprechend neu erfahren wurde, zum Beispiel durch die riesigen Handelsgewinne, die zu entstehen schienen, ohne dass während der Handelsaktionen ständig eine „Kraft" ausgeübt wurde, die das Geld vermehrte. Auch Buridan beschäftigte sich nicht umsonst mit dem Münzwesen und dem Kreislauf des Geldes.

Aber sicher hängt der Erfolg der Impetus-Theorie auch mit einer neuen Vorstellung von Raum und Räumlichkeit zusammen, die sich allmählich vom 13. bis zum 15. Jh. entwickelte. In dem von Aristoteles geprägten mittelalterlichen Denken wurde Raum wahrgenommen als etwas Vermittelndes, als Medium, mittels dessen Bewegungen möglich sind.

Man kann diese Vorstellung etwas veranschaulichen, wenn wir uns unter Wasser denken: Auch dort gibt es einen Raum, aber wir spüren, dass sich dieser mit jeder Bewegung unseres Körpers verändert; wenn wir etwas im Wasser bewegen, so bewegen wir den ganzen „Wasserraum" mit. Darum war es im Mittelalter zunächst auch kein Problem, die aristotelische Erklärung für den Wurf zu akzeptieren, denn mit dem Wurf bewegt sich alles, bis es zur Ruhe gekommen ist, und dann „sinkt“ der geworfene Stein senkrecht hinunter zu dem Ort, an den er gehört.

Gerade diese Raumvorstellung begann sich im 14. Jh. aufzulösen. An die Stelle des Raumes als Medium trat mehr und mehr die Vorstellung des Raumes als eine Art Gehäuse, als „Container“. Das entspricht eher unserer heutigen Alltagsvorstellung. Der Raum wird in dieser Denkweise als unabhängig von den darin geschehenden Abläufen gedacht.

Damit wurde die aristotelische Erklärung für den Wurf zweifelhaft, umgekehrt machte die neue Raumvorstellung auch die Impetus-Theorie akzeptabel. Denn durch die eingeprägte Kraft wird die Bewegung des Körpers gewissermaßen losgelöst vom Raum, er bewegt sich nicht mehr mithilfe des Raumes, sondern unabhängig von ihm.

Die Impetus-Theorie lässt sich als ein Versuch interpretieren, das aristotelische Paradigma zu retten angesichts einer veränderten Atmosphäre, die andere Erklärungsmöglichkeiten denkbar machte. Buridan blieb damit grundsätzlich im Rahmen der aristotelischen Denkweise, indem er nicht infrage stellte, dass eine unnatürliche Bewegung nur dann erfolgen kann, wenn es einen Beweger gibt, der auf den bewegten Körper unmittelbar einwirkt, nur verlegte Buridan den Beweger gewissermaßen in den bewegten Körper hinein.

Neuer Wein in alten Schläuchen

Buridan und vor allem Oresme begannen auch, über Möglichkeiten der mathematischen Beschreibung von Naturphänomenen nachzudenken. Aber anders als zum Beispiel bei Ptolemäus, der eine exakte mathematische Beschreibung der perfekten und unveränderlichen Bewegungen der Himmelskörper geliefert hatte, ging es nun um die „chaotischen“ Bewegungen auf der Erde. Dieses Interesse an der Mathematik war im Mittelalter durchaus etwas Neues.

Auch unterschied sich das neue Interesse an der Mathematik von der Idee der „neuplatonischen“ Philosophie, die das christliche Glaubenssystem ja stark beeinflusst hatte. Für die Neuplatonisten war die sichtbare Natur so etwas wie ein verzerrtes Abbild einer idealen mathematischen Wirklichkeit. Insofern galt Mathematik, sowohl Geometrie als auch Zahlenkunde, als ein möglicher Schlüssel zum spirituellen Weltverständnis.

Bei den Naturphilosophen des 14. Jhs. kam die Mathematik anders ins Spiel, nicht als Schlüssel zu einem Weltverständnis, sondern viel praktischer als Möglichkeit, zu messen und Größen zu bestimmen. Mit der wirtschaftlichen Modernisierung im 14. Jh. nahm die Rolle des Geldes und des Geldverkehrs stark zu und damit auch der Bedarf am Umgang mit Zahlen und Größen.

Aber diese Mathematisierung hatte auch mit der Veränderung der Raumvorstellung zu tun. Denn Bewegung ist nur messbar in Bezug auf etwas Ruhendes. Das war in der medialen Raumvorstellung nicht denkbar. Mit der Idee des Raumes als „Container" war ein ruhendes Bezugssystem entstanden, das das Messen von Bewegungen möglich machte. Vor allem Nicole Oresme begann systematisch über den Zusammenhang von Impetus, Geschwindigkeit und Geschwindigkeitsänderungen, also Beschleunigung, nachzudenken.

Das lief eigentlich der Idee von Aristoteles zuwider, wonach räumliche Bewegungen nur Spezialfälle von Veränderungen seien, die nur qualitativ verstanden werden können. Die Veränderung der Vorstellung vom Raum zeigte so ein grundsätzliches Potenzial, das ganze aristotelische System auszuhebeln. Aber eben nur grundsätzlich. Weder Buridan noch Oresme wollten diese Konsequenzen ziehen, wie wir auch an anderen Beispielen feststellen können. Die Zeit war einfach noch nicht reif dafür.

Wie wir gesehen haben, ging man im Mittelalter ursprünglich davon aus, dass die Himmelsbewegungen andauernd seien, weil „Engelskräfte" am Werke sind (die Engel, man nannte sie auch „Intelligenzien", bewegten demnach die Sphären), Buridan hingegen erörterte (konsequenterweise) die Möglichkeit, dass der göttliche Schöpfer (als erster Beweger) den Sphären einen Impetus eingepflanzt habe, durch den mangels äußerer Hemmnisse die Kreisbewegungen auf Dauer fortgesetzt würden.

Auch in dieser Idee steckt etwas Subversives. Mit der Idee des „Impetus" verlören ja auch die Engel der verschiedenen Sphären ihre

Funktion, denn es gäbe nichts mehr anzutreiben, es ginge ganz von selbst. Diese Vorstellung einer selbsttätigen Bewegung mündete unmittelbar in ein Bild von Nicole Oresme, dass der Kosmos wie ein Uhrwerk funktioniere (die erste urkundlich belegte mechanische Uhr war wohl 1335 in Mailand aufgestellt worden, also nur wenige Jahre nach der Geburt von Nicole Oresme); einmal von Gott angestoßen, würden die himmlischen Bewegungen wie eine Uhr ablaufen, gleichmäßig und zuverlässig.

Während Aristoteles und die mittelalterliche Naturphilosophie sich die Welt als einen pulsierenden Organismus vorstellten, in dem es so etwas wie eine Seele gibt, kann man bei dieser Bemerkung von Nicole Oresme die Entstehung eines Weltmodelles erahnen, wonach die Welt eine seelenlose Maschine sei, aber eben nur erahnen. Denn auch hier entwickelten weder Buridan noch Oresme die Gedanken und Ideen, die in ihren Konzepten steckten, weiter. Sie blieben dem scholastisch-aristotelischen Paradigma verpflichtet. Sie beließen es bei dem Unterschied von (himmlischer) Astronomie und (irdischer) Physik, sie zweifelten nicht daran, dass es kein Vakuum geben könne, und sie konnten sich die Welt nicht als Maschine vorstellen.

Die Welt und die Einstellungen der Menschen mussten sich erst verändern, damit solche neue Perspektiven denkbar waren. Von diesen Veränderungen werden die nächsten Kapitel handeln.

Die Revolution der Wissenschaften

„Die neue Philosophie zieht alles in Zweifel ...
Die Welt ist in Atome zerkrümelt
Alles in Stücke, nichts Ganzes mehr ..."

John Donne 1611

Aufbrüche: Die Wiederentdeckung der Antike

In der Spätscholastik deutete sich schon eine neue Sicht auf die Welt an. Was führte dazu, dass diese neue Sicht sich durchsetzte?

Zunächst einmal hatte dies äußere Gründe, etwa die Katastrophe der Pestwellen nach 1347, der, so schätzt man, ein Drittel der europäischen Bevölkerung zum Opfer fiel. Sie beschleunigten tiefgreifende politische, wirtschaftliche und geistige Veränderungen, die im 15. Jh. sichtbar wurden. Man kann das, wie viele Historiker es tun, als Krise des Spätmittelalters bezeichnen. Man kann die Zeit aber auch als einen Umbruch verstehen, in der Altes hinterfragt und neue Wege gesucht wurden. Es war wohl beides.

Aber um das Neue zu formulieren, brauchte man alte Autoritäten. So hatte man es in der Scholastik gelernt. Man fand diese Autoritäten (wieder) in einer Rückbesinnung auf die Überlieferung der Antike, auf die große Zeit der griechischen und römischen Zivilisation. Schon im 16. Jh. wurde für diese Rückbesinnung in Italien der Begriff *Rinascimento* gefunden, was so viel heißt wie „Wiedergeburt", gemeint ist die Wiedergeburt der Antike. Heute wird dafür zumeist die französische Form des Begriffes verwendet, *Renaissance*.

Alles, was aus der Antike stammte, schien um so viel besser als das, was die christliche Gegenwart bot. In dieser Antikenverehrung war man sich einig, sie erzeugte eine Art kulturellen Stil, der Grundlage der Renaissancekultur wurde. Man beherrschte antike Sprachen und entwickelte ein an antiken Begriffen orientiertes Ideal von Bildung, dem man zu genügen hatte.

Aber diese Rückbesinnung auf die Antike beinhaltete auch eine Art Forschungsprogramm. Man studierte die antiken Überlieferungen, Bauwerke, Ruinen, vor allem aber Texte, bekannte, aber auch unbekannte, die man erst suchen musste. So fand man zum Beispiel im Jahre 1417 in einem Kloster in Fulda den Text von Lukrez *De natura*, ein Schlüsseltext für die neuere Naturphilosophie.

Man dachte an „Wiedergeburt“. Das war durchaus ernst gemeint, aber mehr als 1000 Jahre christlicher Geschichte ließen sich nicht so einfach abschütteln, sie steckte tief in den Köpfen der Menschen. So kam bei der Renaissance auch keine Neuauflage der Antike heraus, sondern es entwickelte sich etwas ganz Anderes, das wir heute als „Moderne“ bezeichnen. Sie ist, kurz gesagt, das Ergebnis der Interpretation antiker Denkansätze durch Menschen, die durch christliche Weltvorstellungen und die wirtschaftlichen und gesellschaftlichen Umwälzungen im Europa des 15. und 16. Jhs. geprägt waren. Und das galt auch für die neue Naturphilosophie, die sich mit und in der Renaissance zu entwickeln begann.

Für sie war nun wieder alles im Bereich der Naturphilosophie interessant, nicht mehr nur Aristoteles, sondern die Neuplatoniker, Archimedes, Pythagoras und viele andere, auch alchemistische, astrologische und naturmagische Schriften, mystische Überlieferungen wie die Kabbala, die jüdische Mystik. Eine besondere Rolle spielte eine eigenartige, mystisch-magische Textsammlung, die einer mythischen Gestalt, einem „Hermes Trismegistos“ zugeschrieben wurde und angeblich aus der ägyptischen Frühzeit stammte (in Wirklichkeit stammt diese Textsammlung im Wesentlichen aus der Zeit um 200 n. Chr., wir erinnern uns, jener Zeit, als die Mysterienreligionen im Römischen Reich boomten).

Die Renaissance war vor allem offen für magische Welterklärungen, also auch für die Alchemie. Die Alchemisten nahmen Kräfte hinter den Alltagserfahrungen an und sie gingen ganz praktisch mit der Natur um, sie betrieben Umwandlungen, kochten Stoffe, destillierten, trennten und vereinigten; sie betrieben somit, wie wir schon sahen, empirische Wissenschaft. Sie „misstrauten“ der Unveränderlichkeit der natürlichen Dinge und gingen so weit, „Natur“ selbst zu machen. In dieser Hinsicht konnte man viel von den Alchemisten lernen. Die Alchemie, im Mittelalter an den Rand gedrängt, erlebte ihre eigene „Renaissance".

Die Renaissance war eine umfangreiche geistige Bewegung. Aber sie hätte wohl nicht diesen umfassenden Aufbruch erzeugen können, wenn in der Mitte des 15. Jhs. nicht der Buchdruck erfunden worden wäre, der natürlich selbst wieder ein Ergebnis der innovativen geistigen Atmosphäre dieses Aufbruches war. Durch den Buchdruck konnten zunächst Texte fast beliebig oft vervielfältigt werden, bald auch Bilder (als Holzschnitte oder Kupferstiche). Nun erst konnte sich Wissen wirklich verbreiten, zumal vor allem in den Städten wohlhabende Stadtbürger mehr und mehr das Lesen lernten. So entstand zum ersten Mal eine wirkliche „Öffentlichkeit", über ganz Europa verteilt, eine städtische intellektuelle Elite, die die gleichen Bücher las (und die gleichen Bilder anschaute) und sich darüber mit anderen austauschen konnte.

Ein weiterer Umstand kam hinzu: die schnelle Ausdehnung des islamischen Osmanischen Reiches. 1453 wurde Konstantinopel, die alte Hauptstadt des christlichen Byzanz, erobert. Die christlichen Europäer erlebten diesen Vorgang als Schrecken und Bedrohung. Aber im Rückblick erscheint diese osmanische Expansion vor allem als eine der Ursachen für die Beschleunigung der Entwicklung in Westeuropa.

Viele byzantinische Gelehrte flohen in den Westen und brachten unbekannte antike naturphilosophische Texte mit. Ähnlich wie im 12. Jh. profitierte das „Abendland" von dem Zustrom dieser Texte. Mehr noch übernahmen die Osmanen die Kontrolle über die alten Handelswege der Europäer nach Indien und China. Die europäischen Mächte suchten deshalb neue Handelsrouten nach Indien und fanden sie auf dem Meer. Zuerst entdeckten die Portugiesen den Seeweg entlang der afrikanischen Küste, dann suchten die Spanier mithilfe des Genueser Seefahrers Christoph Kolumbus den Weg nach Indien in Richtung Westen.

Übrigens wagte er das nur, weil er vom falschen, um 11 000 km zu geringen Erdumfang ausging, wie er sich aus der Antike im Anschluss an Poseidonios aus Apamea überliefert hatte. Wäre Kolumbus von dem richtigeren Wert von Erathostenes ausgegangen, hätte er die Reise vermutlich nie gewagt. So kann es gehen.

Was Kolumbus 1492 fand, war, wie wir alle wissen, nicht Indien, sondern ein „neuer“ Kontinent, den man später Amerika taufte. Damit begann das Zeitalter der europäischen Expansion über die ganze Welt. Diese hatte auch geopolitische Folgen für Europa. Das Mittelmeer und seine Regionen verloren ihre zentrale wirtschaftliche und damit politische Führungsrolle und die neuen, auf den Atlantik ausgerichteten Staaten wie Spanien, Frankreich und England wurden zu den Führungsmächten Europas und der Welt. Vor allem aber schuf diese „Eroberung der Welt“ auch eine neue Erfahrung, die in unserem Zusammenhang von erheblicher Bedeutung ist: Die Menschen lernten, dass die ihnen bekannte Welt nicht alles ist und es Unbekanntes zu entdecken gibt. Die alten Gewissheiten verloren ihre Unantastbarkeit. Im 16. Jh. zerbrach sogar die Gewissheit des Glaubens, als die Kirche durch die Reformation gespalten wurde. Es war eine Welt im Umbruch. Sie wurde aber auch zu einer Welt des Aufbruchs.

Die Mathematisierung der Welt

Aristoteles hielt nichts von der Mathematik, wenn es um die Erklärung von irdischen Naturphänomenen ging. Wir haben schon bei Nicole Oresme gesehen, wie wirtschaftliche Veränderungen auch die Rolle der Mathematik veränderten. Diese Entwicklung setzte sich fort. Mathematik wurde in der Wirtschaft des 15. und 16. Jhs. immer wichtiger. Um in der Welt des Handels zu bestehen, musste man rechnen können. Überall entstanden Schulen, in denen man diese Kunst lernte, und immer mehr Bücher wurden gedruckt, in denen das Rechnen gelehrt wurde.

Die gebildeten Menschen begannen nun auch, Texte wie solche von Platon und seiner Bezugsperson Pythagoras mit diesem neuen Wissen um die Bedeutung von Zahlen und Geometrie anders zu lesen. Jene hatten behauptet, dass man mithilfe der Mathematik Naturphänomene angemessen beschreiben könne. Diese Idee faszinierte die Menschen, denn sie enthält wieder die Annahme, dass hinter den Alltagserfahrungen etwas anderes steckt, in diesem Falle Zahlen und geometrische Figuren. Und natürlich spielte dann auch die Zahlenmystik eine Rolle, so wie sie bei den Pythagoreern nachzulesen war.

Eine große Rolle spielte dabei schließlich das Werk von Euklid, der um 300 v. Chr. ein Buch über die Geometrie geschrieben hatte. Noch wichtiger als das geometrische Wissen, das dieses Buch enthielt, war sein methodischer Aufbau. In ihm formulierte Euklid wenige Grundprinzipien (die „*Axiome*"), von denen ausgehend er die gesamte Geometrie aufbaute. Diese Vorgehensweise wurde zu einem Ideal wissenschaftlicher Vorgehensweise, das viele Naturwissenschaftler des 16. und 17. Jhs. prägte. Nachdem zahlreiche Handschriften schon seit dem 12. Jh. in Umlauf waren, erschien das zentrale Werk von Euklid, die „Elemente", erstmals in lateinischer Sprache im Jahre 1505 im Druck.. Nun war es allen Intellektuellen der Zeit zugänglich.

Mathematik war nun nicht mehr nur theoretisches Wissen, sondern es erlangte Bedeutung für angewandte Fragestellungen wie die Beschreibung der Vorgänge auf der Erde. Zu Beginn des 17. Jhs. brachte Galileo Galilei diese Bedeutung der Mathematik auf den Punkt:

„*Die Philosophie [gemeint ist die Naturphilosophie] steht in jenem großen Buch geschrieben, das uns ständig offen vor Augen liegt (ich spreche vom Universum). Aber dieses Buch ist nicht zu verstehen, ehe man nicht gelernt hat, die Sprache zu verstehen, und die Buchstaben kennt, in denen es geschrieben ist. Es ist in der Sprache der Mathematik geschrieben, und die Buchstaben sind Dreiecke, Kreise und andere geometrische Figuren.*"

Dies führte zu einem Prozess der Mathematisierung der Naturwissenschaft, bis hin zu seinem (vorläufigen) Abschluss rund 200 Jahre später im berühmten Buch von Newton, das die „Mathematisierung" sogar in seinem Titel trägt: *Philosophiae naturalis prinicipia mathematica* („Die mathematischen Prinzipien der Naturphilosophie", 1687). Mathematisierung wurde zu einem Leitbild nicht nur den Naturwissenschaften. Im Festungsbau, in den Planungen der Städte, beim Exerzieren militärischer Einheiten, bis hin zum Tanz hielt das geometrisch-mathematische Paradigma im 16. und 17. Jh. Einzug.

Die neue „Zeit der Mathematik" feierte ihren ersten Triumph in der Malerei. Wir haben schon über die allmähliche Veränderung der

Raumvorstellung gesprochen. Diese schlug sich auch in der Kunst nieder. Die Künstler versuchten im Laufe des 14. Jhs. immer deutlicher, die Wirklichkeit so abzubilden, wie sie uns erscheint. Zu dieser Erscheinung gehörte mehr und mehr der Versuch, eine räumliche Perspektive in den Bildern unterzubringen, die von der Vorstellung eines statischen Raums mit drei festen Richtungsachsen ausging. Wie lässt sich eine solch feste, dreidimensionale Welt korrekt auf einer Fläche abbilden?

Der Durchbruch kam zu Beginn des 15. Jhs. Es wurde ein geometrisch-mathematisches Verfahren gefunden, das erlaubte, Raum in diesem Sinne ganz exakt abzubilden. Die entscheidende Idee war, dass sich alle nach hinten laufenden parallelen Linien im Raum auf der Raumbildfläche in einem Punkt als Zentrum treffen. Man nennt diesen Punkt den Fluchtpunkt, die Art der Darstellung „Zentralperspektive". Nach hinten verkleinern sich die Strukturen entsprechend dieser Linien und, richtig angewandt, entsteht so der Eindruck einer dreidimensionalen räumlichen Tiefe.

Wichtig ist in unserem Zusammenhang, dass die Konstruktion dieser Tiefenwirkung nicht dem Gefühl der Künstler überlassen blieb, sondern dass sie feste Regeln hatte, die jeder anwenden konnte: ein universales Verfahren also, auf Mathematik gestützt,

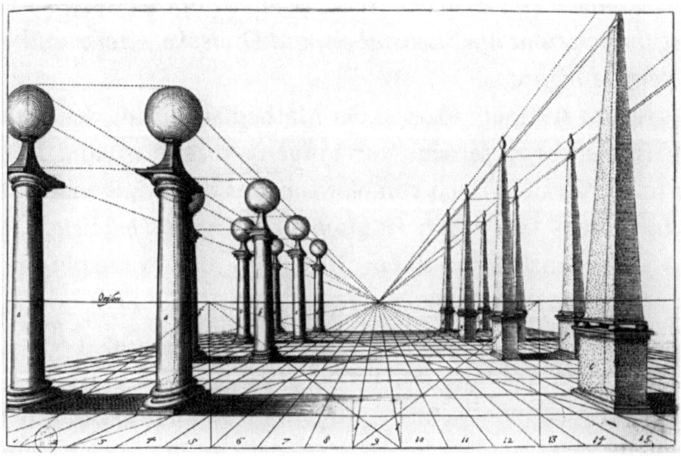

Abb. 11: Die Zentralperspektive

um die Welt darzustellen. Durch die Zentralperspektive wurde gewissermaßen sinnlich deutlich gemacht, dass unsere Welt mithilfe mathematischer Konstruktionen beschreibbar ist. Das war eine prägende Einsicht.

Man kann hier auch gut deutlich machen, wie sich die Renaissance von der antiken Kultur unterschied. Die antiken Malereien, wie wir sie etwa in den Ruinen von Pompeji noch heute sehen können, zeigen dasselbe Bemühen um eine realistische Darstellung wie an der Wende vom 14. zum 15. Jh. Entsprechend versuchten die antiken Künstler, „perspektivisch" zu malen. Aber es klappte nicht ganz. Sie entwickelten nie den mathematisch exakten Zugang zur Darstellung räumlicher Perspektive.

Himmelsphysik und Mathematik

In der Himmelskunde gab es in der Spätscholastik den Unterschied zwischen der aristotelischen Kosmologie und der ptolemäischen Astronomie. Nur das aristotelische Modell galt als physische Realität (in das die ptolemäische Vorstellung eingepasst werden konnte). Der Almagest von Ptolemaios war hingegen die Grundlage der korrekten Berechenbarkeit der Planetenbewegungen. Nun begann man aber ganz allmählich, mathematische Beschreibungen als durchaus angemessene Bilder der Wirklichkeit aufzufassen (wie es in der Kunst vorgemacht wurde).

Der österreichische Astronom Georg Peurbach (1423–1461), hochgebildet und entsprechend vielsprachig, der das ptolemäische Werk aus dem Griechischen ins Lateinische übersetzte, steht für diese neue Vorstellung der Mathematik. Er wies dem ptolemäischen Modell eindeutig physische Qualitäten zu. Die abstrakten Größen der ptolemäischen Astronomie, die Kreise und Bahnen interpretierte er im Rahmen des aristotelischen Sphärenmodells. Dabei griff er auf eine schon mittelalterliche Tradition zurück, bei der die Sphären nicht als dünne Schalen, sondern eher als kreisförmige Ringe betrachtet wurden, innerhalb derer sich die ptolemäischen Epizykeln und anderen Kreise bewegten.

Das änderte aber nichts an der Kompliziertheit der ptolemäischen Astronomie. Sie war ein Problem, denn die Ausdehnung der Schifffahrtswege war an die Möglichkeit der Navigation mithilfe der Planeten und Sterne gebunden. Und es gab noch ein ganz anderes Problem: Der damals gültige Kalender, der noch aus der Antike stammte, war ungenau, was immer problematischer wurde, weil der Ostertermin allmählich in den Sommer zu rutschen drohte. Man strebte eine Kalenderreform an, die wiederum auf genaue astronomische Berechnungsmöglichkeiten angewiesen war.

Gab es nicht Möglichkeiten der Vereinfachung? Das musste Gelehrte auf den Plan rufen, wie etwa Nikolaus Kopernikus (1473–1543). Dieser hatte an italienischen Universitäten in Bologna, Ferrara und Padua studiert und dort die neuesten Entwicklungen der Renaissance kennengelernt. Es ging darum, auf dieser Grundlage ein mathematisches Planetenmodell zu entwickeln, das einfacher als das ptolemäische war, aber gleichzeitig genauer.

Schon vor 1514 hatte Kopernikus einen kurzen Text verfasst, in dem er sein Modell der Planetenbewegungen festgehalten hat, er zögerte aber mit der Veröffentlichung in Buchform, warum auch immer. Sein berühmtes Buch *De revolutionibus orbium coelestium* („Über die Umlaufbewegungen der himmlischen Sphären") erschien dann in seinem Todesjahr 1543. Darin setzte er die Sonne in das Zentrum des Universums; die Erde, genau genommen die Sphäre der Erde, zu der auch der Mond gehört, drehe sich wie alle anderen Planetensphären in perfekten Kreisen um die Sonne. Zudem drehe sich die Erde in 24 Stunden um ihre eigene Achse und der Mond drehe sich in einer kreisförmigen Bahn um die Erde. Am Rande des Universums befinde sich die Fixsternsphäre, unbeweglich.

Kopernikus versetzte die Sonne damit in den Mittelpunkt des Universums. In der Wissenschaftsgeschichte wird immer wieder diese revolutionäre Idee in den Vordergrund gestellt. Wie revolutionär aber war das Bild, das Kopernikus vom Universum entwarf?

Zunächst war der Gedanke ja nicht so neu und Kopernikus bezog sich ausdrücklich auf antike Vorbilder. In der Antike konnte sich diese Idee nicht durchsetzen, anders als im 16. und 17. Jh., denn seine Idee entsprach einem Zeitgeist der Renaissance, demzufolge es durchaus einsichtig erschien, die Sonne in den Mittelpunkt des Universums zu stellen. Die Idee ging auf die Tradition des Neuplatonismus zurück, den Kopernikus in Padua kennengelernt hatte. Schon Platon hatte das Licht der Sonne als Bild für den Ursprung allen Seins genommen, der Neuplatonismus entwickelte daraus eine Sonnenmystik und wies der Sonne so eine zentrale Rolle zu. Das wurde im 15. Jh. noch populärer durch die schon angesprochenen magisch-mystischen Schriften des Hermes Trismegistos, auf die Kopernikus ausdrücklich verwies, womit deutlich wird, dass auch er solchen Welterklärungen zugeneigt war.

„In der Mitte aller Dinge", schreibt Kopernikus, *„steht die Sonne. Wer könnte denn diese Leuchte in diesem schönsten aller Tempel [gemeint ist das Weltall] an einen anderen und besseren Platz setzen als an einen, von dem aus sie alle anderen Dinge zugleich beleuchten kann? Diese Sonne nennen manche treffend Licht der Welt oder auch Herrscher oder Seele des Kosmos. Trismegist[os] nennt sie den Sichtbaren Gott [...]. Also regiert die Sonne von ihrem Königsthron aus die kreisende Sternenfamilie."*

Die Sonne zum Zentrum des Universums zu machen, gefiel nicht allen, und schon gar nicht die Konsequenz, die sich daraus ergibt, dass nämlich die Erde und damit die Menschen nun nicht mehr im Zentrum der göttlichen Schöpfung stehen. Aber es war eine Idee, die gewissermaßen in der Luft lag.

Andererseits löste der heliozentrische Ansatz nicht wirklich die Kompliziertheit des Planetenmodells auf. Mit der Annahme einer irdischen Sphäre, die sich um die Sonne bewege, konnte Kopernikus zwar die scheinbare Schleifenbewegung der Planeten erklären, aber ansonsten übernahm er im Wesentlichen das ptolemäische System der vielen zusätzlichen Kreisbewegungen, das er nun der neuen Erdsphäre anpassen musste. Zwar gelang es Kopernikus durch die Annahme zweier weiterer Epizykeln, die ptolemäischen Äquanten (die der physikalischen Deutung besonders unzugänglich waren) zu ersetzen. Aber natürlich musste das Modell kompliziert bleiben, denn Kopernikus ging ja immer noch vom antiken Paradigma der gleichmäßigen Bewegung der Planeten und der Planetenbahnen in Form perfekter Kreise aus.

Für die astronomisch gebildeten Zeitgenossen stand die Frage, ob Kopernikus die Sonne oder die Erde in den Mittelpunkt stellt, zunächst überhaupt nicht im Vordergrund. Für sie war es zunächst nur ein plausibles Modell, mehr nicht. Kopernikus' Leistung bestand für sie in erster Linie darin, konsequent die Idee der Mathematisierung der Planetenbewegungen weiterentwickelt zu haben. Zudem schien sein Ansatz die Möglichkeit zu bieten, die Berechnung der Planetenbahnen etwas zu vereinfachen, auch wenn umstritten ist, ob sein Berechnungsmodell genauere Werte ergab als das ptolemäische.

Erst zwei Generationen später rückte die Abschaffung des geozentrischen Systems ins Zentrum des Interesses an Kopernikus. Erst jetzt wurde sein Buch als die Grundlage eines ganz neuen Modells des Kosmos wahrgenommen, einer ganz neuen kosmologischen „Wahrheit". Es ist aber sehr fraglich, ob sich Kopernikus selbst dieser revolutionären Bedeutung seines Modells bewusst war.

Zunächst blieben die Astronomen der Eigenbewegung der Erde, insbesondere der Erdrevolution (die Drehung der Erde um die Sonne) gegenüber allerdings skeptisch, aus ganz ähnlichen Gründen wie lange Zeit vorher den Ideen von Aristarch. Es ist daher nachvollziehbar, dass eine Reihe von Astronomen andere Modelle des Kosmos suchten, bei denen die Zahl der Epizykeln verringert und die Genauigkeit der Berechnung der Planetenbahnen weiter verbessert wurden, ohne die Erde aus dem Mittelpunkt zu entfernen. Es wurden geozentrisch-heliozentrische Mischmodelle entwickelt, die im 16. Jh. sogar mehr Popularität als das des Kopernikus erlangten.

Das bekannteste dieser Modelle stammt von dem dänischen Gelehrten Tycho Brahe (1546–1601), der zu seiner Zeit als der beste Astronom überhaupt galt. Er setzte die Erde unbewegt in die Mitte und ließ um die Erde (neben dem Mond) nur die Sonne kreisen, um die herum, wiederum auf perfekten Kreisen, sich die Planeten bewegten.

Tycho Brahe war berühmt für seine exakten Beobachtungen der Bewegungen der Himmelskörper. Zu diesen Beobachtungen gehörten auch zwei ganz besondere astronomische Ereignisse, ein Kometendurchgang und das Auftauchen einer Supernova, also einer Sternex-

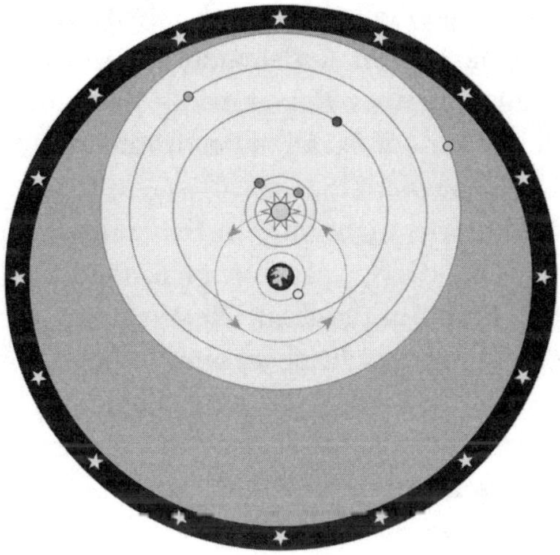

Abb. 12: Das Planetenmodell des Tycho Brahe.

plosion. Veränderungen im „Himmel“ waren nach der herrschenden, auf Aristoteles zurückgehenden Vorstellung ja völlig ausgeschlossen. Kometen wurden der irdischen Sphäre zugerechnet, Supernovae sind wiederum so selten, dass man sie wenig beachtete. Tycho Brahe beobachtete 1572 eine solche Erscheinung und wies nach, dass diese außerhalb der irdischen Sphäre stand und auch kein Planet war. Es handelte sich also um einen neuen Stern, und diese Ansicht widersprach der aristotelischen Annahme der Unveränderlichkeit des Himmels. Damit war das aristotelische Modell des Kosmos grundlegend infrage gestellt, was, so heißt es, Brahe überhaupt erst veranlasst habe, sich ganz der Astronomie (und auch der Astrologie) zu widmen.

1577 ließ ihn seine präzise Beobachtung eines Durchganges eines Kometen zu dem Schluss kommen, dass auch die Kometenbahn keine irdische Erscheinung war, sondern eine himmlische, die offensichtlich die Kristallschalen durchquerte. Die Vorstellung der festen Kristallschalen, von denen auch noch Kopernikus wie selbstverständlich ausgegangen war, erwies sich damit als falsch. Aber, wenn es keine Kristallschalen gab, die sich drehten, was bewegte die Planeten denn überhaupt? Ein Problem, dessen Erklärung sich noch hinzog.

Zunächst blieb Brahe aber mit seinem Modell auch aus anderen Gründen unzufrieden. Vor allem die Marsbahn stellte aufgrund von

Unregelmäßigkeiten ein Problem dar. Darum beauftragte Brahe seinen damaligen Assistenten am Hof des habsburgischen Kaisers in Prag, Johannes Kepler, diese Bahn nochmals nachzurechnen und deren Verlauf exakt zu bestimmen. Ein Auftrag mit Folgen.

Für Kepler (1571–1630) war die Mathematik, hier vor allem die Geometrie, nicht nur ein Hilfsmittel, der Struktur des Planetensystems auf die Spur zu kommen, sondern die Geometrie erklärte diese Struktur unmittelbar. Die Welt war nicht nur in der Sprache der Geometrie geschrieben, wie Galilei es formuliert hatte, sie *war* Geometrie und verkörperte für Kepler daher eine tiefe Harmonie. Mit ihrer Hilfe glaubte er, verstehen zu lernen, wie und was Gott dachte. *„Ich wurde getragen und war begeistert von dem unbeschreiblichen Entzücken über das göttliche Schauspiel der himmlischen Harmonie"*, schrieb Kepler. Johannes Kepler verband also die beiden Ansätze zum Weltverständnis, die so charakteristisch für die Renaissance waren, nämlich Mystik und Rationalität. So wurde er in seiner Zeit auch zweifach berühmt, als Astrologe und als Astronom.

Bekannt ist sein Versuch, nachzuweisen, dass die Abstände der Planeten von der Sonne (eingeschlossen die Erde, denn er war im Gegensatz zu Brahe Anhänger des kopernikanischen Modells!) nicht zufällig sind, sondern einem zahlenmystischen System entsprechen. Er fand dieses System in den perfekten platonischen Körpern, die wir schon angesprochen haben. Kepler zeigte, dass diese platonischen Körper ziemlich genau zwischen die jeweiligen Radien der Umlaufbahnen der sechs Planeten (Merkur, Venus, Erde, Mars, Saturn, Jupiter) passen. Das war für ihn selbst eine große Bestätigung seiner Sichtweise.

Folgenreicher war aber seine Arbeit an dem Auftrag, den Brahe ihm erteilt hatte. Er berechnete mithilfe der Daten von Tycho Brahe die Mars-Umlaufbahn. Er rechnete acht Jahre lang und kam am Ende zu dem Ergebnis, das er zunächst selbst nicht glauben wollte: Die Marsbahn war kein perfekter Kreis. Er fasste das unglaubliche Ergebnis in drei (sehr berühmten) Bewegungsgesetzen zusammen. Aus den ersten beiden ergibt sich, dass sich die Planeten auf elliptischen Bahnen um die Sonne herum bewegen, die für alle Planeten im gleichen Brennpunkt steht, und dass die Geschwindigkeit der

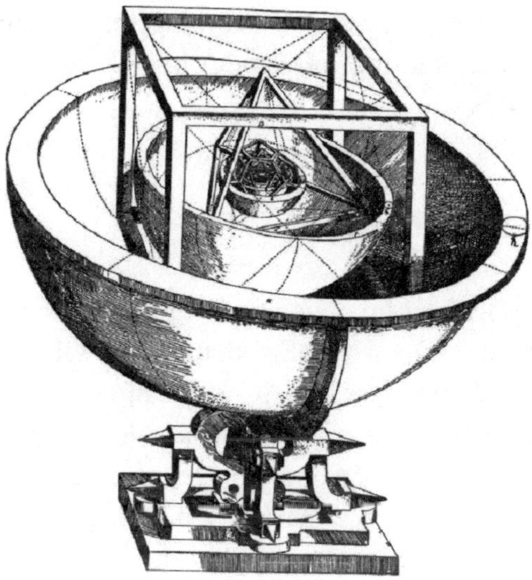

Abb. 13: Die Planten-bahnen und die platonischen Körper

Planeten auf ihrer Bahn nicht gleichmäßig ist, sondern in Abhängigkeit von der Position auf der Bahn schneller oder langsamer wird.

Damit beendete Kepler die jahrtausendealte, bis zu Kopernikus und Brahe als völlig selbstverständlich und unhinterfragt angenommene Voraussetzungen aller Planetenbewegungen, dass sie auf perfekten Kreisen und mit konstanter Geschwindigkeit verliefen.

Das dritte Kepler'sche Gesetz klingt kompliziert und war für Kepler doch das befriedigendste. Es besagt, dass die Quadrate („hoch 2") der Umlaufzeiten zweier Planeten sich zueinander verhalten wie die dritten Potenzen („hoch 3") der größeren Bahnhalbachsen. Wichtig ist hier nur, dass die Umlaufzeiten und die Länge der Bahnachsen im Zusammenhang stehen und dass das Verhältnis zwischen den Bahnen zweier Planeten durch die einfachen ganzen Zahlen 2 und 3 ausgedrückt wird. Kepler fühlte sich bestätigt: Die Struktur der Planetenbewegung ist reine Geometrie.

Das bedeutete wahrhaft eine Revolution der Astronomie, gewiss. Doch auch Kepler war weniger modern, als mancher denkt. Er ging, ganz wie Aristoteles, von der Begrenztheit und Geschlossenheit des Kosmos aus. Es war das Bild eines zentrierten, geschützten und geborgenen Universums. Der „moderne" Umgang mit Mathematik und Himmelsphysik war im Denken von Kepler eingebunden in eine magisch-mystische Weltvorstellung mit einem beseelten Kosmos und der Sonne im Zentrum.

Auf dem Weg zu neuen Erfahrungen

Aristotelische Naturphilosophie beruhte, wie wir festgestellt haben, auf Alltagserfahrungen, auf der „normalen" Erfahrung, die wir alle haben. Aber genügen diese Erfahrungen, um Naturphänomene zu verstehen? Schon in der Idee von Kopernikus steckt ja diese skeptische Frage, denn sich vorzustellen, die Sonne stünde unbewegt im Mittelpunkt des Universums, weicht von einer solchen Alltagserfahrung ab, schließlich sehen wir täglich, dass die Sonne „aufgeht", nicht unsere Erde.

Die Strategie, Geheimnisse aufzudecken, hinter die Dinge zu schauen, wurde eine der entscheidenden Quellen für die neue Naturwissenschaft. Hier spielte ein deutsch-schweizerischer Arzt eine wichtige Rolle, der sich Paracelsus nannte (1493–1541), aber eigentlich den beeindruckenden Namen Philippus Theophrastus Bombastus von Hohenheim trug.

Wissenschaftsgeschichten nennen ihn häufig überhaupt nicht, denn für einen „richtigen" Naturwissenschaftler ist er eine Art „Schmuddelkind", einer, der sich in erster Linie mit Dingen beschäftigte, mit denen man sich als „anständiger" Naturwissenschaftler nicht beschäftigt, nämlich mit magischen Kräften, mit Alchemie und mit Astrologie. Aber anders als bei Kepler, dem man seine astrologischen und mystischen Ideen gleichsam verzieh, da er so wichtige naturwissenschaftliche Gesetze aufstellte, gibt es von Paracelsus keine Naturgesetze, die die Zeiten überdauert haben. Und doch war er einer der Ahnen der modernen Naturwissenschaft.

Grundsätzlich entwickelte er neue Forschungsstrategien. Dazu gehörte das „Entdeckerparadigma". Es ging darum, Neues zu entdecken, eingefahrene Bahnen zu verlassen und antike Muster nicht zu übernehmen. Das konnte man offenbar nicht durch die Lektüre alter Texte erreichen, denn dort war nichts Neues zu finden, sondern durch die direkte Befragung der Dinge der Natur in der Annahme, dass es verborgenes Wissen gibt.

Paracelsus glaubte an einen inneren Zusammenhang der Schöpfung, ausgehend vom Schöpfungsakt, an einen ewigen Umlauf der Natur und an die Entsprechung von Makrokosmos und Mikrokosmos. Das Grundgefühl, das Paracelsus vermittelte, war das eines tiefen in der Schöpfung begründeten organischen und lebendigen Zusammenhanges aller Dinge und einer Welt mit verborgenen Geheimnissen.

Wichtiger noch für den Gang der Naturwissenschaft war seine alchemistische Vorstellung, dass man nur durch aktives Eingreifen in die Natur mithilfe technischer Apparate den eigentlichen Geheimnissen der Natur und ihrer Kräfte auf die Spur kommen könne. Diese Entschlüsselung der Geheimnisse war dann auch die Grundlage dafür, die Natur durch die Menschen beherrschbar zu machen. Paracelsus verglich die Tätigkeit des Alchemisten (und damit des Naturphilosophen) mit der des Handwerkers. Beide schaffen aus den Gegebenheiten der Natur etwas Neues.

Damit war das grundsätzliche Versprechen auf Verstehen und Beherrschen der Natur in seinem Denken angelegt. Paracelsus machte Alchemie (und auch Astrologie) hoffähig, auch weil er ihre Konzepte öffentlich machte, sie aus der Verborgenheit hervorholte. Die Alchemie konnte so wesentlich durch Paracelsus zum Instrument vieler neuer Naturwissenschaftler bis hin zu Robert Boyle und Isaac Newton werden.

Das galt noch mehr für die vielen Fürsten in Europa. Sie beschäftigten mehr und mehr Alchemisten an ihren Höfen in der Erwartung, dass es denen gelingen würde, Gold herzustellen – im Sinne ihres zunehmenden Geldbedarfes eine echte Motivation. Dass man aus unedlen Metallen Gold herstellen könne, erscheint uns heute etwas seltsam, aber nach der damaligen Naturauffassung war es das durchaus nicht. Denn wenn alle Materie, wie Aristoteles lehrte, aus einer „prima materia“ aufgebaut ist, dann müsste es möglich sein, vorhandene Metalle wieder dahin zurückzuverwandeln und dann neu als Gold aufzubauen.

Diese Goldmacherei rief aber noch mehr als vorher die Kirche auf den Plan. Da ja die Hoffnung, aus unedlen Metallen Gold zu machen, damals keineswegs unrealistisch erschien, bemühten sich die

Männer der Kirche nach Kräften, die alchemistischen Praktiken zu unterbinden, um die weltlichen Herren nicht noch reicher werden zu lassen, allerdings vergeblich.

Nach Paracelsus begann in vielfältiger Weise ein Suchen nach dem, was hinter den Dingen auffindbar ist, und zugleich auch ein Suchen nach Methoden, wie man die Dinge untersuchen muss. In diesem Zusammenhang spielte ein Buch über Magnetismus eine Rolle, *De Magnete*, von William Gilbert (1540–1603), das im Jahre 1600 erschienen ist und im 17. Jh. weite Verbreitung fand.

Der Magnetismus war ein zur Zeit Gilberts schon lange bekanntes Phänomen, dessen Eigenschaften für die Schifffahrt in Form des Kompasses genutzt wurden. Allerdings gab es unerklärliche Fehler bei der Nutzung. Es ging also um ein ganz praktisches Problem, das Gilbert lösen wollte, das weniger ein grundlegendes Naturphänomen darstellte als ein technisches Anwendungsproblem für die Schifffahrt im 16. Jhs. Das übrigens erklärt auch, warum gerade sein Buch, anders als entsprechende Abhandlungen im Mittelalter oder in der Antike, so populär werden konnte.

„Die magnetische Kraft", schrieb Gilbert, *„ist belebt oder gleicht einer Seele."* Magnetismus war für ihn also eine magische Kraft, die über Distanzen wirkt; eine Vorstellung, die der Scholastik völlig fremd war, aber der magisch-astrologischen Vorstellung der Renaissance entsprach. Die magisch-vitalistische Weltsicht Gilberts gefiel übrigens zum Beispiel Kepler, der durch dessen Buch auf seine Idee gebracht wurde, wie man die Bewegungen der Planeten erklären könnte. Kepler führte eine „Vis motrix" ein, eine magische Bewegkraft der Sonne, die, magnetischen Kräften vergleichbar, die Planeten bewegt und in der Bahn hält.

Aber das ist hier nicht das Wichtigste. In unserem Zusammenhang liegt die entscheidende Bedeutung Gilberts für die Geschichte der Naturwissenschaften in seinem methodischen Ansatz. Sein Buch enthielt vor allem die Beschreibung von Dutzenden von Experimenten zum Magnetismus und wurde dadurch als richtungsweisend für einen neuen Zugang zur Natur wahrgenommen.

Dabei – fast eine Ironie der Geschichte – hatte er viele dieser Experimente aus einem Werk aus dem 13. Jh. übernommen, das 1558 als gedrucktes Buch erschienen und damit erstmals allgemein zugänglich war: Es war ein Text von Petrus Peregrinus (de Maricourt), entstanden um 1269, geschrieben im Geiste der franziskanischen Naturphilosophie noch vor der Durchsetzung der aristotelischen Spätscholastik. Der experimentelle Ansatz, im 13. Jh. ausgegrenzt, erlebte in der neuen Atmosphäre des 16. Jhs. seine Wiedergeburt. Dafür war das Buch von Gilbert wegweisend.

Galileo Galilei

Am Ende des 16. Jhs. begann eine breitere und auch öffentlich stärker wahrgenommene Bewegung naturwissenschaftlicher Praxis in ganz Europa. Überall begannen sich Intellektuelle mit Naturphänomenen zu beschäftigen, angeregt durch die neuen Ideen, Vorstellungen und Methoden. Die meisten sind in Vergessenheit geraten, einige aber blieben im kollektiven Gedächtnis, wie Galileo Galilei (1564–1642). Er wurde zu einem echten Heroen der Wissenschaftsgeschichte (vielleicht sogar dem ersten). Die Verehrung für ihn war so groß, dass man seiner Leiche im 18. Jh. unter anderem Finger entfernte, die man noch heute im Museum in Florenz besichtigen kann.

Galilei ist auch deshalb ein besonderer Fall, weil er sich konsequent weigerte anzunehmen, dass es magische Kräfte geben könne, zum Beispiel auch Kräfte, die über Distanzen wirken. Gerade dieser militant anti-magische Ansatz war ein Grund für seine Popularität vor allem im 19. Jh. Denn in dieser Zeit wurde (zu Unrecht) die Geschichte der Naturwissenschaft als der erfolgreiche Kampf der an sinnlichen Erfahrungen orientierten Vernunft gegen den „Aberglauben“ erzählt, und zum Aberglauben gehörten nach dieser Lesart Magie und Alchemie und all diese Dinge. Andererseits kam Galilei durch die Weigerung, Fernkräfte zu akzeptieren, zu kapitalen Fehlinterpretationen. So glaubte er die Gezeiten als Beweis für die Bewegung der Erde nutzen zu können, dabei hängen Gezeiten mit der gegenseitigen Anziehung von Mond und Erde zusammen.

Galileo Galileis Karriere begann als Mathematikprofessor in Pisa, schlecht bezahlt und in der Hierarchie der Universitätsprofessoren ziemlich weit unten. Pisa war zu diesem Zeitpunkt keine besonders anerkannte Universität, und so versuchte Galilei, von dort wegzukommen, und schaffte es dann tatsächlich, Professor in Padua zu werden.

Padua war berühmter, freier und offener als Pisa. Im Wesentlichen begann Galilei erst in Padua, also seit 1592, seine Tätigkeit im Sinne einer Modernisierung der Wissenschaft zu entfalten. Aber er war doch nur Mathematikprofessor an der Universität, und er wollte doch mehr werden. 1610 erreichte er endlich seinen nächsten Karriereschritt, seine Berufung als Hofmathematiker und Hofphilosoph (darauf hatte er besonderen Wert gelegt) an den Hof der Medici in Florenz.

Galilei wurde im Laufe der Zeit zu einem entschiedenen Gegner von Aristoteles und zu einem überzeugten Anhänger des heliozentrischen Weltbildes. Das verband ihn mit seinem Zeitgenossen Kepler, von dem er ansonsten nicht sehr viel hielt. Kepler war ihm zu mystisch, zu sehr verstrickt in eine magische Vorstellung der harmonischen Welt.

Galilei versuchte mit allen Mitteln (sogar mit falschen, wie wir am Beispiel der Gezeiten gesehen haben) die kopernikanische Sicht des Kosmos zu beweisen, was ihm übrigens nicht gelang, auch wenn er selbst es wohl glaubte. Aber er trug durch seine astronomischen Untersuchungen wesentliche Puzzleteile zusammen, die das heliozentrische Weltbild populär machten. Den Ruhm, den Galilei erlangte, verdankte er allerdings nicht nur seinen wissenschaftlichen Leistungen, sondern gleichermaßen seinem Ruf als Kämpfer für die Sache der unabhängigen Naturwissenschaften gegen die Deutungshoheit der Kirche. Er wurde zum (Fast-)Märtyrer der Wissenschaftsgeschichte. Man machte ihm von Seiten der Inquisition der katholischen Kirche einen Ketzerprozess.

Man warf ihm vor, Irrlehren verbreitet zu haben. Damit war vor allem die heliozentrische Theorie von Kopernikus gemeint. Entscheidend war aber nicht, dass er die Lehre des Kopernikus vertrat, sondern mit welchem Anspruch er das tat. Er hatte seine Erkenntnis nämlich nicht mehr als Hypothese formuliert, sondern selbst als eigene Wahrheit. Damit kündigte er gewissermaßen die alte nominalistische Beschränkung auf. In seinen Augen sollte Himmlisches der Bereich der Kirche bleiben, Wissenschaft aber gehörte davon vollständig getrennt. Das musste die Kirche herausfordern, zumal diese nach der Glaubensspaltung ohnehin mit dem Rücken zur Wand stand.

Am 22. Juni 1633 schwor Galilei in Rom der kopernikanischen Lehre ab, nachdem man ihm die Folterinstrumente gezeigt hatte, mit denen man ihn foltern wollte, wenn er nicht abschwören würde. Den Gang der Wissenschaftsgeschichte hat dieser Prozess nicht wirklich beeinflusst (außer vielleicht in Italien). Im Gegenteil: Er hat nur gezeigt, wie aussichtslos es war, die Entwicklung des neuen Wissenssystems aufzuhalten. Denn Galilei wurde zwar in Hausarrest geschickt, aber gerade dadurch fand er endlich die Zeit, sein grundlegendes Buch über die Physik zu schreiben, das mithilfe des Buchdrucks über ganz Europa verbreitet wurde und den Blick auf die irdischen Zustände veränderte. Und die kopernikanische Grundannahme, dass die Sonne im Zentrum des Planetensystems stehe, wurde schon im 17. Jh. zum „*common sense*" der Gebildeten. Sie wurde so populär, dass sogar der französische König Ludwig XIV. in der zweiten Hälfte des 17. Jhs. dieses Modell zum Bild für sein eigenes absolutistisches Herrschaftssystem nahm. Er beschrieb seine Stellung als Sonne im Mittelpunkt des Staates, um die seine Untertanen kreisen.

Neue Institutionen des Wissens

Galileis Karriereleiter offenbart viel von der Veränderung des Wissenschaftsbetriebes im 16. und 17. Jh. Die Universitäten, die zumeist weiterhin am scholastischen Wissensprogramm festhielten, verloren an Bedeutung, stattdessen wurden die fürstlichen Höfe und deren Umgebung, gestützt auch von einer interessierten Bürgerschaft, zu den eigentlichen Zentren der neuen Wissenschaft.

Schon im 15. Jh. waren erste „Akademien" in Italien gegründet worden, in denen sich die gebildeten Humanisten in unabhängigen Institutionen im Umfeld reicher Gönner über die Fragen der Wissenschaft Gedanken machten. Mitte des 16. Jhs. hatte in Florenz

Cosimo I. eine Akademie gegründet, deren ausdrückliches Ziel es war, durch Förderung von Alchemie, Metallurgie und medizinische Botanik den Wohlstand des Fürstentums zu mehren. Noch bekannter wurde später die „*Accademia dei Lincei*" zu Beginn des 17. Jhs., der Galilei im Jahre 1611 beitrat.

Fürsten in ganz Europa, in England vor allem wohlhabende Bürger, gründeten neue, außeruniversitäre Bildungs- und Forschungseinrichtungen, Akademien, spezielle Colleges aber auch Sternwarten, um die Wissenschaften zu fördern. All diese Einrichtungen mündeten in die Entstehung berühmter und dauerhafter Akademien, wie die „*Royal Society*" in London und die „*Académie Royale des Sciences*" in Paris, die wiederum Vorbild für entsprechende Einrichtungen in fast allen europäischen Hauptstädten wurden.

Die wissenschaftlichen Gesellschaften wurden die Grundlage für die Diskussion zur Naturwissenschaft. Sie waren nicht universitär gebunden und sie standen allen wissenschaftlich Tätigen offen, die gerade in England vielfach Ärzte, Juristen, Politiker oder schlicht reiche Privatgelehrte waren. Dort wurden neue Experimente vorgeführt und diskutiert, dort wurden die Standards dafür festlegt, was als wissenschaftlich gesichert gelten darf und was nicht. Und dort begann man, regelmäßig erscheinende Zeitschriften herauszugeben, um den Stand dieses Wissens zu dokumentieren und zu verbreiten. Erst dadurch konnte Wissenschaft zu einem europäischen (und später globalen) Wissenssystem werden. Vor allem die britische Royal Society spielte dabei eine überragende Rolle, nicht zuletzt weil sie von den beiden überragenden Persönlichkeiten der britischen Naturwissenschaft um 1700 geführt wurde, erst von Robert Hooke, danach von Isaac Newton.

Wir wollen hier ein wenig vorgreifen: Die Universitäten erlangten ihre Bedeutung als unbestrittene Zentren der naturwissenschaftlichen Forschung erst Ende des 18. Jhs. zurück. Sie hatten sich nun der neuen Wissenschaft grundlegend geöffnet. Mehr noch veränderten die Regierungen der Nationalstaaten ihre Haltung gegenüber der Bildung ihrer Untertanen. Man sah es als notwendig an, dass nicht nur einzelne Privilegierte, sondern alle Untertanen Lesen, Schreiben und Rechnen lernen sollten. So entstand ein zentral organisiertes, streng reguliertes und inhaltlich modernisiertes Bildungssystem, in das an der Spitze auch die Universitäten eingegliedert wurden. Man nahm Bildung und Wissenschaft nun unbestritten als Grundlage für die wirtschaftliche und militärische Leistungsfähigkeit der Staaten wahr. Der Wissenschaftsbetrieb wurde vereinheitlicht und „professionalisiert", Naturwissenschaft wurde zum Beruf.

Aber kehren wir zurück in das 17. Jh.

Technik und Entdeckungen

Wir sprachen von neuen Erfahrungen. Sie zu machen, das wurde deutlich, ist eine Folge einer neuen Einstellung, einer neuen Sichtweise. Es war ganz wesentlich auch eine neue Haltung gegenüber der Technik, die sich aus einer neuen Haltung dem Handwerk gegenüber ergab, wie wir sie schon bei Paracelsus kennengelernt haben. Man war bereit, neue Erfahrungen zu machen, handwerkliche Tätigkeiten zu nutzen und technische Hilfsmittel zu verwenden. Die meisten Wissenschaftshistoriker sehen in dieser veränderten Haltung zu praktischer Tätigkeit den entscheidenden Perspektivenwechsel für die Entstehung der modernen Naturwissenschaft.

Eine Folge dieser neuen Einstellung zur handwerklichen Tätigkeit war der Einsatz technischer Geräte für wissenschaftliche Fragestellungen. Mit ihrer Hilfe konnte man Dinge wahrnehmen, die wir mit unseren Sinnen nicht wahrnehmen können. Im 17. Jh. war das durchaus ein Problem. Denn es stellte sich die Frage, ob es das, was man nur mit technischen Mitteln nachweisen kann, wirklich gibt oder uns die Technik nur etwas vormacht? Andererseits wird deutlich, dass den Naturforschern die Alltagerfahrungen als Grundlage ihres Wissens nicht mehr genügten.

Mit diesen Hilfsmitteln wurden die Naturphilosophen Entdecker, so wie die Seefahrer, die mit ihren Schiffen in Welten vordrangen, die den Europäern unbekannt waren. Die bislang sinnlich erfahrbare Welt erwies sich als unvollständig. Die Technik ermöglichte neues Sehen, etwa durch das Teleskop oder das Mikroskop, aber auch ganz neue Möglichkeiten der Vermessung der Welt, etwa mithilfe von

Thermometer oder Barometer, oder auch die Erfindung einer wirklich präzise gehenden Uhr, der Pendeluhr. All das fällt in das 17. Jh..

Ein Beispiel dafür ist das Fernrohr. Im Jahre 1609 lernte Galilei es kennen, ein Import aus Holland, das er jedoch bald nachbaute und verbesserte. Die eigentliche Leistung von Galilei bestand aber darin, dass er das Fernrohr wissenschaftlich nutzte. Er richtete es statt auf irdische und ozeanische Objekte, wofür es ja erfunden worden war, auf den Nachthimmel. Er war nicht der Einzige, der das tat, aber keiner kam zu so weitreichenden Ergebnissen wie Galilei. Das ist ein hoch interessanter Vorgang, denn er zeigt, dass man nur das sieht, was man zu sehen bereit ist.

Und Galilei sah einiges, weil er einiges sehen wollte:

„[...] bin ich zu der Meinung und Überzeugung gelangt, dass die Oberfläche des Mondes nicht glatt, regelmäßig und von vollkommener Rundung ist, wie es eine große Schar von Philosophen vom Mond selbst und von den übrigen Himmelkörpern geglaubt hat, sondern dass sie im Gegenteil uneben, rau und ganz mit Höhlungen und Schwellungen bedeckt ist, nicht anders als das Antlitz der Erde selbst, [...].“

In dieser Beschreibung schon folgerte er aus seinen Beobachtungen die Erdähnlichkeit des Mondes, die er dann in dem Text *Sidereus nuncius*“ („Nachricht von neuen Sternen“) mit noch weiteren Beobachtungen belegte. Daraus ergab sich für ihn die Konsequenz, dass der Mond physikalisch nicht anders zu behandeln sei als die Erde. Für Galilei wurde damit die aristotelische Unterscheidung zwischen (irdischer) Physik und (himmlischer) Astronomie zumindest zweifelhaft.

Und er sah noch mehr mit dem Fernrohr als die „Unreinheiten“ des Mondes. Er sah, dass der Planet Venus Phasen hatte wie unser Mond, der um die Erde kreist, und er nahm rotierende Sonnenflecken wahr.

Vor allem aber sah er Monde, die um den Jupiter kreisen, was er als Beleg dafür betrachtete, dass die Erde nicht der einzige Mittelpunkt des Universums ist, was seiner Meinung nach für die Annahme des Kopernikus spricht. Diese Monde waren für Galilei auch hinsichtlich seiner Karriere nützlich. Sie machten ihn berühmt und er konnte sich bei den Herren der Toskana einschmeicheln, indem er

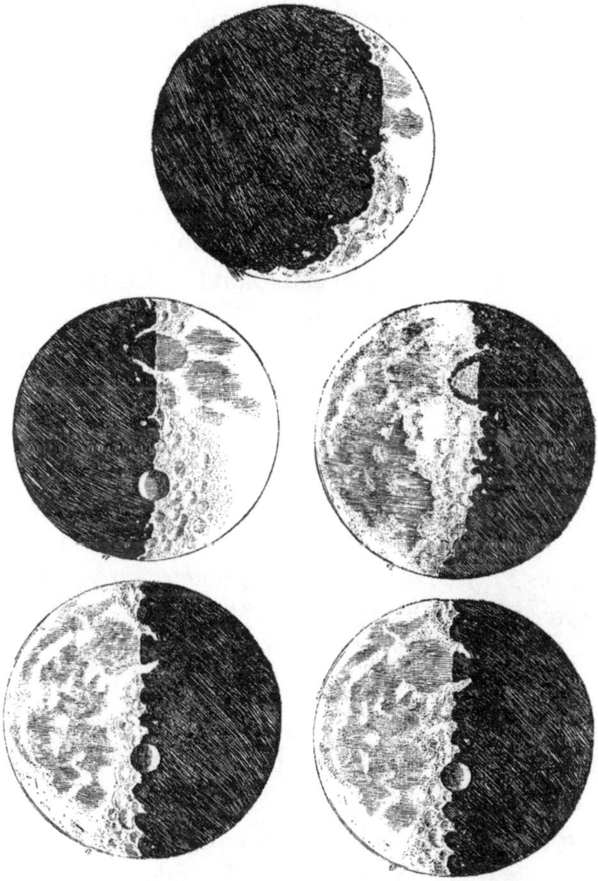

Abb. 14: Stich aus Galileis Buch „Sidereus nuncius"

sie Cosimo de' Medici widmete (weswegen sie heute noch die Mediceischen Planeten heißen).

Nahezu zeitgleich mit dem Fernrohr wurde das Mikroskop, gleichfalls in Holland, erfunden. Es führte zu einer breiten Bewegung des Mikroskopierens, an der sich Naturphilosophen wie Robert Hooke (1635–1703), Antonie van Leeuwenhoek (1632–1723), Jan Swammerdam (1637–1680) und viele andere beteiligten. Sie brachten eine Fülle von neuen Entdeckungen hervor, die sie akkurat in Zeichnungen festhielten, die dann in Form von Kupferstichen auf Einzelblättern oder in Büchern weite Verbreitung fanden. Es eröffnete sich nicht nur für die Naturphilosophen selbst, sondern für eine breitere interessierte Öffentlichkeit buchstäblich eine neue Welt.

Nachdem durch Evangelista Torricelli (1608–1647) und anderen der Weg gewiesen worden war, wie man Vakuum erzeugen kann, wurden auf diesem Prinzip basierend Vakuumpumpen hergestellt. Mithilfe solcher Pumpen konnte man „Räume“ herstellen, die es auf der Erde natürlicherweise nicht gab. Damit wurden nicht nur unsere Sinnesmöglichkeiten erweitert wie bei Fernrohr und Mikroskop, sondern hier entstand eine „neue Natur“, in der man völlig neuartige wissenschaftliche Experimente durchführen konnte.

Solche Experimente mit Vakuum führten nicht nur zu neuen wissenschaftlichen Einsichten. Die Beobachtung des Verhaltens von Lebewesen in Räumen, die allmählich von Luft entleert wurden, stellte eine Art von Schauder erzeugende Attraktion dar, die seit dem Ende des 17. Jhs. öffentlich dargeboten wurde. Damit wurde Naturwissenschaft populär und die Vakuumpumpe so zu einem *„Emblem der modernen Naturwissenschaft“*.

Die Idealisierung der Natur: Das Experiment

Galilei wurde noch aus einem anderen Grund zum Helden der Naturwissenschaft. Er brachte wie kein anderer die methodische Grundlage der experimentellen Praxis, die sich im 16. Jh. herausgebildet hatte, auf den Punkt.

Galilei kam zu der Einsicht, dass eine gleichmäßige (Kreis-)Bewegung und nicht die Ruhe der Grundzustand der Körper ist, wie Aristoteles es etwa annahm. Davon ausgehend formulierte er das Trägheitsgesetz, wonach jeder Körper in dem Zustand der Bewegung bleibt, den er innehat, solange keine Kraft auf ihn wirkt.

Was ist das aber für eine merkwürdige Annahme? Auf jede Bewegung auf der Erde wirken doch Kräfte, vor allem der Luftwiderstand. Wie kann man annehmen, dass keine Kräfte wirken? Galilei konnte zu seinem Trägheitsgesetz nur dadurch kommen, dass er von der wirklichen Welt „abstrahierte“ und sich eine ideale Welt vorstellte, in der sich nicht wirkliche Körper in einem wirklichen Raum bewegen, sondern nur so etwas wie die Ideen von Körpern in einer Idee des Raumes. Wir sehen, dass Galilei kräftige Anleihen bei Platon nahm. Die Idee eines solchen Raumes ist aber ein luftleerer Raum, ein Vakuum. Noch bevor die Existenz von Vakuum durch Experimente zumindest plausibel gemacht wurde, forderte Galilei aus philosophischen Gründen die Annahme eines Vakuums.

Aufgrund dieser „Idealisierung" von Wirklichkeit kam Galilei noch zu anderen Schlüssen, zum Beispiel, dass Körper im Prinzip (also unter Absehung aller wirklichen Zustände wie Reibung, Luftwiderstand und Wind) alle gleich schnell fallen, die Vogelfeder genauso wie der Stein.

Um die theoretischen Annahmen überprüfen und nach bestimmten Fragestellungen (etwa mathematischen Zusammenhangen) untersuchen zu können, brauchte er ein spezielles Verfahren, das Konzept eines wissenschaftlichen Experimentes. Ein solches Experiment war keine Abbildung wirklicher Naturvorgänge, sondern auch hier idealisierte er, beseitigte störende Einflüsse und reduzierte die Fragestellung auf eine einfache, nachprüfbare Frage.

Betrachten wir sein vielleicht bekanntestes Experiment. Es ging um die Frage des freien Falls von Körpern. Er baute eine sehr glatte Fallrinne, die geneigt war (dadurch wurde der Fallvorgang „verlangsamt", war also messbar), und ließ glatt polierte Messingkugeln verschiedener Größe durch die Fallrinne laufen. Wir sehen, dass das Experiment zunächst einmal der handwerklichen Tätigkeit bedurfte. Ohne Handwerk keine Wissenschaft.

Das Ergebnis seines Experimentes war, dass die Geschwindigkeit der Kugel, unabhängig von ihrem Gewicht, mit der Zeit gleichmäßig zunahm und sich diese Zunahme durch eine einfache mathematische Formel beschreiben ließ (die Geschwindigkeit wächst proportional mit der Zeit, die zurückgelegte Strecke mit dem Quadrat der Zeit).

Um weitere Schlüsse ziehen zu können, dachte Galilei sich, ganz wie die Scholastiker, Gedankenexperimente aus. Was würde passieren, wenn eine Kugel die schiefe Ebene erst hinab-, dann aber eine geneigte Ebene wieder hinaufrollte? Wenn man die Neigung dieser zweiten Ebene immer geringer machte, so würde die Kugel eine immer längere Strecke „hinauflaufen“. Wenn man aber diese zweite Ebene völlig flach, also horizontal machte, wie weit würde dann die Kugel rollen? Galileis Antwort: Sie würde, wenn man sich Luftwiderstand und Reibung wegdenkt, unendlich weit rollen. Eine in Bewegung gesetzte Kugel rollt und rollt, sofern keine äußeren Widerstände sie daran hindern. Damit sind wir bei dem Trägheitsgesetz.

Galilei griff in diesem Zusammenhang sogar die Impetus-Theorie von Buridan wieder auf, aber er gab dem Impetus eine interessante Wendung. Der Impetus war nun nicht mehr die Erklärung einer Bewegung, wie bei Buridan, sondern ein Maß für diese. Je stärker der „Impetus“, desto schneller bewegt sich die Kugel. Die qualitative Physik Buridans erfuhr nun eine Umdeutung ins Quantitative. Das Ziel von Galilei war nicht die Erklärung der Gründe für die Bewegung, sondern lediglich eine Darstellung des zeitlichen Ablaufes der Bewegung, ihre Messbarkeit.

Hier erkennen wir die vielleicht wichtigste Abkehr von der aristotelischen Auffassung von Bewegung. Aristoteles hatte die Bewegung (als Sonderfall der Veränderung) auf „Antriebe“ zurückzuführen versucht, die in den Dingen selbst lagen: Der Stein falle zur Erde, weil in ihm der „Wunsch“ sei, an seinen natürlichen Ort zu gelangen. Er interpretierte die Bewegung im Wesentlichen vom Ziel her, das erreicht werden soll. Galilei erklärte die Bewegung mit einer abstrakten Kraft, die auf das Ding wirkt und es bewegt. Diesen „Kraftbegriff“ wird erst Newton ganz präzise bestimmen, aber schon bei Galilei ist die grundsätzliche Veränderung der Sicht auf die Dinge

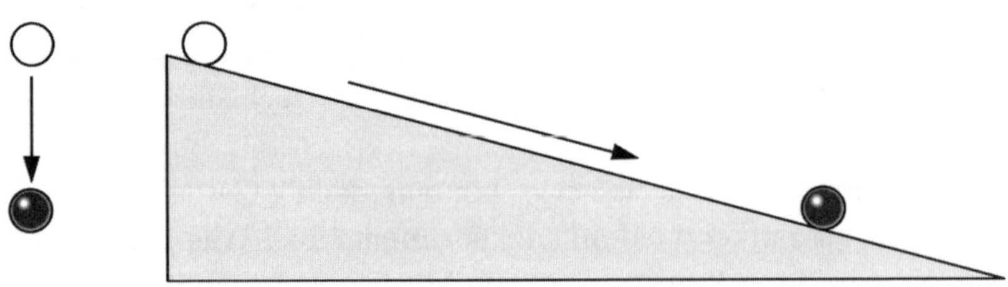

Abb. 15: Das Fallexperiment von Galilei

vorgezeichnet. Die Dinge werden von Subjekten der Bewegung zu Objekten äußerer Kräfte.

Diese präzise methodische Anleitung zum Experimentieren machte Schule. Für alle Bereiche der Wissenschaft entwickelte man solche Versuchsanordnungen. Unter anderem wurde so die Frage nach der Möglichkeit von Vakuum und der Natur der Luft nun auch experimentell untersucht. Über die Frage, ob es überhaupt Vakuum gibt, hatte man schon seit der Antike gestritten. Jedenfalls entspricht dem Vakuum keine Alltagserfahrung. „Löcher" in der Luft werden sofort ausgefüllt. So schloss auch Aristoteles (wie nach ihm die Scholastik) jegliche Form des Vakuums aus. Seine Begründung hatte viel mit seinem Raumverständnis zu tun, wonach sich der Raum mitbewege, wenn wir uns bewegen. Wenn es nun ein Vakuum gäbe, wie wäre dann Bewegung möglich?

So ist klar, dass der Gedanke, auf der Erde könne es Vakuum geben, eng mit der Veränderung des Raumbegriffes hin zur Vorstellung eines Containers verknüpft war. In einem Container ist nun tatsächlich alles möglich, eben auch, dass dort nichts ist. Mithilfe von Experimenten, ganz im Geiste von Galilei, zeigten Torricelli und vor allem Otto von Guericke (1602–1686), dass Luft ein Gewicht hat, also Druck ausübt, andererseits luftleere Räume, also Vakuum, existieren.

Naturwissenschaft als Fortschrittsversprechen

Schon in der Grundidee der neuen Herangehensweise an Naturphänomene, etwa bei Paracelsus oder bei Gilbert, sahen wir den Zusammenhang zur Anwendbarkeit. Wenngleich es zur wirklichen und umfassenden Anwendbarkeit naturwissenschaftlicher Theorien auf die Produktion von Alltagsgegenständen noch ein weiter Weg war (er dauerte im Grunde bis in die zweite Hälfte des 19. Jhs.), so steckte in der neuen Naturphilosophie doch von Anbeginn dieses Versprechen der Nützlichkeit. Solch ein Konzept fehlte in der Antike vollständig. Nun wurde es formuliert, erstmals als geschlossene Theorie von Francis Bacon (1561–1626). Er war von Beruf Jurist, was, so können wir vermuten, nicht unerheblichen Einfluss darauf hatte, wie er an die Fragen der Naturwissenschaft heranging.

Es ging ihm darum, Natur zum Wohle der Menschen anzuwenden. Naturkundliches Wissen konnte seiner Meinung nach nicht aus Büchern gewonnen werden, denn dort wären ja nur alte Vorurteile aufgeschrieben. Wissen über die Natur musste aus der Natur selbst kommen, wir müssten von ihr lernen, um sie nutzen zu können. Das Lernen von der Natur stellte er sich als Sammeln vieler kleiner Wissensbausteine von Naturphänomenen vor, die dann verallgemeinert werden. Man spricht dabei von einem induktiven Verfahren.

Aber wie kommt man zu den kleinen Wissensbausteinen? Eben nicht durch bloße Beobachtung der Naturphänomene, denn die Natur will ja ihre Geheimnisse nicht so ohne Weiteres preisgeben, sondern dadurch, dass man die Natur gezielt befragt (wie bei einer Gerichtsverhandlung), indem man sich durch technische Apparaturen und systematische Vorgehensweisen die Naturphänomene so zurechtlegt, dass man bestimmte Einzelphänomene isoliert betrachten und verstehen kann. Das entspricht methodisch durchaus dem, was Galileo gemacht hat. Auf diese Weise entlockt man, meinte Bacon, der Natur ihre Geheimnisse.

Es ging um „gezielte Befragung"; Bacon verwendete eine Sprache, die der Rechtspraxis des 16. Jhs. entnommen war, in der Aussagen durch eine „peinliche Befragung", also durch Folter, gewonnen werden sollten. Es gibt Wissenschaftshistoriker, die darin einen Hinweis sehen, dass sich in der neuen Naturwissenschaft ein neues Verhältnis zur Natur herausgebildet hat, das auf Unterdrückung und Gewalt beruhte. Wir wollen das hier nicht weiterverfolgen, zumal die Aussagen von Bacon bisweilen nicht so eindeutig sind.

Im Grunde geht es bei Bacon also gar nicht darum, warum die Natur so ist, wie sie ist, sondern nur darum, herauszubekommen, wie sie funktioniert – dieses Geheimnis will er ihr entlocken. Wenn man weiß, wie sie funktioniert, dann kann man Natur beherrschen und sie zum Nutzen der Menschheit einsetzen. Wissen, so kann man daraus folgern, lässt sich zum Herrschen verwenden, zum Herrschen über die Natur, aber auch über andere Menschen. Daraus lässt sich ein Satz ableiten, der Francis Bacon berühmt gemacht hat: „Wissen ist Macht."

Seine Vorstellungen von Naturwissenschaft legte Bacon in seinem Buch *Novum Organum* von 1620 dar. Der Titel ist programmatisch, denn als „Organum" hat man die logischen Schriften des Aristoteles bezeichnet. In seinem Buch bildete er also eine neue Wissenschaft und die ganze Hoffnung auf diesen Aufbruch in ein neues Wissenssystem ab. Das Schiff des neuen Wissens durchquert die Säulen des Herkules, die in der Antike und im Mittelalter die Grenzen der Welt bezeichneten. Auf zu neuen Ufern!

Übrigens hielt Bacon überhaupt nichts von Mathematik – eigenartig für einen Ahnherrn der modernen Naturwissenschaft –, aber auch nichts von Magie oder Alchemie. Dabei steckte doch in seiner Idee des Lernens von der Natur, um sie beherrschen zu können, ein zutiefst alchemistischer Ansatz. Es waren schließlich die Alchemisten, denen man am ehesten zutraute, das Versprechen der Anwendbarkeit der Naturforschung einzulösen, indem man zum Beispiel von ihnen erwartete, Gold herstellen zu können. Der Geist der Zeit prägt die Menschen, auch wenn sie sich dessen gar nicht bewusst sind.

Bacons Programm wurde in wesentlichen Teilen die Grundlage der Forschungstätigkeit in der Royal Society in London. Auf ihren Sitzungen demonstrierten Forscher ihre Versuche. Einmal berichtete Samuel Pepys (1633–1703), englischer Politiker und zeitweiliger Präsident der Royal Society, in seinem Tagebuch davon, wie es am 15. Februar 1665 *„um die Natur des Feuers [ging], wie es erlischt, wenn keine Luft da ist, und schwächer wird, wo die Luft unrein ist"*, auf einer anderen Sitzung (19. April 1665) wurden einem Huhn, einem Hund und einer Katze ein Gift verabreicht und dann deren unterschiedliche Reaktionen protokolliert.

Es war ein systematisches Herumexperimentieren mit den unterschiedlichsten Naturerscheinungen. Bisweilen ergaben sich aus diesen experimentellen Anordnungen Regelmäßigkeiten, die dann, ganz im Sinne von Bacon, als „Naturgesetze" formuliert wurden.

Die Vorstellung, dass es solche allgemein gültigen Naturgesetze gebe, war in der europäischen Wissenstradition begründet, gleichsam doppelt durch die Idee, dass alles auf der Welt kausal erklärt

Abbildung 16: Kupferstich aus dem „Novum Organum" von Francis Bacon, 1620

werden könne und dass der Schöpfergott eine nach vernünftigen Prinzipien funktionierende Naturordnung geschaffen habe. Gerade in England führte das zu der Überzeugung, dass Naturwissenschaft als Auffinden von Naturgesetzen eine Gotteserkenntnis sei. Mit jedem gefundenen Naturgesetz enthüllte man dieser Ansicht nach etwas von Gottes Natur.

Das neue Paradigma: Die mechanistische Erklärung der materiellen Welt

Die aristotelische Antwort war für die Mehrheit der Intellektuellen, die sich mit der neuen Zugangsweise zur Natur beschäftigten, nicht mehr überzeugend. Aristoteles war davon ausgegangen, dass alle Dinge dieser Welt beseelt seien, verbunden mit einem Ziel, das sie anstrebten. Darum fielen die Steine auf die Erde und stieg die Luft nach oben, darum strebten die Menschen nach geistiger Vollendung, reifte das Obst und erblühten die Blumen in wundervollen Blüten.

Dagegen setzten die neuen Naturforscher die tote Materie. Alle Materie bestehe aus kleinen Teilchen. Alle Bewegungen von Körpern, damit sämtliche Naturphänomene, entstünden durch den direkten Kontakt von Körper zu Körper oder Teilchen zu Teilchen. Die Teilchen bzw. Korpuskeln blieben rein passiv, sie würden gestoßen oder gedrückt und gäben Stoß und Druck weiter.

Die neuen Naturwissenschaftler konnten sich mit dieser Idee auf antike Vorbilder beziehen, auf Demokrit, Epikur und Lukrez. Aber sie gewannen den Teilchen noch etwas grundsätzlich anderes ab als die antiken Naturphilosophen: ihre Mathematisierung. Da die Teilchen (zumindest im Prinzip) genau bestimmbar waren hinsichtlich ihrer Größe, ihrer Form, ihrer Position im Raum und ihrer Geschwindigkeit, sollten sie mathematisch nach mechanischen Prinzipien beschreibbar sein. Die Kombination von Mechanik und Mathematik wurde so zum Kennzeichen des neuen Erklärungsansatzes, des neuen Paradigmas, der mechanistischen Naturerklärung.

Auch für diese Idee konnte man sich auf einen antiken Autor berufen, auf Archimedes. Im Jahre 1543 wurden die archimedischen Schriften von Niccolò Tartaglia in lateinischer Sprache als gedrucktes Buch herausgegeben und entwickelten sich zu einem echten Bestseller. Aber die Arbeiten von Archimedes waren, wie wir gesehen haben, wirkungslos geblieben. Die mechanistische Naturerklärung des 17. Jhs. hingegen war sehr folgenreich, bis in das 20. Jh. hinein. Das hing damit zusammen, dass, anders als in der Antike, mechanische Geräte im 17. Jh. zu einer Grundlage der Wirtschaft und des Lebens geworden waren. Sie waren im Bergbau verbreitet, im Bauwesen, es gab die „Feuerwaffen", vor allem aber gab es die mechanische Uhr.

In der Antike gab es keine mechanischen Uhren. Sie waren Ausdruck des modernen europäischen Blicks auf die Welt. Diese feinmechanischen Geräte, zusammengesetzt aus kleinen Teilchen, die miteinander verzahnt und verbunden sind, schienen zu beweisen, wovon die Philosophen überzeugt waren: Erde und Kosmos laufen nach mechanischen Gesetzen ab. Die Uhr als Maschine wurde zum Leitbild der mechanistischen Weltvorstellung und blieb es bis in das 19. Jh.

Das erinnert ein wenig an das Bild der Welt als Uhr, das Nicole Oresme schon im 14. Jh. formuliert hatte. Aber es war nun anders gemeint. Bei Oresme war der Bezug zur Uhr als Weltmodell metaphorisch gedacht, als Bild also. Bei den Mechanisten des 17. Jhs. war die Vorstellung der Maschine keine Metapher mehr, sondern drückte Wirklichkeit aus. Nach dieser Ansicht verhält sich die Welt nicht wie eine Maschine, sie *ist* eine Maschine, wenn auch eine, die so kompliziert ist, dass nach damaligem Kenntnisstand eine genaue Darstellung nicht möglich war.

Und das galt nicht nur für Naturphänomene, auch der Staat erschien nun zum Beispiel als ein großer Mechanismus, wie man es bei Thomas Hobbes (1588–1679) in seinem Werk „Der Leviathan" nachlesen kann. Diese Übertragung auf die politische Struktur zeigt, dass die mechanistische Philosophie sich nicht eigentlich auf empirische Fakten stützen konnte. Sie war eine Art Denkmuster, mit dem die Welt neu interpretiert wurde. Sie war auf die Dauer erfolgreich, weil sie in der Tat bestimmte Phänomene gut erklären konnte, aber auch deshalb, weil sie ein Gegenmodell zur übermächtigen aristotelischen Tradition darstellte.

Mit der Auffassung der Welt als mechanische Maschine wurde auch der alte scholastisch-aristotelische Gedanke aufgelöst, dass es einen grundsätzlichen Unterschied zwischen Natur, mit der sich die Wissenschaft beschäftigt, und Artefakten, also künstlich erzeugten Gegenständen, mit denen sich das Handwerk beschäftigt, gebe. Ist die Welt eine Maschine, dann ist sie so etwas wie ein Artefakt. Umgekehrt bedeutet das auch, dass Maschinen in ihrer Wirkungsweise nicht „unnatürlich" sind (wie es Aristoteles angenommen hatte), sondern im Gegenteil natürlichen Vorgängen entsprechen.

Nun war die „mechanistische Philosophie" zunächst nur eine Grundhaltung, aus der sich noch kein geschlossenes Erklärungsmodell ergab. Doch sie wurde zur Grundlage von Erklärungsmodellen der Welt, die alle die Erkenntnisse und Ansätze aus dem 16. und 17. Jh., die wir kennengelernt haben, zusammenfassten. Natürlich versuchten sich viele Naturwissenschaftler an solchen Synthesen, wirklich erfolgreich waren aber vor allem zwei Modelle: das von René Descartes und (fünfzig Jahre später) das von Isaac Newton.

Man darf aber die vielen Bemühungen der anderen nicht übersehen, auch weil Descartes und Newton auf sie aufbauten. Hier sei nur Pierre Gassendi (1592–1655) erwähnt, der sich die Materie aus kleinen Teilchen zusammengesetzt vorstellte, die sich in Form und Größe verschieden frei im Vakuum bewegen, oder Richard Boyle (1629–1691), der den Begriff „mechanische Philosophie" populär machte.

Dieser hatte aufgrund von Versuchen (berühmt wurden seine Versuche mit Salpeter, das er in seine Bestandteile zerlegte, aus denen er anschließend wieder Salpeter gewann) gefolgert, dass Teilchen sich zu größeren Einheiten zusammenfanden – er selbst sprach von „Zusammenballungen" –, die die Eigenschaften des Stoffes enthielten. Dabei unterschied Boyle dauerhafte und auflösbare „Zusammenballungen", und entwickelte damit grundsätzlich die Idee von chemischen Elementen und Verbindungen auf der Basis des mechanistischen Paradigmas. Boyle war derjenige, der Chemie und mechanistisches Denken zusammenbrachte. Dass das bei Boyle nicht wirklich funktionierte, ist hier nicht so wichtig. Bedeutender ist, wie Boyle wahrgenommen wurde, nämlich als Teil der Erfolgsbewegung der mechanistischen Philosophie.

Bisweilen wird Boyle sogar als eine Art Erfinder der modernen Chemie bezeichnet. Solche Zuweisungen sind immer schwierig, besonders im Falle von Boyle, denn zum Beispiel konnte er einem alchemistischen Grundsatz, der auch mechanistisch sinnvoll erschien, nicht widerstehen, dass nämlich im Prinzip alle Stoffe in alle anderen verwandelt werden könnten. Da dachte man im 17. Jh. sofort an die Herstellung von Gold. Auch Boyle dachte daran und bemühte sich in dieser Richtung und glaubte sogar, erfolgreich gewesen zu sein. Er hatte durch entsprechende Versuche einen goldgelben Stoff gewonnen, den er für Gold hielt (was er natürlich nicht war).

Magie und Alchemie tauchten bei der Entstehung der modernen Wissenschaft immer wieder auf, selbst bei der mechanischen Philosophie. Es ging neben der Naturerklärung auch um Sinnstiftung. Naturwissenschaftler wie Robert Boyle oder Isaac Newton schrieben noch zahlreiche theologische Abhandlungen und beschäftigten sich auch intensiv mit Alchemie. Das änderte sich erst mit der Bewegung der Aufklärung im 18. Jh.; mehr und mehr löste sich die Naturwissenschaft von religiösen und magischen Erwartungen und Bindungen. Übrig blieb die Idee der mechanistischen Philosophie und die Vorstellung, dass jeder Naturvorgang auf Stöße und Drücke zurückzuführen ist, denen seelenlose Teilchen ausgesetzt sind.

Der Anteil der Alchemie und der magisch-religiösen Anteile an der Entwicklung der Naturwissenschaft geriet in Vergessenheit und wurde schließlich geleugnet. Im 19. Jh. wurde die Entwicklung der Naturwissenschaft als Kampf gegen den „Aberglauben" erzählt, zu dem diese religiösen und alchemischen Traditionen gezählt wurden. Aber in Wirklichkeit war es gerade die Vereinigung von rationalem Denken und diesem „Aberglauben", die die moderne Naturwissenschaft hervorgebracht hat.

Das Cartesische Erklärungsmodell

René Descartes (1596–1650) war Franzose und das mag erklären, warum er viel weniger von dem experimentellen Ansatz beeinflusst war, von dem „Herumprobieren", als die Naturphilosophen in England. Methodisch war er fast so etwas wie ein „Anti-Bacon". Er ging deduktiv vor, d. h., er leitete die Erklärung der Naturphänomene nicht aus Experimenten ab, sondern aus einem grundsätzlichen theoretischen Erklärungsansatz. Das heißt aber nicht, dass er nicht technisch interessiert war, aber sein Ziel war doch, eine vollständige Erklärung der Philosophie und der Natur aus dem Denken heraus zu entwickeln.

Sein berühmtestes Buch (erschienen 1637) trägt den Titel *Abhandlung über die Methode des richtigen Vernunftgebrauchs und der wissenschaftlichen Wahrheitsforschung*. Es ging Descartes also vorrangig um die Entwicklung einer verlässlichen Methode bei der Naturforschung. Demnach lässt sich die Wahrheit herausfinden, indem man, ganz im Geiste von Euklid, von möglichst einfachen Grundannahmen ausgeht und von da aus die Phänomene in ihrer Komplexität gedanklich rekonstruiert.

Aber gibt es überhaupt so etwas wie Wahrheit? Können wir uns, so fragt sich Descartes, gewiss sein, dass es etwas gibt, was unbezweifelbar ist? Seine Antwort ist berühmt: Ich kann an allem zweifeln, aber nicht daran, dass ich es bin, der zweifelt, indem ich denke. „Ich denke, also bin ich", heißt der Satz bei Descartes. Und dieses „Ich" hat eine Seele, ein Denkvermögen, Descartes nannte das *res cogitans*, „die denkende Sache". Dieses „Ich" schaut auf die äußere Welt als das Andere und erkennt es im Unterschied zu sich selbst als etwas Ausgedehntes, die *res extensa*, die Welt der Dinge, eine seelenlose Materie, zu der übrigens auch unser Körper, aber auch alle Tiere gehören.

Vom Denken aus lässt sich die Welt verstehen. Und diese Welt wurde bei Descartes als mechanistisch gedacht. Sie ist aus kleinsten Bausteinen aufgebaut. Diese Teilchen stellte er sich aber, anders als Lukrez oder Gassendi, als dicht aneinander liegend vor. Es gebe keine Zwischenräume zwischen ihnen, also auch kein Vakuum. Das, was etwa Torricelli als Vakuum beschrieben hatte, war nach Descartes nur luftleer, aber auch dort, wo keine Luft sei, sei der Raum doch ausgefüllt von winzig kleinen, unsichtbaren Teilchen, dem Äther, eine folgenschwere Idee übrigens.

Diese Welt der Dinge ist ständig in Bewegung, aber woher kommt diese Bewegung? Hier brachte Descartes Gott ins Spiel, der den Bewegungsimpuls gab, am Anfang der Dinge. Damit ist aber Gottes

Tätigkeit in der Natur auch schon beendet. Da der Raum dicht mit Materie angefüllt sei, denn im Grunde seien Raum und Materie identisch, entstehe aus der Urbewegung eine den ganzen Raum umfassende Ausgleichsbewegung. Diese sei aber in einem endlichen Universum nur als wirbelförmige Bewegung denkbar.

Wirbel also liegen allen Strukturen des Universums zugrunde, sagte Descartes. Damit ist auch die Bewegung der Planeten um die Sonne erklärt. Wenn wir bei einem Wasserstrudel ein kleines Holzteilchen in den Strudel werfen, so wird sich dieses Teilchen kreisförmig um das Zentrum des Strudels drehen. Das ist das Bild, das auch Descartes für die Planetenbewegung hatte. Es schien überzeugend im 17. Jh. Es gab auch kaum Alternativen, nachdem Tycho Brahe die Kristallschalen als unmöglich nachgewiesen hatte und Fernkräfte, wie Kepler sie unterstellte, mechanistisch kaum vorstellbar waren.

Mithilfe seiner Grundtheorie glaubte Descartes auch alle anderen Naturphänomene erklären zu können. Wieso zum Beispiel nehmen wir Farben wahr oder Gerüche, überhaupt sinnliche Erscheinungen, wenn doch alles Wirbel sind? Die Welt bestehe nur aus Wirbeln, aber großen und kleinen, schwachen und starken, und die unterschiedlichen Wirbel lösten bei unseren Sinnesorganen durch Druck unterschiedliche Reize aus, die wir dann als Geruch oder Farbe wahrnehmen.

Schließlich führte Descartes' Idee einer Mathematisierung der Natur auch zu einer neuen Mathematik. Da alle Materie dadurch gekennzeichnet ist, dass sie eine Ausdehnung hat und alle Körper damit geometrische Größen sind, andererseits alle Naturerscheinungen mechanisch-rechnerisch beschrieben und erklärt werden können, musste Descartes die beiden Zweige der Mathematik zusammenführen, die Geometrie und die Rechenkunst. Er war einer der Begründer der „Analytischen Geometrie". Ihre Grundlage war die Einordnung aller mathematischen Größen in ein gemeinsames Bezugssystem. Zu Ehren von Descartes heißt dieses Bezugssystem noch heute das „Kartesische Koordinatensystem".

Das mit den Wirbeln mag uns etwas eigentümlich erscheinen. Aber wir können doch auch sehen, warum das Modell von Descartes so erfolgreich war. Es war ein geschlossenes Modell der Welterklä-

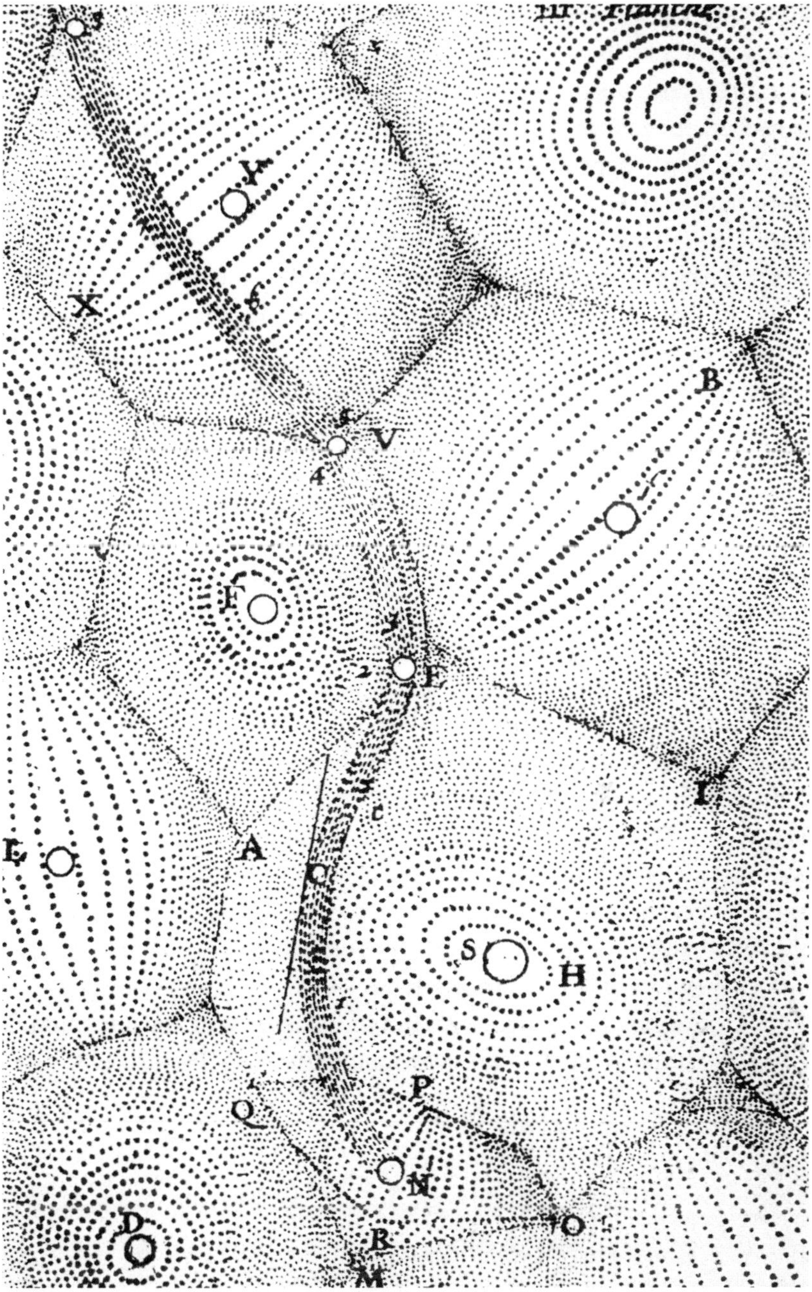

Abb. 17: Das Universum nach Descartes mit großen und kleinen Wirbeln

rung auf Grundlage des mechanistischen Zeitgeistes, das geeignet erschien, das aristotelische endgültig und vollständig zu ersetzen. Entsprechend wurde schon 1671 ein erstes Lehrbuch der Naturwissenschaften von Jacques Rohault (1618–1672) auf Grundlage der cartesischen Theorie veröffentlicht. Die mechanistische Naturwissenschaft im Geiste von Descartes wurde ein lehrbares Wissenssystem. Der Titel des Buches ist aufschlussreich. Es heißt *Traité de physique* („Abhandlung über die Physik"). Das ist eine deutliche Anspielung auf das Werk des Aristoteles, das den gleichen Titel trägt, *Physike akroasis*, „Abhandlung über die Physik". Das System des Descartes, so der Anspruch, hatte das des Aristoteles ersetzt.

Aus diesem Ansatz von Descartes ergaben sich (außer der Idee zum Äther) überdies weitreichende Konsequenzen, die für die weitere Entwicklung der Naturwissenschaften vielleicht noch wichtiger waren als seine eigentliche Erklärung der unterschiedlichen Naturphänomene. Vor allem benannte er den Dualismus von Natur und Geist, der theoretisch der Idee der „Objektivität" der modernen Naturwissenschaft zugrunde liegt.

Wir erinnern uns, dass sich schon in der Antike zwei Grundkonzepte von Materie gegenüberstanden, das einer diskreten Auffassung (alles besteht aus isolierten Teilchen) und das einer kontinuierlichen Auffassung (alles besteht aus zusammenhängenden Stoffen). Descartes' Theorie kann man als Versuch interpretieren, die beiden Ansätze zu versöhnen, indem er Teilchen annahm, die aber ein Kontinuum erzeugen. Diese Idee überlebte Descartes, auch wenn die Zukunft zunächst der „diskreten" Theorie zu gehören schien, wie sie später Newton und vor ihm Boyle vertraten.

Nur langsam, vor allem nachdem Newtons Erklärungsmodell Eingang in die Wissenschaft gefunden hatte, kam Descartes aus der Mode.

Die Vollendung des neuen Weltbildes: Isaac Newton

„Ich weiß nicht, wie ich der Welt erscheinen mag, aber mir selber komme ich nur wie ein Junge vor, der am Meeresstrande spielt und sich darüber freut, dass er ab und zu ein ungewöhnlich buntes Steinchen oder eine rote Muschel findet, während sich der große Ozean der Wahrheit in seiner unermesslichen Unerforschtheit vor ihm ausdehnt."

Isaac Newton

Isaac Newton (1642 bzw. 1643–1727) und die Gravitation

Nicht das Geringste hat bei seiner Geburt darauf hingedeutet, dass er es werden sollte, der die Probleme der Physik und Astronomie seiner Zeit lösen wird: An Weihnachten 1642 (nach dem damals in England noch vorherrschenden julianischen Kalender) kam in einem kleinen Bauernhaus Isaac Newton zur Welt; sein Vater, ein Schafzüchter und Bauer, der wohl weder lesen noch schreiben konnte, war schon kurz vorher gestorben. Die Mutter, die den kleinen Isaac nicht allein großziehen wollte, heiratete noch einmal. Ihr neuer Mann hielt nicht viel davon, einen Stiefsohn mitzuversorgen. So ging die Mutter ohne ihr Kind vom Hof weg und ließ Isaac bei seiner Großmutter, kam aber nach sechs Jahren wieder zurück. Den ursprünglichen Plan, Newton den Bauernhof zu übergeben, musste sie fallen lassen, denn Newton hatte weder Talent noch Lust, dies zu tun. Glücklicherweise erkannte sein Onkel das wahre Talent Newtons und so wurde er auf die Universität Cambridge geschickt.

Dort blieb sein Talent verständlicherweise auch nicht lange verborgen. Der Mathematik-Professor Isaac Barrow förderte den Studenten Newton nach Kräften und er bewunderte seine Fähigkeiten. Sein Ausspruch: „Im Vergleich zu ihm [Newton] rechne ich wie ein Kind“, drückt diesen Umstand wohl ganz gut aus.

Isaac Barrow übergab seinen Lehrstuhl (den heutzutage berühmten Lucasischen Lehrstuhl) nach fünf Jahren an Newton und ging wieder in die Theologie, vielleicht entmutigt durch das ungeheure mathematische Talent Newtons. Dieser wurde so 1669 – im Alter von 27 Jahren – Professor für Mathematik. Dies blieb er auch 30 Jahre lang. In dieser Zeit schrieb er eines der folgenreichsten Werke in der gesamten Geschichte der Naturwissenschaft, die „Philosophiae naturalis Principia mathematica“, in dem er die Fragmente der vergangenen Zeit ordnete und in ein neues Weltbild integrierte.

Die Gravitation und die Kräfte des Universums

Wenn die berühmte Geschichte mit dem Apfel, die Newton ja selbst erzählt hat, stimmt, so kam es folgendermaßen dazu, dass Newton das Problem der Planetenbewegung – zumindest im Grundsatz – löste: 1665 wütete die Pest in London, und die Universität in Cambridge wurde vorsichtshalber geschlossen. So ging Newton wieder in sein Elternhaus und richtete sich dort ein Studierzimmer ein, um dort einige Zeit (fast zwei Jahre) seinen Forschungen nachzugehen. Eines Tages saß er in seinem Garten unter einem Apfelbaum, es war wohl gegen Abend, er sah den Mond am Himmel stehen und dachte über die Ursache der Bewegung dieses Gestirns nach. Es gab ja keine sich drehende Kristallsphäre, an der er angeheftet hätte sein können, und auch ein Engel war es eher nicht, der ihn antrieb. Was konnte es stattdessen nur sein? In diesem Augenblick – so Newton – fiel ein Apfel vom Baum herunter und neben ihn auf den Boden – nein, er fiel ihm nicht auf den Kopf, das war eine spätere Version der Geschichte. Auf jeden Fall wurde Newton auf einen „Schlag“ klar, was es war, das den Mond auf seiner Umlaufbahn um die Erde herumführte: Es war dieselbe Kraft, die den Apfel vom Ast zu Boden beförderte, eine Anziehungskraft, die die Erde auf alle Körper ausübte, auf die Körper an ihrer Oberfläche, aber auch auf so weit entfernte Körper wie den Mond. Er durchbrach damit das alte Dogma der

Trennung zwischen irdischer und himmlischer Physik mit einem völlig neuen Konzept, dem Konzept der allgemeinen Gravitation: Körper ziehen einander an, weil sie Masse haben. Daher wirkt die Anziehungskraft der Gravitation sowohl auf den Apfel wie auf den Mond. Vielleicht hatte sich die Geschichte so gar nicht ereignet, denn Newton dachte schon lange darüber nach, auch gab es genügend gute Vorarbeiten, die Newton kannte. Insbesondere war es Robert Hooke (1635–1702), der schon sehr genau über diese Art von Kraft nachgedacht hatte, mehr oder weniger gleichzeitig wie Newton. Newtons etwas unbescheidene Vorliebe, sich so darzustellen, als hätte er alles selbst und ganz allein entdeckt, mag bei der Geschichte ein wenig nachgeholfen haben.

Es stellte sich dann die Frage, warum denn der Mond nicht wie der Apfel auf die Erde fällt. Was geschieht, wenn der Apfel nicht einfach fallen gelassen wird, sondern horizontal geworfen wird? Natürlich landet der Apfel auch auf dem Boden, aber er beschreibt einen Bogen, bis er unten ankommt. Wenn der Apfel nun mit immer größerer Geschwindigkeit geworfen wird, wird der Bogen immer flacher und flacher. Bei genügend hoher Geschwindigkeit – so schnell

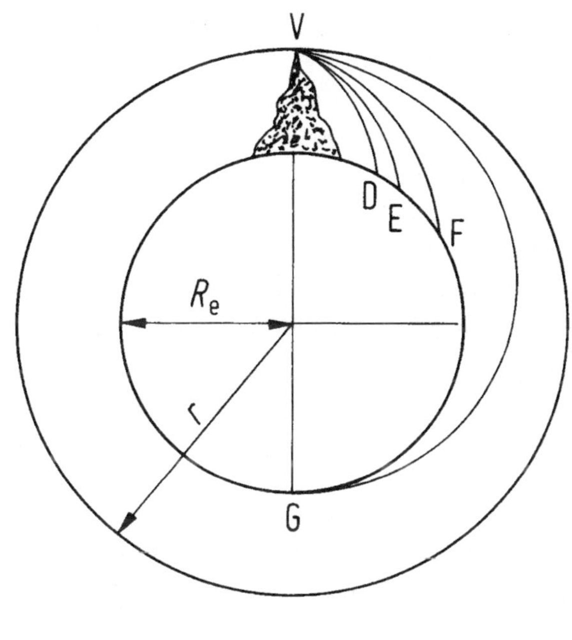

Abb. 18:
Bahnen eines Apfels

kann natürlich kein Mensch einen Apfel werfen – ist der Bogen genauso gekrümmt wie die Erdoberfläche, d. h., der Apfel fällt nun nicht mehr auf den Boden, sondern „fällt" praktisch ständig um die Erde herum. Abb. 18 zeigt die Erde mit einem großen Berg, von dem aus ein Apfel mit ständig größerer Geschwindigkeit abgeworfen wird. Die ersten vier Bahnen ergeben „normale" Wurfbahnen, wird die Geschwindigkeit weiter erhöht, ergibt sich eine Kreisbahn. Wird die Geschwindigkeit dann noch größer, kommt es zu einer elliptischen Umlaufbahn, d. h., Newton konnte sogar die elliptischen Bahnen der Planeten erklären.

Voraussetzung all dieser Überlegungen waren klare Begriffe, z. B. der Begriff „Kraft". Was ist das überhaupt, eine Kraft? Aristoteles verwendete den Begriff „Antrieb" und meinte damit die Ursache von Bewegungen. Doch Newton war klar, dass das so nicht stimmen konnte, denn schon Galilei hatte ja gezeigt, dass es Bewegungen auch ohne Antrieb geben konnte. Und Galilei erkannte als Ursache der Bewegungen auch schon äußere Einflüsse, Wechselwirkungen bzw. Kräfte, wie wir gesehen haben. Und er stellte ein Trägheitsprinzip auf, auch wenn es noch nicht ganz richtig war, denn Galilei meinte, ein Körper würde ohne äußere Einwirkungen eine Kreisbahn durchlaufen. Erst Descartes hatte erkannt, dass ein antriebs- und widerstandsloser Körper sich stets geradlinig und mit konstanter Geschwindigkeit bewegt.

Diesen Kartesischen Grundsatz machte Newton nun zu seinem ersten Grundgesetz der Bewegungen:

Erstes Gesetz: Ein Körper verharrt im Zustand der Ruhe oder der geradlinigen Bewegung mit konstanter Geschwindigkeit, es sei denn, eine Kraft wirkt auf ihn ein.

Eine Kraft kann also nicht die Ursache von Bewegung an sich sein, aber sie ist die Ursache für die Änderung von Bewegungen. So gelang es Newton, den Begriff der Kraft klar zu präzisieren, wozu weder Galilei noch Descartes in der Lage gewesen waren.

Eine Änderung der Bewegung bedeutet normalerweise eine Änderung der Geschwindigkeit, was auch eine Änderung der Richtung der Bewegung einschließt. Solche Geschwindigkeitsänderungen hatte schon Galilei als Beschleunigung bezeichnet. Als Abkürzung wird meist der Buchstabe a verwendet (vom lateinischen Wort für Beschleunigung, *acceleratio*). Je größer die Kraft nun ist, desto größer soll die Beschleunigung des Körpers sein, mathematisch ausgedrückt:

$$F \sim a$$

Die aristotelische Vorstellung, dass die Geschwindigkeit des Körpers proportional zum Antrieb ist, wird damit hinfällig, und an ihre Stelle tritt das neue zweite Gesetz von Newton. In seiner Formulierung tauchte aber auch noch die Masse m bzw. Schwere eines Körpers auf, denn bei gleich großer Kraft auf zwei Körper bewirkt die Kraft bei dem leichteren Körper selbstverständlich die größere Beschleunigung:

*Zweites Gesetz: Ursache für die Änderungen von Bewegungen sind Kräfte. Eine Kraft ist so groß wie das Produkt aus Masse und Beschleunigung des Körpers, F = m*a.*

Durch diese Definition der Kraft war es nun möglich, Kräfte wirklich zu messen und genau anzugeben. Aus dem unklaren und schwer fass- und überhaupt nicht messbaren Antrieb des Aristoteles war eine messbare Eigenschaft geworden.

Das dritte Gesetz folgerte Newton aus seiner Überlegung zur Gravitation: Nicht nur die Erde zieht den Mond an, der Mond muss auch die Erde anziehen. Da die Erde aber viel schwerer ist als der Mond, sind die Auswirkungen dieser Kraft nicht so stark wie die Wirkungen der Erdanziehungskraft auf den Mond. Newton folgerte, dass es zu jeder Kraft eine weitere Kraft geben muss. Jede Kraft ist Teil einer Wechselwirkung, was jeder schon verspürt hat, wenn er auf einen Tisch schlägt und dabei Schmerzen verspürt, denn der Tisch schlägt schließlich mit derselben Kraft zurück.

Oder, noch deutlicher: Wenn zwei gleich schwere Billardkugeln zusammenstoßen, von denen die eine ruht, dann wird die sich bewegende bis zum Stillstand gebremst und die ruhende wird so lange beschleunigt, bis sie die Geschwindigkeit der anderen Kugel hat, wie Abb. 19 verdeutlicht. Das funktioniert aber nur, wenn die Kräfte jeweils gleich groß und einander diametral entgegengerichtet sind. Daraus machte Newton sein drittes Gesetz:

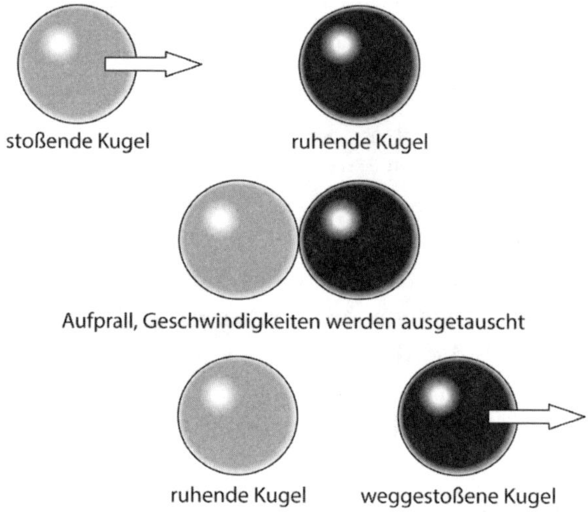

Abb. 19:
Stoßende Kugeln

Drittes Gesetz: Übt ein Körper 1 auf einen anderen Körper 2 eine Kraft aus, so übt auch dieser Körper 2 auf jenen Körper 1 eine Kraft aus. Diese Kraft ist der ersten Kraft genau entgegengesetzt und beide Kräfte sind genau gleich groß.

Dieses dritte Gesetz wird meist salopp mit „Kraft gleich Gegenkraft" beschrieben.

Mit seinen drei Grundgesetzen konnte sich Newton nun anschicken, die Größe der Gravitationskraft zu berechnen. Es war ihm klar, dass die Größe der Gravitation mit der Masse des anziehenden Körpers wächst und außerdem die Gravitationskraft F_G mit steigender Entfernung r abnehmen muss. Aber wie? Hier hatte schon Robert Hooke eine interessante Vermutung geäußert, ohne sie allerdings je belegen zu können. Er meinte, dass die Kraft bei doppelter Entfernung nicht auf die Hälfte abnehmen würde, das sagte die Theorie von Kepler aus, sondern sie sollte auf ein Viertel absinken, bei dreifacher Entfernung entsprechend auf ein Neuntel, oder mathematisch ausgedrückt:

$$F_G \sim 1/r^2$$

Die beiden Massen der Körper, z. B. Sonne und Erde, m_1 und m_2, müssen noch in der Gleichung vorkommen, des Weiteren eine Konstante, die universelle Gravitationskonstante, und schon steht die Formel für die wichtigste Kraft des Universums:

$$F_G = G\frac{m_1 m_2}{r^2}$$

Newton konnte zeigen, dass bei dieser Form des Gravitationsgesetzes nebenbei alle drei keplerschen Gesetze herauskamen; das war natürlich schon fast ein Beweis dafür, dass die Form so stimmte. Besonders schwierig war dabei, die Bahn der Planeten zu berechnen, aber Newton schaffte es und zeigte, dass Planeten, auf die eine solche Kraft wirkt, in elliptischen Bahnen um den anziehenden Körper, in diesem Fall die Sonne, laufen.

Damit hatte Newton das universelle Gesetz der Gravitation entdeckt, das Gesetz, nach dem alle Sterne, Planeten und Monde sich bewegen, genauso aber auch Kanonenkugeln und Steine. Mit einer im Grunde doch einfachen mathematischen Gleichung war es möglich, die Struktur des Universums zu einem großen Teil zu verstehen. Dieses Gesetz ersetzte nun sowohl die aristotelische Ordnung der Sphären, die jedem Element ihren Platz zuwies, als auch die kartesianischen Wirbel. Newton gelang es, mit einigen wenigen Naturgesetzen das bunte Treiben der Körper genauso einfach zu erklären wie Aristoteles, mehr noch, er konnte diese Bewegungen auch berechnen. Und vor allem stimmte sein Modell mit den Beobachtungen und Experimenten überein, was bei den Wirbeln des Descartes nicht der Fall war.

Ein Problem hatte seine Gravitationskraft aber schon: Wie genau sollte denn die Anziehung der Erde auf den Mond wirken? Zwischen Erde und Mond war ja nichts, und das im vollen Wortsinne. Also wurde die Kraft durch nichts übermittelt, eine schwierige Vorstellung. Für Newton allerdings nicht: Er stellte sich die Gravitation tatsächlich als eine Fernkraft vor, d. h., die Erde übt aus der Ferne die Kraft auf den Mond aus. Irgendwie magisch! Oder besser mystisch, denn in der Tat stellte sich Newton als eigentlichen Übermittler dieser Fern-Kraft Gott selbst vor. Gott bewirke diese Kraft, und da Gott allgegenwärtig ist, war für Newton damit die Diskussion beendet.

Für die übrigen Physiker natürlich nicht: Wenn die entsprechenden Formeln nicht so perfekt die Bewegungen der Himmelskörper und der Kanonenkugeln beschrieben hätten, hätten die Physiker das nie akzeptiert. So aber blieb ihnen nichts anderes übrig als Fernkräfte zu akzeptieren, denn der Erfolg bzw. die Natur selbst gab Newton recht. Es ist interessant, dass dieser religiöse Zug von Newtons Denkweise von seinen Anhängern im Zeitalter der Aufklärung einfach „vergessen" wurde. Sie machten ihn zu einem Vorkämpfer eines säkularen Weltbildes, das er selbst nie auch nur im Entferntesten teilte.

Nun war Newton natürlich klar, dass er nicht *alle* Bewegungen auf der Erde erklären und beschreiben konnte. Die himmlischen waren abgehandelt, doch im irdischen Bereich gab es noch mancherlei Bewegungen, die mit Gravitation nur wenig zu tun hatten, beispielsweise Strömungen von Flüssigkeiten, Wärmebewegungen von Gasen etc. Doch Newton war davon überzeugt, dass es für alle Bewegungen relativ einfache Kraftgesetze geben müsse, so wie das für die Bewegungen von Planeten und Kanonenkugeln auch der Fall war. Er selbst drückte dies in seinem Hauptwerk, das im Jahre 1687 erschien, folgendermaßen aus:

„Alle Schwierigkeit der Physik besteht nämlich dem Anschein nach darin, aus den Erscheinungen der Bewegung die Kräfte der Natur zu erforschen und hierauf durch diese Kräfte die übrigen Erscheinungen zu erklären ... Möchte es gestattet sein, die übrigen Erscheinungen der Natur auf dieselbe Weise aus mathematischen Prinzipien abzuleiten! Viele Beweggründe bringen mich zu der Vermutung, dass diese Erscheinungen alle von gewissen Kräften abhängen können."

Newton stellte also im Grunde ein Programm der zukünftigen Physik auf, durch das es möglich werden sollte, alle Bewegungen und Erscheinungen der Natur nach dem Vorbild der Planetenbewegung zu erklären. Am Anfang muss dabei immer die genaue Beobachtung der entsprechenden Bewegungen erfolgen. Für den Fall der Planeten haben schon die Babylonier damit angefangen, die Griechen verbesserten die Beobachtungen weiter und schließlich wurden sie durch Tycho Brahe zu einer ungeheuren Präzision geführt.

Anschließend muss eine Beschreibung der allgemeinen Eigenschaften dieser Bewegungen erfolgen, bestenfalls in mathematischer

Form. Dies hat für die Planeten Johannes Kepler mit seinen drei Gesetzen erreicht. Der dritte Schritt ist dann die Ableitung des Kraftgesetzes, das diesen Bewegungen zugrunde liegt, im Falle der Planetenbewegungen das Gravitationsgesetz, dessen Entdecker natürlich Newton selbst war. Im vierten Schritt nun sollte dieses Kraftgesetz auf so viele weitere Bewegungen und Phänomene angewendet werden wie möglich, das Gravitationsgesetz beispielsweise auf das Fallen und Werfen von Körpern.

Insgesamt ergibt sich damit ein interessantes Bild des Universums: Alle Bewegungen werden durch Kräfte verursacht, die klaren Naturgesetzen unterliegen. Hat man eines Tages alle Kraftgesetze gefunden, ist man in der Lage, das ganze Universum zu verstehen und zu erklären. Darüber hinaus wird aber auch klar, dass es außer diesen Kräften nichts gibt, was eine Bewegung verändern könnte (auch wenn das Newton so nie ausgedrückt hat). Die Ursachen aller Erscheinungen der Natur sind Kräfte; Kräfte, die zwischen den Körpern wirken, auch über sehr große Entfernungen hinweg. Das Spiel aller Kräfte zwischen den Körpern bewirkt den Lauf des Universums.

Eine neue Weltsicht ohne Kristallsphären und ohne Wirbel wurde nun eingesetzt, eine Weltsicht, die auf alles eine Antwort geben konnte, die in der Lage war, alle Erscheinungen der Natur – zumindest im Prinzip – zu erklären. Newton hatte nichts weniger geschaffen als ein neues Weltbild, das Newton'sche Weltbild. Es sollte einige hundert Jahre unangefochten in den Köpfen der Gelehrten alle Gedanken und Überlegungen ordnen (einzig die Franzosen ließen die Wirbel des Descartes nicht so schnell los, das dauerte noch einige Jahrzehnte). Newton hatte praktisch die exakte Grundlage des mechanistischen Weltbildes, von dem im letzten Kapitel die Rede war, bereitgestellt.

Den Kontrast zwischen der alten cartesischen und der Newton'schen Welterklärung beschrieb der Philosoph Voltaire (ein Anhänger Newtons) 1733 anschaulich:

„Ein Franzose, der von Paris nach London reist, findet bei seiner Ankunft dort alles anders als in Frankreich. Er hat eine Welt verlassen, die mit irgendeiner feinen Materie erfüllt war, hier in London ist sie leer. In Paris verursacht der Druck des Mondes die Gezeiten; bei

den Engländern strebt das Wasser der Meere zum Monde hin. Bei den Cartesianern geschieht alles durch feine Stöße, bei Herrn Newton durch Anziehung, deren Ursache man aber auch nicht kennt.“

Die Natur des Lichts: Die Teilchen von Newton gegen die Wellen von Huygens

Isaac Newton beschäftigte sich nicht nur mit den Kräften des Universums. Auch ein ganz anderes Phänomen fesselte seine Aufmerksamkeit: das Licht. Schon von Anfang an stellte dieses geheimnisvolle Objekt die Vorstellungskraft der Naturwissenschaftler auf die Probe, viele Theorien wurden entworfen und verworfen. Es ist unmöglich, sie hier alle zu betrachten. Bisher sind wir auch nicht darauf eingegangen, jetzt, bei Newton, wird es höchste Zeit.

Newton konnte mit einigen falschen Theorien aufräumen, darunter v. a. mit der Ansicht, dass Licht von Natur aus weiß sei und erst durch äußere Einflüsse, z. B. durch das Auftreffen auf Körper, seine Farbe verändere. Newton zeigte, dass weißes Licht schon von Anfang an aus allen Farben besteht. Sein berühmt gewordenes Experiment mit dem Prisma nutzt die unterschiedliche Brechung verschiedenfarbigen Lichts aus:

Er ließ einen dünnen Sonnenstrahl in eine dunkle Kammer auf ein Prisma (ein längs geschnittener Quader, der dann eine dreieckige Grundfläche erhält) fallen. Der aus dem Prisma herauskommende Lichtstrahl war stark verbreitert und setzte sich aus verschiedenen Sektoren mit jeweils unterschiedlicher Farbe zusammen. Das allein war nichts Neues, und vor Newton wurde dies so erklärt, dass das Prisma dem Licht die verschiedenen Farben gebe.

Newton blieb aber hier nicht stehen, sondern er blendete die Farbsektoren des aus dem Prisma austretenden Lichts bis auf jeweils einen aus und brachte erneut ein Prisma in den Weg dieses nun einfarbigen Lichtstrahls. Anstatt nun wieder alle Farben zu bekommen, blieb aber blaues Licht beispielsweise blau, und bei den anderen Farben ergab sich dasselbe Resultat. Damit hatte Newton gezeigt, dass das Prisma nicht die Farben erzeugte. Und schließlich schaffte er es mithilfe einer Linse, den stark verbreiterten bunten

Strahl wieder zu einem dünnen Strahl zu bündeln, und siehe da, das Licht wurde wieder weiß!

Natürlich wollte Newton auch an die Frage herangehen, was denn das Wesen des Lichts sei. Da das Licht offensichtlich aus verschiedenen Teilen zusammengesetzt war, schien es Newton naheliegend, hier einen Strom winziger Teilchen zu sehen, die sich mit Lichtgeschwindigkeit von ihrer Quelle ausbreiten. So kam Newton zu der Überzeugung, dass weißes Licht aus einer großen Menge von Lichtteilchen besteht, und jede Lichtteilchensorte hat seine Farbe. Dabei waren für Newton die roten Lichtteilchen die schwereren, die blauen die leichteren. Die Farbe war also mit der Masse der Lichtteilchen verbunden. Mit seiner Theorie konnte er die unterschiedliche Brechung der Farben in Glas erklären, die Reflexion von Licht stellte ohnehin kein Problem dar, da schließlich jede Billardkugel von der Tischbande reflektiert wird. Er beschrieb seine Theorien und Experimente 1704 in einer umfassenden Arbeit über das Licht, der Titel dieses Werkes war „Opticks". Es war ähnlich bahnbrechend wie seine „Principia".

In seinem Buch nahm Newton oft Bezug auf das Werk eines holländischen Gelehrten namens Christiaan Huygens (1629–1695), einem der bedeutendsten Wissenschaftler des 17. Jhs., mit dem Titel *Traité de la lumière* (deutsch: Abhandlung über das Licht). Darin wurde aber eine ganz andere Theorie über das Wesen des Lichts aufgestellt. Huygens verglich das Licht mit dem Schall. Von diesem war schon lange bekannt, dass er von schwingenden Körpern, z. B. von angeschlagenen Saiten, über die Luft ausgebreitet wird, und zwar in Form einer Welle, ganz ähnlich wie die Wellen, die ein in einen Teich geworfener Stein oder auch ein in den Teich fallender Wassertropfen um sich herum entstehen lässt. Hierbei wird die Wasseroberfläche in Schwingung versetzt, es entstehen Berge und Täler, die sich vom Ort der Entstehung der Welle ausbreiten. Die einzelnen Teile der Wasseroberfläche bewegen sich dabei im Wesentlichen nur auf- und abwärts. Es ist lediglich die Schwingung selbst, die sich ausbreitet.

Licht war nun für Huygens eine Welle, die von leuchtenden Körpern ausgesendet wird. Genau wie die Wasserwellen und der Schall braucht das Licht aber einen „Träger". Denn Schall kann sich nicht

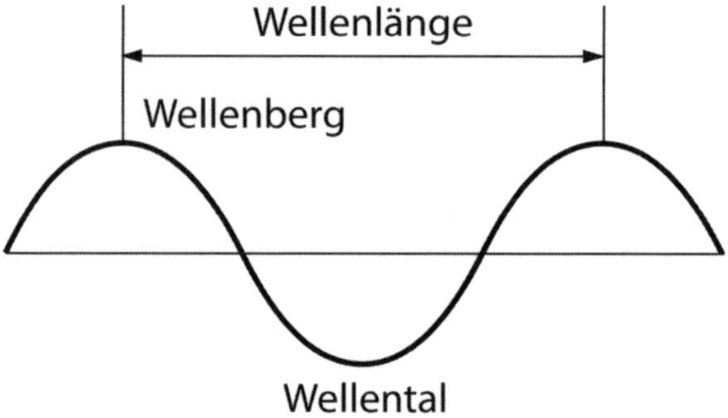

Abb. 20: Welle mit Wellenlänge

im Vakuum ausbreiten, er benötigt die Teilchen der Luft dazu. Tatsächlich beschrieb Huygens in seinem Buch genau ein solches Experiment, in dem eine Schallquelle in ein Glasgefäß gebracht wird und dieses dann leergepumpt wird. Die Schallquelle ist dann nicht mehr zu hören. Wohl aber ist die Schallquelle noch deutlich sichtbar, was wiederum bedeutet, dass es nicht die Luft ist, von der das Licht getragen ist. Huygens nannte das Medium, in dem sich das Licht ausbreitet, Äther, eine außerordentlich feine Substanz, viel feiner als Luft, die aus vielen winzig kleinen Teilchen, die die Lichtwelle tragen müssen, besteht.

Mit dieser Lichtwellentheorie gelang es Huygens ebenso wie Newton, alle damals bekannten wesentlichen optischen Erscheinungen zu erklären. Doch haben die Lichtteilchen von Newton einen großen Vorteil: Sie benötigen kein Ausbreitungsmedium. Daher kann bei Newton der Weltraum im Wesentlichen leer sein, bei Huygens nicht. Und was machen die Planeten des Sonnensystems mit dem Äther? Sie müssten sich alle durch ihn hindurch bemühen, ihn zur Seite schieben und dabei abgebremst werden. Auch wenn wir uns hier in einer Zeit befinden, in der das Alter der Erde mit einigen tausend Jahren angegeben wurde, müsste es doch Auswirkungen auf die Bewegungen der Himmelskörper haben. Es gab aber keinerlei Hinweise auf solch bremsende Kräfte. Dies war einer der Gründe, warum Newton den Teilchen des Lichts den Vorzug gab, obwohl er immer wieder auch von wellenartigen Eigenschaften seiner Licht-Teilchen sprach; ein Zeichen dafür, dass er sich nicht hundertprozentig sicher war. Doch die späteren Wissenschaftler vertrauten Newtons Lichttheorie mehr als sein Gründer selbst und ließen die Wellentheorie von Huygens zunächst ins Abseits fallen.

Newtons letzte Jahre

Als Newton sein Buch *Opticks* schrieb, war er längst nicht mehr Professor in Cambridge. 1696 wurde er Aufseher, 1700 schließlich Direktor der königlichen Münze, und diese Arbeit nahm Newton sehr ernst. Er verbesserte das Münzsystem Englands so umfassend, dass er für seine diesbezüglichen Verdienste sogar zum Ritter geschlagen wurde. Und so konnte er sich ab 1703 *Sir* Isaac Newton nennen. Diese Arbeit nahm selbstverständlich viel Zeit in Anspruch, und so blieb nicht viel davon übrig für physikalische oder mathematische Entdeckungen.

Auch beschäftigte er sich gegen Ende seines Lebens immer mehr mit Theologie und Alchemie. Seine alchemistische Arbeit, die erst im 20. Jh. bekannt wurde, war allerdings schon sehr früh ein wichtiger Teil seiner Forschungen, und es ist interessant zu sehen, wie die Gelehrten unserer Zeit einen Zusammenhang zwischen dieser Seite Newtons und seinen mathematisch-physikalischen Studien aufzuspüren imstande sind. Er schuf – eine Ironie der Wissenschaftsgeschichte – ein Weltbild, das letztlich dazu führte, die Alchemie zu Grabe zu tragen, ebenso wie ihre Schwester, die Astrologie. Sie wurden ersetzt durch die rechnende und messende Chemie und die nicht minder rechnende und messende Astronomie und Astrophysik.

Die Physik samt der Astronomie und Chemie erfährt vom 18. Jh. an einen unglaublichen Aufschwung, der bis heute ungebrochen ist, und das alles ist ohne Newton gar nicht denkbar. Drei Jahre nach dem Tod am 31. März 1727 dieses Jahrtausendwissenschaftlers dichtete Alexander Pope (1688–1744) einen Zweizeiler, der wohl mehr als alles andere die Wirkung von Newton klar macht:

"All Nature and its laws lay hid in Night
God said, let Newton be, and all was light."

Der Siegeszug der Newton'schen Physik im 18. und 19. Jahrhundert

„Die wichtigsten grundlegenden Gesetze und Tatsachen der Physik sind entdeckt und daher ist die Wahrscheinlichkeit, dass sie jemand durch neue Entdeckungen ergänzt, äußerst gering."

Albert Abraham Michelson, 1908

Als Newton starb, hatte er – trotz eines beträchtlichen Vermögens – kein Testament hinterlassen. Doch was er hinterlassen hatte, war viel mehr als Besitz und Geld. Es war der Weg dahin, dieses Universum von Grund auf verstehen und berechnen zu können; eine Vorstellung, die in den Wirren des Umsturzes des aristotelischen Weltbildes fast zugrunde gegangen war. So brachen die Naturwissenschaftler auf, das Programm der Newton'schen Physik umzusetzen: Sie machten sich auf die Suche nach den großen Kräften, die die Bewegungen der Natur bewirken. Wenn man alle Kräfte gefunden hätte, stünde einem neuen und vollständigen Verständnis der Natur nichts mehr im Wege. Einige Beispiele sollen hier diesen Weg verdeutlichen.

Die Erforschung der Elektrizität

Die Elektrizität vor Newton

Es gibt eine geheimnisvolle Eigenschaft, die alle Materie in sich trägt und die untrennbar mit ihr verbunden ist: die Ladung. Alle Bausteine der Stoffe um uns herum sind mit Ladung ausgestattet, doch in den meisten Fällen neutralisieren sich diese Ladungen und so bemerkt man sie nicht weiter. Doch schon die alten Griechen bekamen bei bestimmten Gelegenheiten von dieser seltsamen Beschaffenheit der Natur etwas mit, und zwar dann, wenn sie einen geheimnisvollen Stoff namens Bernstein mit Wolle in Kontakt brachten bzw. die Wolle an dem Bernstein rieben. Der Bernstein veränderte sich dadurch, er wurde aufgeladen, er sah zwar noch genauso aus wie vorher, doch nun konnte er kleine leichte Körper wie Federn, Stofffetzen und Ähnliches anziehen. Schon Thales von Milet berichtete davon, ohne diese Sache aber weiter zu untersuchen. Bernstein heißt übrigens auf Altgriechisch *elektron*, daher kommt unser Wort für Elektrizität.

Anziehende Wirkungen waren auch von anderen Steinen bekannt, hier aber bezog sich die anziehende Wirkung nicht auf grundsätzlich alle leichten Körper, sondern nur auf solche, die aus Eisen waren: Es handelt sich hier um die Magnetsteine, die in bestimmten Regionen Griechenlands (genannt wird z. B. die Provinz Magnesia in Thessalien) gefunden wurden. Diese Steine konnten tatsächlich Eisennägel anziehen, auch das vermerkte bereits Thales.

So waren diese Grundphänomene der Elektrizität (Ladung und Magnetismus) bereits in der Antike bekannt, wurden aber nicht weiter erforscht. Den Chinesen ist es dann im Mittelalter gelungen, aus Magnetsteinen einen Kompass zu bauen, wahrscheinlich im 10. Jh. n. Chr. Nach Europa kam der Kompass erst im 12. Jh., mit den fantastischen Möglichkeiten neuer Entdeckungsreisen.

Der Magnetismus faszinierte die Menschen wegen der Anwendungsmöglichkeiten in der Navigation ganz besonders. Was war es für eine geheimnisvolle Kraft, die die Magnetnadel immer in die Nord-Süd-Richtung drehte?

Erst William Gilbert (1544–1603), von dem schon im vorletzten Kapitel die Rede war, konnte die Wirkung auf die Kompass-Nadel überzeugend erklären, indem er die Erde als riesigen Magneten auffasste, wobei die irdischen Magnetpole ihre Position bei den geographischen Polen hätten. Da sich ungleiche Pole anziehen, würde der Nordpol der Kompass-Nadel vom magnetischen Südpol der Erde, der allerdings beim geographischen Nordpol sitze, angezogen. Mit dem Südpol der Kompass-Nadel verhalte es sich entsprechend.

Zusätzlich beschäftigte sich Gilbert auch mit der Aufladung geriebenen Bernsteins, wobei er noch einige andere Beispiele für Aufladungen nannte; so würden auch Glas, Wachs und Schwefel durch Reibung mit Wolle aufgeladen bzw. elektrisiert, wie Gilbert es nannte. Trotz der Gemeinsamkeiten mit dem Magnetismus, der Anziehung von Körpern aus der Ferne, hielt Gilbert die beiden Phänomene für völlig verschieden voneinander.

Es wurde dann für einige Zeit ziemlich still um die beiden geheimnisumwitterten Erscheinungen. Erst Otto von Guericke (1602–1686) brachte wieder Bewegung ins Spiel um die Elektrizität, und das im wahrsten Sinne des Wortes: Er erfand eine Maschine, mit der die Reibung der zu elektrisierenden Körper nicht nur einfacher, sondern auch viel effektiver vonstattenging. In seiner Apparatur wurde eine Schwefelkugel in schnelle Drehung versetzt. Diese und ähnliche Maschinen bildeten fortan eine starke Quelle für die Elektrizität und damit die technische Grundlage für ihre weitere Erforschung.

Die zwei Sorten der Elektrizität

Bahnbrechend war die Entdeckung von Charles du Fay (1698–1739), dass es nicht nur eine Sorte von Elektrizität bzw. Ladung gibt, sondern deren zwei. Er kam nach ausgiebiger Untersuchung aller möglichen Stoffe darauf: Wenn zwei geriebene Glasstäbe nebeneinander gehalten wurden, so stießen sie sich ab. Wenn aber ein geriebener Glasstab und ein geriebenes Stück Bernstein nebeneinander gehalten wurden, so zogen sich beide Körper an. Eine geriebene Schwefelkugel stieß den Bernstein ab, den Glasstab zog sie aber an. Und so zeigte du Fay, dass er alle elektrischen Substanzen entweder in die Klasse des Glases oder in die Klasse des Bernsteins anordnen konnte. Er sprach von Glas- und Harz-Elektrizität (Harz wegen des Umstandes, dass Bernstein versteinertes Harz ist). Einige Zeit später wurden diese Ladungssorten umbenannt, Benjamin Franklin (1706–1790) nannte die Glaselektrizität positive Ladung, entsprechend die Harzelektrizität negative Ladung.

Das Kraftgesetz für Ladungen – Charles Augustin de Coulomb

Die Zeit schien endlich gekommen, um getreu dem Newton'schen Programm die mathematische Formulierung des Kraftgesetzes anzustreben. Es war klar, dass Ladungen Kräfte über weite Entfernungen aufeinander ausüben können, so wie die Massen der Körper es auch tun. So gingen verschiedene Wissenschaftler daran, dieses Kraftgesetz zu suchen. Wegweisend war hier das von Newton aufgestellte Kraftgesetz zwischen zwei Körpern der Masse m_1 und m_2. Die Kraft zwischen den beiden, wir haben es im letzten Kapitel gesehen, ist direkt proportional zu diesen Massen selbst und umgekehrt proportional zum Quadrat des Abstandes der beiden voneinander. Es war naheliegend, zwischen zwei Ladungen einen ähnlichen Zusammenhang zu vermuten, d. h., die elektrische Kraft zwischen zwei Ladungen Q_1 und Q_2, die sich im Abstand r voneinander befinden, müsste direkt proportional zur Größe dieser beiden Ladungen sein und umgekehrt proportional zum Quadrat des Abstandes r, mit einer mathematischen Gleichung ausgedrückt:

$$F_E = K \frac{Q_1 * Q_2}{r^2}$$

F_E bedeutet hier die elektrische Kraft, das K soll die entsprechende elektrische Konstante sein, ganz ähnlich wie die universelle Gravitationskonstante in Newtons Gravitationsgesetz. Natürlich war die Zeit längst vorbei, in der eine solche Spekulation ohne experimentelle Belege akzeptiert worden wäre. Das Newton'sche Gravitations-

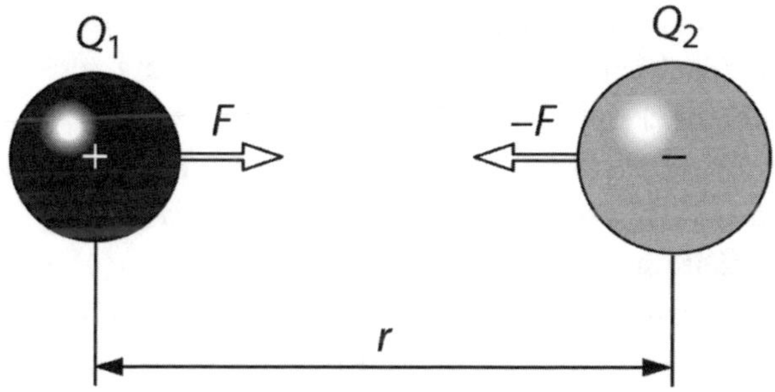

Abb. 21: Zum Coulomb'schen Gesetz

gesetz konnte mit den beobachteten Planetenbewegungen gut und sicher belegt werden, dieses neue elektrische Gesetz musste anders, direkt experimentell, gezeigt werden. Letztlich hatte dies Charles Augustin de Coulomb (1736–1806) als Erster eindeutig und mit einer Veröffentlichung 1789 geschafft, sodass das obige Gesetz seinen Namen tragen darf, das Coulomb'sche Gesetz.

Aus Ladungen werden elektrische Ströme – Luigi Galvani und Alessandro Volta

Eine faszinierende Entdeckung wurde beinahe zur selben Zeit in Italien, genauer gesagt in Bologna, von Luigi Galvani (1737–1798) gemacht. Dieser Galvani war aber keineswegs Physiker, er war Arzt und v. a. Anatom. Er hatte auch nicht vor, eine große physikalische Entdeckung zu machen, er wollte lediglich einen Frosch sezieren, wie er es schon so oft gemacht hatte. Doch an einem jener besonderen Tage für die Wissenschaft, es war der 6. November 1780, sezierte er einen Frosch, während zufällig gleichzeitig im Labor einer seiner Assistenten eine Elektrisiermaschine betätigte. Als Galvanis Skalpell die Muskeln des Frosches berührte, begannen die Froschschenkel wild zu zucken. Galvani war fasziniert. Er bemerkte, dass bei gleichzeitigem Betätigen der Elektrisiermaschine (mit einsetzendem Funkenflug) und Berühren der Muskeln mit dem Skalpell das Zucken einsetzte.

Galvani blieb bei dieser Beobachtung nicht stehen. Er wollte die Froschschenkel nun durch Blitze eines Gewitters zum Zucken bringen. Dafür spannte er einen Eisendraht vom Dach seines Hauses zu einem Froschschenkelpaar, und von diesem einen zweiten Draht zur Erde in einen Brunnen. Und tatsächlich konnte Galvani den gewünschten Effekt erzielen: Bei einem Blitz zuckten die Froschschenkel, noch bevor der Donner zu hören war.

Viel wichtiger als diese Sache erwies sich aber etwas ganz anderes. Galvani hing die Froschhälften, bevor sie zwischen die Eisendrähte seiner „Blitzantenne" gespannt wurden, an Kupferhaken an das Eisengeländer seines Balkons. Ab und zu geschah es dabei, dass der Wind die Beine des Frosches an die Eisenteile des Gelän-

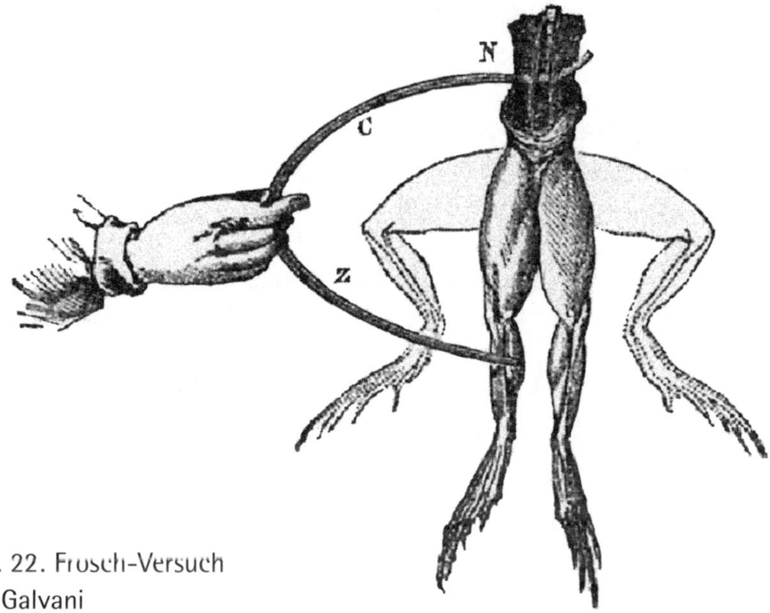

Abb. 22. Frosch-Versuch von Galvani

ders wehte. Dies allein reichte schon aus, die Schenkel zum Zucken zu veranlassen. Galvani hatte das erste galvanische Element der Geschichte entdeckt, das, was man heutzutage als Batterie zu bezeichnen pflegt.

Im Labor experimentierte er daraufhin systematisch. Er erkannte, dass er so etwas wie einen Kreis aufbauen musste, um das Zucken der Froschhälften zu erhalten. Abb. 22 zeigt seine Originalzeichnung: An den Nervensträngen N wird ein Kupferdraht C angebracht, dieser wird mit einem Zinkdraht (Z in der Abbildung) verbunden. Wenn nun dieser Zinkdraht mit der unteren Beinmuskulatur des Frosches verbunden wird, so wird das Bein in einem plötzlichen Ruck angehoben.

Offensichtlich war Ladung durch das Tier geflossen und verursachte die Bewegungsreaktion. Aber wieso strömte Ladung durch den Frosch? Galvani war sich sicher, dass der Frosch die Quelle dieser Ladungsbewegung war, er sprach von animalischer Elektrizität. Er glaubte, so etwas wie die Lebenskraft gefunden zu haben, die Kraft, die die Lebewesen steuert.

Nach seiner Veröffentlichung 1791 begann hektische Forschungsarbeit, für die armen Frösche Europas sicher keine leichte Zeit, denn die Wissenschaftler wollten die animalische Elektrizität und damit das Geheimnis des Lebens ergründen. Zum großen Glück für die Frösche (und die Wissenschaft) sollte sich ein anderer italienischer Naturwissenschaftler diesem Phänomen widmen, Alessandro Volta (1745–1827). Auch er stürzte sich auf die Entdeckung Galvanis, kam aber nach einem Jahr auf eine ganz andere Interpretation: Nicht die Frösche waren die Quelle der Elektrizität, sondern die Kombination aus zwei verschiedenen Metallen. Für Volta war es seltsam, dass ein Frosch zwei verschiedene Metalle brauchte, um seine Elektrizität abzugeben, daher versuchte Volta, ohne Frosch mit zwei verschiedenen Metallen Ladungen zum Strömen zu bringen. Und dies gelang ihm schließlich, indem er den Frosch durch eine Salzlösung ersetzte, in der nun wirklich keine Lebenskraft enthalten sein konnte. Er hatte das erste galvanische Element ohne Frosch gebaut. Er nahm eine Zinkplatte, legte ein mit Salzlösung getränktes Papier darauf und über das Tuch eine Kupferplatte. Wenn er nun die Kupferplatte mit der Zinkplatte durch einen Metalldraht verband, konnte ein elektrischer Strom fließen. Volta hatte zwar den Mechanismus dieser elektrischen Stromquelle nicht genau erklären können, das gelang erst im Laufe des 19. Jhs., aber es war nun völlig klar, dass die Froschschenkel nichts anderes waren als Anzeigeinstrumente für den elektrischen Strom.

Volta verbesserte seine Erfindung dadurch noch stark, dass er mehrere solcher galvanischer Elemente aufeinanderstapelte, in Form einer großen Säule, der sogenannten Volta-Säule. Das Besondere an dieser Säule ist, dass jederzeit Ladung entnommen werden kann, ohne irgendeinen Reibungsvorgang in Gang zu setzen. Und die Ladung wird ständig nachgeliefert, sie entlädt sich nicht blitzartig durch einen Funken.

Die Zeit der elektrischen Spielerei ging damit ihrem Ende entgegen, jetzt konnte Elektrizität endlich genutzt werden, man konnte damit chemische Reaktionen durchführen, Wärme erzeugen oder auch Licht.

Die Entdeckung des Elektromagnetismus – Hans Christian Ørsted

Mit der Volta-Säule war es jetzt möglich, eine nahezu unbegrenzte Zeit lang einen recht starken elektrischen Strom fließen zu lassen. Und die alte Frage, ob denn die elektrischen Ladungen und der Magnetismus verwandte oder völlig getrennte Phänomene seien, ging nun einer Antwort entgegen.

Zu Beginn des 19. Jhs. gab es zwei verschiedene Auffassungen davon, die einen meinten, dass es sich bei den beiden um verschiedene Phänomene handele, die anderen stellten sich vor, dass es einen Zusammenhang gebe und diese beiden Phänomene zwei Seiten ein und derselben Medaille seien.

Einer dieser letzteren Physiker lebte in Kopenhagen, ein Däne namens Hans Christian Ørsted (1777–1851). Er suchte nach einem Zusammenhang zwischen den beiden Phänomenen. Und nach langen Jahren der Suche fand er ihn. Seine Grundüberlegung: Wenn Elektrizität und Magnetismus zusammengehören, dann müsste ein elektrischer Strom auch irgendetwas mit Magnetismus zu tun haben. Der beste Anzeiger für Magnetismus ist eine Kompass-Nadel, daher war es nur folgerichtig, eine solche in die Nähe eines Strom führenden Drahtes zu bringen. Ørsted stellte dabei fest, dass sich die Kompass-Nadel immer senkrecht zum elektrischen Strom stellt, wie es in Abb. 23 gezeigt ist. Die Veröffentlichung Ørsteds im Juni 1820

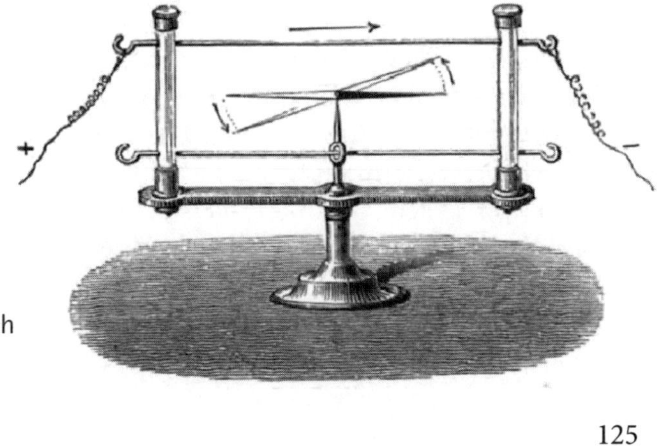

Abb. 23: Versuch von Ørsted

schlug in die naturwissenschaftliche Welt wahrlich ein wie eine Bombe. Viele Physiker wollten es erst gar nicht glauben, aber die Experimente, die auch nicht schwer nachzubauen waren, sprachen zweifellos für sich: Elektrische Ströme sind magnetisch. Beide Erscheinungen, Elektrizität und Magnetismus, sind tatsächlich zwei Seiten einer einzigen Medaille, des Elektromagnetismus.

Die Vollendung des Elektromagnetismus

Der französische Physiker André-Marie Ampère (1775–1836) begann sofort nach der Nachricht von Ørsted, die magnetische Wirkung elektrischer Ströme genauer zu untersuchen. Er stellte fest, dass die magnetischen Kräfte in Kreisen um die stromführenden Drähte verlaufen, eine sehr merkwürdige Sache. Im Allgemeinen gehen ja Kraftwirkungen aus einem Körper heraus oder ziehen zu einem Körper hin, nicht so aber bei elektrischen Strömen, dort zieht die Kraft kreisförmig um den Draht herum, wie Abb. 24 veranschaulichen will: Ein Draht wird von unten nach oben vom elektrischen Strom durchflossen. Eine Kompass-Nadel zeigt jeweils die Kraftwirkung an. Die Nadel stellt sich immer längs eines Kreises ein, sie zeigt nie auf den Draht oder von ihm weg.

Der Zweite der großen elektromagnetischen Physiker war ein Engländer. Sein Vater war ein armer Schmied, eine akademische Karriere damit im 19. Jh. fast völlig ausgeschlossen. Aber eben nur fast. Er schaffte es, die Gunst eines Chemie-Professors zu gewinnen und so ganz langsam die Karriereleiter aufzusteigen. Die Rede ist von Michael Faraday (1791–1867), der nicht nur den Elektromagnetismus entscheidend weiter erforschte, viel weiter als Ampère, sondern der es auch schaffte, die Denkweise der Physiker auf recht grundlegende Weise zu verändern.

Als er von seinem Chemie-Professor, Humphrey Davy, von der Entdeckung Ørsteds hörte, stürzte er sich ebenso wie viele andere auf dieses faszinierende Gebiet. Er entdeckte zunächst die elektromagnetische Rotation, die Grundlage des Elektromotors. Er baute den ersten Elektromotor der Welt.

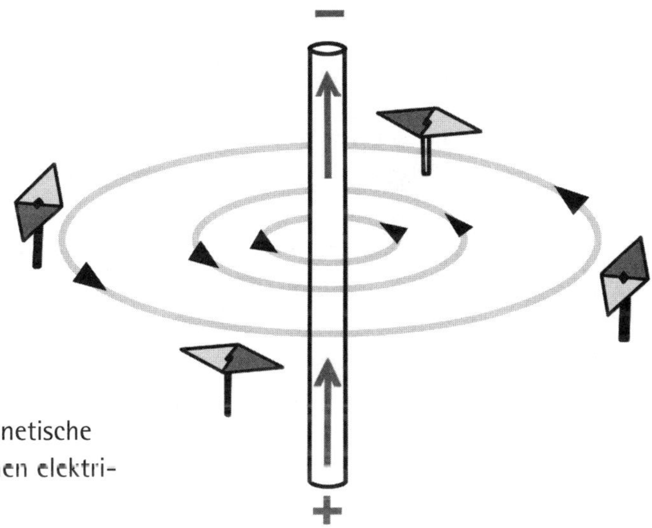

Abb. 24: Magnetische Felder um einen elektrischen Strom

Eine ganz andere Sache aber ließ Faraday die nächsten 10 Jahre nicht mehr los: Ørsted hatte ja gezeigt, dass Elektrizität Magnetismus erzeugt. Und Faraday träumte davon, diese Geschichte umzukehren: „*Wandle Magnetismus in Elektrizität um*“, so spornte er sich in seinem Labortagebuch an, er wollte elektrischen Strom ohne die Batterien Voltas erzeugen, auf ganz einfache Art – eben durch Magnetismus. Aber das war nun wirklich eine Herausforderung, für die Faraday eine ganze Weile benötigte. Schließlich schaffte er es nach 10 Jahren, seinen Traum zu erfüllen: Er stellte elektrischen Strom aus Magnetismus her auf eine Weise, wie auch heute noch moderne Elektrizitätswerke den Strom erzeugen.

So baute er eine Apparatur auf ähnlich wie Abb. 25 zeigt: Ein Ring aus Eisen wird von zwei Spulen aus Kupferdraht umwunden. Die linke Spule ist dabei mit einer Batterie verbunden, in unserer Skizze nur mit dem entsprechenden Symbol (langer und kurzer vertikaler Strich) bezeichnet, zusätzlich ist ein Schalter angebracht. Die rechte Spule ist lediglich mit einem Messgerät für elektrischen Strom verbunden, im Bild einfach eine Magnetnadel. Beide Spulen sind nicht leitend miteinander verbunden. Faraday beobachtete bei diesem Experiment ein entscheidendes Phänomen: Beim Einschalten des lin-

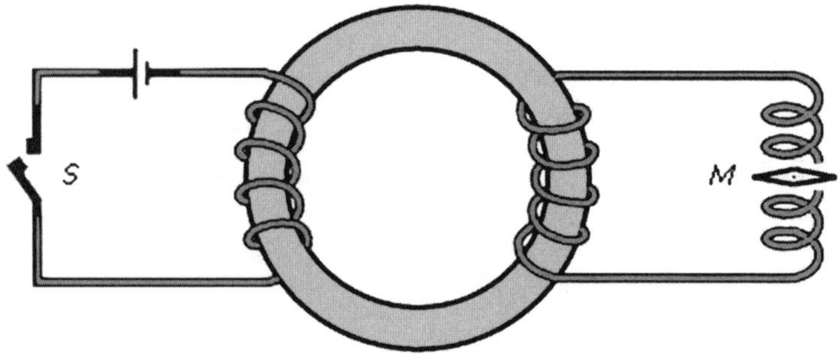

Abb. 25: Experiment von Faraday zur Induktion

ken Stromkreises gab es für eine ganz kurze Zeit in der rechten Spule einen elektrischen Strom, beim Ausschalten ebenso. Aber eben nur bei diesen Gelegenheiten. So wurde Faraday langsam klar, dass es nicht der Magnetismus selbst ist, der einen elektrischen Strom hervorrufen kann, sondern nur seine Veränderung. Faraday war auf ein faszinierendes Naturgesetz gestoßen, das später als Faradays Induktionsgesetz bezeichnet wurde. Sehr schnell kam er darauf, dass nicht nur Ein- und Ausschalten den Magnetismus verändert, sondern auch schlicht Bewegungen: Wird eine Spule einem Magneten schnell genähert oder wird er schnell entfernt, so entsteht ebenfalls Strom. Selbst durch Drehung einer Spule innerhalb eines Magnetfeldes kann Strom erzeugt werden, eine bahnbrechende Entdeckung. Die Bedeutung dieser Entdeckungen Faradays kann nur schwer überschätzt werden, hängt doch unsere moderne Zivilisation davon ab: Ohne diese Entdeckung könnte kein Elektrizitätswerk funktionieren.

Nun glaubte Faraday nicht an irgendeine geheimnisvolle Fernkraft, die diese Wirkungen erzielt. Er glaubte, dass die magnetischen (und auch die elektrischen) Kräfte über den zwischen den Körpern befindlichen Raum wirken, dass also ein Magnet oder eine elektrische Ladung den Raum um sich verändern; sie erzeugen ein Kraftfeld, darstellbar mit Linien, den Feldlinien. Waren diese Linien, die ja schon Ampère und vor ihm sogar Descartes benutzt hatten, bisher für die Physiker nur Hilfslinien gewesen, waren es nun für Faraday ganz reale Objekte, die sich im Raum ausbreiten konnten. Aus der

Fernwirkung Newtons wurde die Nahwirkung Faradays. Die Magie der Fernwirkung wurde (für elektrische und magnetische Phänomene) somit überwunden.

Doch hielten die Physiker diese neuen Vorstellungen der Kraftwirkungen zunächst für Unsinn. Faraday konnte sich in diesem Bereich, der ja eher der Theoretischen Physik angehört, nicht wirklich gut ausdrücken; er verwendete eine recht anschauliche Sprache, fernab jeder Mathematik, die er in seinem Leben nie kennengelernt hatte. Doch es gab eine große Ausnahme: Als James Clerk Maxwell (1831–1879) als Student von den Vorstellungen Faradays erfuhr, setzte er es sich zum Ziel, diese Vorstellungen mathematisch zu formulieren. Die mathematische Begabung Maxwells war groß genug, dieses hohe Ziel auch zu erreichen. So konnte er im Laufe einiger Jahre die Feldvorstellungen Faradays – allerdings mit einem eigenen originellen Zusatz – in die berühmten Maxwell'schen Gleichungen gießen. Doch nicht nur alle Vorstellungen Faradays wurden mit diesen Gleichungen – es waren lediglich vier an der Zahl – erfasst, der gesamte Elektromagnetismus konnte damit beschrieben werden. Es war ein Jahrhundertwerk, vergleichbar nur mit der Aufstellung der Newton'schen Gesetze knapp 200 Jahre vorher.

$$\nabla \cdot \mathbf{E} = \frac{\rho}{\varepsilon_0}$$

$$\nabla \cdot \mathbf{B} = 0$$

$$\nabla \times \mathbf{E} = -\frac{\partial \mathbf{B}}{\partial t}$$

$$\nabla \times \mathbf{B} = \mu_0 \mathbf{J} + \mu_0 \epsilon_0 \frac{\partial \mathbf{E}}{\partial t}$$

Die Gleichungen sind zwar auf den ersten Blick nicht gerade gut verständlich, doch sie bestechen schon allein durch ihre Kürze. In diesen vier Zeilen ist die gesamte Welt der Elektrizität und des Magnetismus verborgen.

Die Gleichungen machen Aussagen über die elektrischen Felder (mit E abgekürzt) und ihren Ursprung sowie die magnetischen Fel-

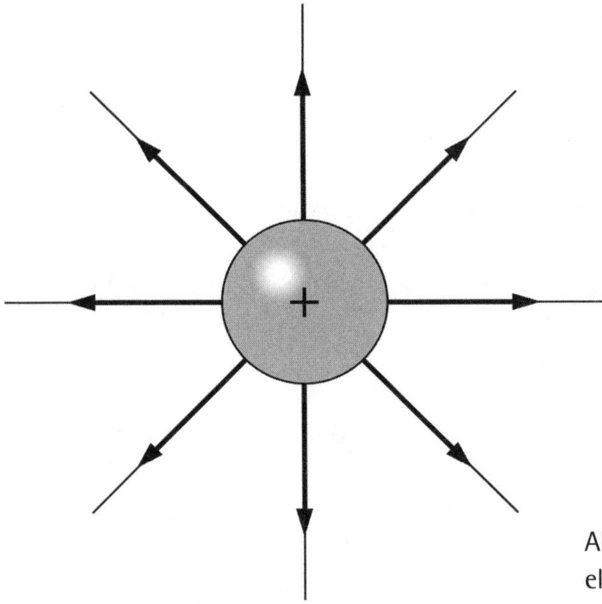

Abb. 26: Ladung mit elektrischem Feld

der (abgekürzt mit B) und ihren Ursprung. Sie machen also Ernst mit den Feldvorstellungen Faradays. Darin enthalten sind auch noch die fundamentalen Naturkonstanten ε_0 und μ_0, die die Ladung mit der Stärke des elektrischen Feldes bzw. den elektrischen Strom mit der Stärke des magnetischen Feldes verknüpfen. Die erste der Gleichungen beschreibt, dass jede Ladung um sich ein elektrisches Kraftfeld aufbaut, dessen Ursprung in der Ladung selbst zu suchen ist (Abb. 26). Daher entspringen die elektrischen Felder den Ladungen wie die Lichtstrahlen der Sonne. Der mathematische Ausdruck $\nabla \cdot E$ bedeutet den Ursprung oder die Quelle des elektrischen Feldes; die Gleichung besagt, dass dieser Ursprung gleich ρ/ε_0 ist. Das ist aber im Wesentlichen nichts anderes als die Ladung selbst. Recht überzeugend war, dass das Gesetz von Coulomb direkt in dieser Maxwell-Gleichung steckte und (für Mathematiker) ganz leicht daraus hergeleitet werden konnte.

Die zweite Gleichung erzählt von der Quelle der Magnetfelder, $\nabla \cdot B$. Sie ist tatsächlich null. Magnetfelder haben also keinen geometrischen Ursprung an irgendeinem Punkt, die Linien des Magnetfeldes sind stets in sich geschlossen, haben somit weder Anfang noch Ende, wie das Magnetfeld des elektrischen Stromes, das in kreisförmigen Linien um den Draht angeordnet ist (Abb. 24).

Bei den beiden letzten Gleichungen wird nun nichts über die Quellen des Feldes gesagt, sondern über die Ursache von in sich geschlossenen Feldern, wann also solche sogenannten Wirbelfelder (mathematisches Symbol dafür $\nabla \times E$ bzw. $\nabla \times B$) auftreten. Wir haben ja um elektrische Ströme genau solche magnetischen Wirbelfelder, auch diese müssen eine Ursache haben, und diese Ursache ist eben der elektrische Strom selbst, wie die vierte Gleichung sagt. Sie sagt aber auch, dass ein sich veränderndes elektrisches Feld Ursache für ein magnetisches Wirbelfeld ist. Wird also ein elektrisches Feld schwächer oder stärker, bildet sich darum in geheimnisvoller Weise ein magnetisches Wirbelfeld. Die Ursache für ein elektrisches Wirbelfeld, so sagt die dritte Gleichung, ist ein sich veränderndes Magnetfeld; um ein schwächer oder stärker werdendes Magnetfeld bildet sich also ein elektrisches Wirbelfeld.

Die Erforschung des Lichts

Die Theorie von Maxwell, die einige Physiker nur mit großer Skepsis zur Kenntnis nahmen, hatte aber noch viel mehr zu bieten als die vollständige und elegante Beschreibung des gesamten Gebiets der Elektrizität und des Magnetismus. Als ob sie nicht schon genug geleistet hätte, warf sie nämlich Licht auf das Dunkel der Optik. Die Frage nach der Natur des Lichts war ja immer noch nicht gelöst worden, obwohl sich gegen Ende des 19. Jhs. schon einiges getan hatte. So war der schon sehr alte „Streit“ zwischen den Anhängern der (stark vereinfachten) Newton'schen und denen der Huygens'schen Lichttheorie in den ersten Jahren des Jahrhunderts nahezu gelöst worden. Dabei hatten die Anhänger von Newton das Nachsehen. Aber was war geschehen?

Huygens hatte ja behauptet, Licht sei eine Welle im das Universum durchdringenden Äther, Newton dagegen war eher der Auffassung, dass Licht ein Strom von Teilchen ist, die durch den leeren

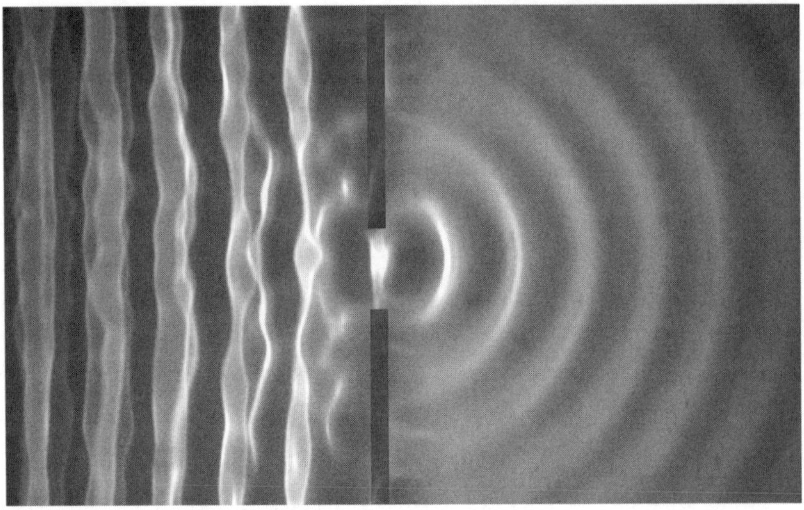

Abb. 27: Beugung einer Wasserwelle

Raum eilen. Beide Theorien hatten ihre Probleme, beide konnten aber auch vieles erklären.

Es war Thomas Young (1773–1829), der das „experimentum crucis" durchführte, das Experiment, das eine klare Entscheidung zwischen den beiden Theorien ermöglichte. Young musste ein Phänomen erzeugen, das nur mit einer der beiden Theorien erklärt werden konnte. Teilchen und Wellen zeigen zum Beispiel beide das Phänomen der Reflexion an einem festen Hindernis, das war also unbrauchbar für eine Entscheidung. Doch Wellen haben einige Eigenschaften, die sie klar von Teilchen unterscheiden. Eine davon ist die Beugung. Wenn eine Welle eine enge Öffnung passiert, so kann sie nach der Öffnung wieder den kompletten Raum einnehmen, sie wird „gebeugt". Abb. 27 zeigt, wie eine Wasserwelle (Wellenberge als helle, Wellentäler als dunkle Streifen), die von links nach rechts läuft, sich durch eine schmale Öffnung fortbewegt. Die Welle läuft aber nicht als schmaler Streifen weiter, sie durchdringt auch den „Schattenraum" der Öffnung, das ist das Phänomen der Beugung. Teilchen zeigen solch ein Verhalten nicht, entweder sie kommen durch eine Öffnung durch und bewegen sich dann in einer geraden

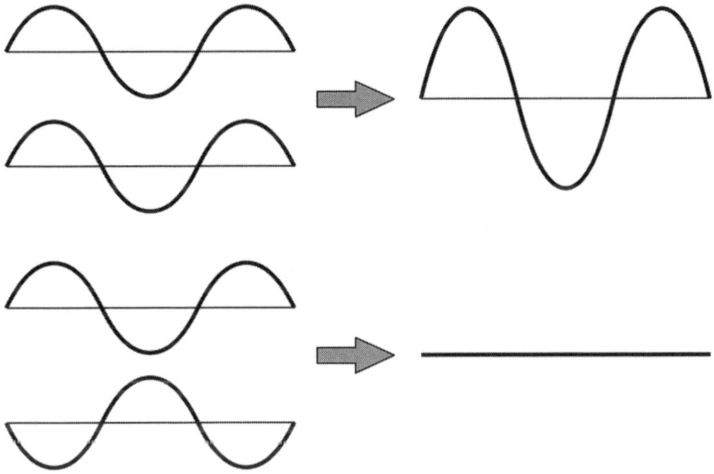

Abb. 28: Konstruktive (oben) und destruktive (unten) Interferenz

Linie weiter oder sie bleiben am Hindernis hängen bzw. werden reflektiert.

Eine zweite oder besser gesagt *die* zweite Eigenschaft, die eine Welle nur für sich allein hat, ist die sogenannte Interferenz. Wenn sich zwei Teilchen begegnen, dann kommt es zu einer Kollision, denn an einem Ort können zur selben Zeit nicht zwei Teilchen sein. Bei Wellen verläuft so eine Begegnung wesentlich sanfter, es kommt nicht zur Kollision, sondern zur Interferenz, die Wellen überlagern sich dabei ungestört. Dabei wird die Wellenbewegung verstärkt, wenn die Berge der einen Welle auf die Berge der anderen treffen, bei den Tälern ebenso. Abb. 28 (oben) soll diesen Fall veranschaulichen. Die Teilchen, die von beiden Wellen zum Schwingen angeregt werden, folgen den Anweisungen beider Wellen gleichzeitig. Und wenn beide Wellen die gleiche Anweisung geben, ergibt sich eine doppelt so weite Schwingung. Die Interferenz wird dann konstruktiv genannt.

Anders verhält es sich, wenn die Berge der ersten Welle auf die Täler der zweiten treffen, dann löschen sich diese Wellen gegenseitig aus, und man kann an diesen Orten keine Wellenbewegung mehr sehen. Dazu soll Abb. 28 (unten) eine Veranschaulichung liefern. Die

Teilchen bekommen von den beiden Wellen eine gegensätzliche Anweisung, die eine Welle will das Teilchen nach oben ziehen, die andere nach unten, im Ergebnis bleibt das Teilchen auf der Stelle stehen. Es handelt sich dann um destruktive Interferenz.

Young wollte nun für Licht beide Eigenschaften der Wellen gleichzeitig nachweisen. Er war schließlich Anhänger der Huygens'schen Wellentheorie. Dazu schickte er Licht durch einen sogenannten Doppelspalt. Er ließ 1801 einen für die damalige Zeit sehr dünnen Lichtstrahl in einem sonst komplett verdunkelten Raum auf zwei sehr schmale, eng benachbarte, schlitzförmige Öffnungen fallen und beobachtete, wie sich das Licht auf der anderen Seite verhielt (tatsächlich realisierte Young den Doppelspalt durch die schmale Seite einer Spielkarte. Die Spielkarte teilte den Lichtstrahl in zwei Hälften auf; im Endeffekt geschieht dadurch dasselbe wie bei einem „echten" Doppelspalt). Wenn nun Licht ein Strom von Teilchen wäre, so müssten auf einem hinter dem Doppelspalt aufgestellten Schirm zwei helle Streifen zu sehen sein. Die Lichtteilchen würden alle geradlinig von der Lichtquelle kommen und – sofern sie die Öffnungen nicht verfehlen würden – entsprechend auf dem Schirm auftreffen.

Ein ganz anderes Bild würde sich bieten, wenn Licht eine Welle wäre: Diese Welle würde sich bis zu den Schlitzen hin ausbreiten. An den beiden Spalten würde die Welle dann gebeugt werden, aus jedem Spalt würde praktisch eine eigene Welle kommen. Und diese beiden Wellen würden sich nach dem Doppelspalt überlagern. Abwechselnd wäre dann auf dem Schirm eine Abfolge von hellen und dunklen Streifen zu sehen, die sich sehr weit ausdehnen würden. Die weite Ausdehnung käme durch die Beugung zustande, da Wellen ja auch hinter Hindernisse, die ihnen in den Weg gestellt werden, kommen können. Und in einigen Bereichen würden sich Berge mit Bergen und Täler mit Tälern verbinden, an anderen Stellen käme es dagegen zur Begegnung von Bergen mit Tälern, daher das Hell-Dunkel-Muster.

Das Experiment von Young ließ also tatsächlich eine Entscheidung zu, daher seine große Bedeutung. Was kam denn nun hinter dem Schirm zum Vorschein? Es war ein Muster heller und dunkler Streifen! Damit war der Teilchentheorie des Lichts der Boden unter den Füßen weggezogen.

Es gab aber doch noch einige Probleme mit dieser Vorstellung, gerade im direkten Vergleich zu den Schallwellen. Schallwellen sind sich in der Luft oder einem anderen Medium ausbreitende Schwingungen. Sie werden durch Schallquellen erzeugt. Eine Schallquelle ist dabei ein Körper, der in Schwingung versetzt wird, also zum Beispiel die Saite einer Geige, die durch den Violinbogen zu Schwingungen angeregt wird. Wie geht das aber mit Licht? Huygens hatte den Äther als Schwingungsmedium für das Licht herangezogen, eine geheimnisvolle, unvorstellbar dünne Substanz, die das ganze Universum durchziehe. Eine Lichtquelle würde dann durch eine entsprechende Schwingungsanregung Licht über den Äther ausbreiten. Aber wie sollte eine Lichtquelle das machen? Wie entsteht überhaupt Licht? Es gab von unerwarteter Seite eine faszinierende Antwort auf diese Fragen. Die Maxwell'schen Gleichungen enthalten nämlich nicht nur alle Phänomene der Elektrizität und des Magnetismus, sie beinhalten auch die Antworten auf fast alle Fragen der Optik.

Wenn ein geladenes Teilchen bewegt wird, so bilden sich um seine Bahn herum magnetische Wirbelfelder, so wie dies beim elektrischen Strom der Fall ist. Doch wenn das Teilchen dann weg ist, muss das Magnetwirbelfeld auch wieder verschwinden, da seine Ursache nicht mehr da ist. Ein schwindendes Magnetfeld ist nach der dritten Maxwell-Gleichung aber von einem elektrischen Wirbelfeld umgeben. Da dieses auch verschwindet, bildet sich wiederum ein magnetisches Wirbelfeld. Und so läuft der Vorgang immer weiter; ein einmal bewegtes elektrisch geladenes Teilchen bringt eine Welle aus elektromagnetischen Feldern in Gang. Abb. 29 soll eine gewisse Vorstellung dieses faszinierenden Vorgangs ermöglichen.

Die an mechanische Wellen gewöhnten Physiker konnten mit dieser elektromagnetischen Theorie des Lichts zunächst nicht viel anfangen. Dies änderte sich erst, als Heinrich Hertz (1857–1894) im Jahre 1886 elektromagnetische Wellen auf technischem Wege erzeugte (über eine Funkenstrecke) und alle wesentlichen Welleneigenschaften daran nachwies. Gleichzeitig konnte Hertz damit das Zeitalter der Telegraphie und des Rundfunks einläuten, denn die Anwendungsmöglichkeiten elektromagnetischer Wellen waren gigantisch.

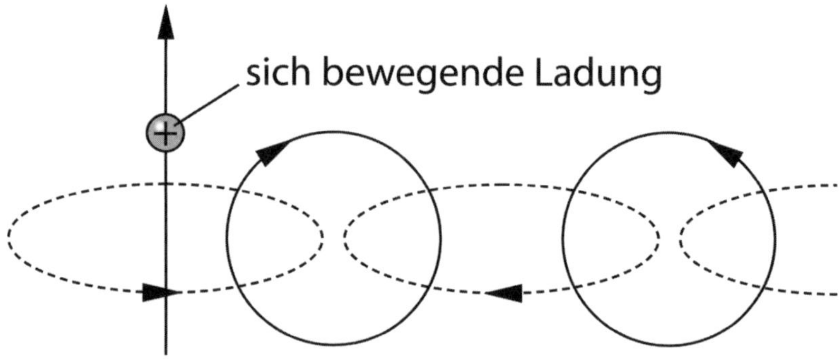

Abb. 29: Elektromagnetische Welle

Maxwell erlebte diesen letzten und größten Sieg seiner Theorie leider nicht mehr, denn er war ein paar Jahre zuvor schon gestorben.

Die Struktur des Kosmos

Die Anordnung der Fixsterne

Kopernikus und Kepler hatten in der frühen Neuzeit das Sonnensystem völlig neu geordnet. Erde und Sonne hatten ihren Platz gewechselt, aus Kreisen wurden Ellipsen. Beide Forscher hatten sich um die übrigen Himmelskörper nicht viele Gedanken gemacht, Kopernikus bekannte sich sogar noch direkt zur antiken Fixsternsphäre, dieser großen, den Kosmos begrenzenden Kugelfläche, an der die Fixsterne befestigt waren. Beide Astronomen haben aber der Fixsternsphäre ihren eigentlichen Sinn entzogen: Als die Erde noch unbeweglich in der Mitte des Universums stand, mussten sich alle Fixsterne um sie drehen. Da sie das alle im Gleichschritt taten, mussten sie irgendwie gekoppelt sein, da war die Einführung einer Kugelschale, an der alle Sterne hingen, eine gute Idee. Doch nach neuen Kenntnissen drehte sich die Erde nun ja um die Sonne, und gleichzeitig auch um sich selbst, die Sternsphäre stand also still. Und damit war sie auch nicht mehr notwendig, die Sterne mussten nun nicht mehr gekoppelt sein, sie waren frei. Die Möglichkeiten waren nun im wahrsten Sinn des

Wortes unbegrenzt, und viele Gelehrte nahmen gleich eine extreme Haltung an. Sie dachten, dass das Universum unendlich groß sei und alle Sterne ähnlich wie die Sonne ungeheuer hell leuchtende, sehr weit von der Erde entfernte Feuerbälle seien.

Waren diese Sterne nun aber alle gleichmäßig über den Raum verteilt, vielleicht sogar mit der Sonne als Mittelpunkt? Und was war mit diesem auffälligen Sternenband namens Milchstraße, das sich so majestätisch wie ein großer Gürtel über den Sternenhimmel zieht? Dieses Band hatte schon von Anfang an bei den Astronomen für Kopfzerbrechen gesorgt. Aristoteles und mit ihm dann fast die gesamte antike und mittelalterliche Welt verlegten es sogar in die Atmosphäre als von Sternen entzündete Luft.

Galileo Galilei konnte dann 1610 mit seinem Fernrohr erkennen, dass dieses Band aus tausenden von Sternen besteht. Weitere Schlüsse über die Struktur der Sternverteilung zog er aber nicht, er freute sich einfach darüber, wieder einmal Aristoteles widerlegt zu haben. Die ersten Schlussfolgerungen zog der eher unbekannte Thomas Wright (1711–1786). Er erklärte 1750 dieses Band über die Verteilung der Sterne: Die Sterne seien keineswegs gleichmäßig im Raum verteilt, sondern befänden sich alle in einer großen, relativ dünnen Kugelschale.

Irgendwo in dieser Schale sah Wright die Sonne mit ihren Planeten einschließlich der Erde. Das war nun eine völlig neue Sicht: Die Sonne war keineswegs im Zentrum der Welt, wie es bei den „heliozentrischen" Weltbildern von Kopernikus und Kepler der Fall war, sie befand sich einfach irgendwo in einer ungeheuer großen Schale aus Sternen und war somit ein Stern unter vielen Tausend anderen. Die Erde mit ihren Menschen ist bei Thomas Wright vollständig aus der Mitte herausgefallen. Nun ging Wright aber noch weit über die Milchstraße hinaus, für ihn gab es unendlich viele „Milchstraßen", also Kugelschalen, die mit Millionen von Sternen angefüllt sind.

Immanuel Kant und Wilhelm Herschel

Den nächsten bedeutenden Schritt hin zum Verständnis der Struktur des Kosmos machte ein deutscher Gelehrter, der für ganz andere

Dinge bekannt wurde. Doch in seinen frühen Jahren setzte sich Immanuel Kant (1724–1804) intensiv mit den Naturwissenschaften auseinander. In seinem 1755 erschienenen Werk „Allgemeine Naturgeschichte und Theorie des Himmels" versuchte er, das Werk von Thomas Wright mit den Ergebnissen der Newton'schen Physik zu verbinden.

Anders als Wright sah Kant die Sterne in einer Scheibe angeordnet. Eine scheibenförmige Anordnung der Sterne begründet das Band der Milchstraße genauso gut wie die Kugelschale von Wright. Insbesondere konnte Kant aber eine Scheibenstruktur mit den Newton'schen Gesetzen in Übereinstimmung bringen. Denn auch das Sonnensystem, das mit diesen Gesetzen so gut erklärt und berechnet werden kann, bildet letztlich eine Art von Scheibe, da sich alle Planeten (es waren 1755 immer noch sechs) mit nur geringen Abweichungen in einer Ebene um die Sonne drehen. Eine solche Ebene nahm Kant auch für das Sternensystem an, in dem die Sonne ein Teil ist. All die Millionen von Sterne der Milchstraße drehen sich um ein gemeinsames Zentrum, alle in einer Ebene. Da es jetzt aber nicht nur einige wenige Himmelskörper sind, sondern Milliarden, wird aus der hauchdünnen Ebene eine verhältnismäßig dicke Scheibe.

Auch bei Kant sollte es mehr als eine solche Sternansammlung geben. Doch anders als Wright wollte Kant hier nicht nur reine Spekulationen heranziehen, sondern er versuchte diese anderen Sternsysteme mit Beobachtungen der geheimnisvollen, nebelartigen Objekte, die mit steigender Leistungsfähigkeit der Fernrohre immer mehr entdeckt wurden, in Übereinstimmung zu bringen. Einige dieser nebelartigen Objekte hatten tatsächlich eine elliptische Form, und dies konnte ganz gut mit einer Scheibe erklärt werden, die man aus einer schrägen Perspektive sieht.

So zeigt Abb. 30 den berühmten Andromeda-Nebel so, wie er in einem der damaligen Teleskope erschienen ist. Die elliptische Form ist deutlich zu sehen, die Scheibenstruktur lässt sich erahnen. Heute werden die „Welteninseln" von Wright und Kant mit dem Namen Galaxien bezeichnet.

Kant begnügte sich aber nicht mit einer durchaus als visionär zu bezeichnenden Betrachtung der Struktur des Kosmos, er wollte

Abb. 30: Andromeda-Nebel mit Teleskop beobachtet

auch auf die Entstehung dieser Struktur eingehen und eine Erklärung dafür liefern, wie sich das alles bilden konnte. Der Letzte, der das vor ihm versuchte, war Descartes in seinen *Principia Philosophiae* 1644. Doch Descartes setzte klar einen Schöpfungsvorgang voraus, aus dem sich dann die Wirbel gebildet hatten, die ja nach Descartes den Kosmos am Laufen halten. Newton ging dann in seinem Werk sogar eher wieder einen Schritt zurück, indem er den Kosmos in seinem jetzigen Zustand als von Gott geschaffen betrachtete und – mehr noch – sogar ein ständiges Eingreifen Gottes in den Kosmos voraussetzte. Kant dagegen versuchte nun, eine ganz neue Theorie aufzustellen. Auf der Grundlage der Newton'schen Physik wollte er zeigen, dass allein physikalische Gesetze genügen, um aus einem chaotischen Anfangszustand einen stabilen Kosmos zu erzeugen.

Wie stellte sich Kant diesen Formungsprozess vor? Am Anfang sei der gesamte Kosmos von einer fein verteilten Urmaterie erfüllt, einem dünnen Gas mit allen Elementen. Doch diese Materie beginne sich aufgrund der Gravitationskraft zu verklumpen, die sich bildenden Klumpen ziehen das umgebende Material weiter an. Schließlich werde dieser Verklumpungsprozess durch abstoßende Kräfte verlangsamt. Das Zusammenwirken der anziehenden Gravitationskräfte und der abstoßenden Kräfte (über die Kant nur ungenaue Angaben macht) führe dazu, dass die weiteren von den ersten Klumpen angezogenen Teilchen nun nicht mit dem Klumpen kollidieren, sondern diesen umkreisen und sich selbst weiter verdichten. Im Laufe der Zeit entwickelten sich aus den zentralen Klumpen dann die Sterne, aus den die Sterne umkreisenden Brocken schließlich Planeten und ihre Monde.

In der zweiten Hälfte des 18. Jhs. wurde der Himmel von den Astronomen intensiv durchmustert. In jener Zeit erwachte das astronomische Interesse auch in einem begabten Musiker, der die Astronomie in außerordentlicher Weise bereichern sollte. Obwohl Wilhelm Herschel (1738–1822) nie Naturwissenschaften oder gar Physik studiert hatte, wurde er zum besten Astronomen seiner Zeit. Eines der Geheimnisse seines Erfolgs war sicher sein großes Geschick im Bau von Teleskopen. Wenige Jahre nach dem Beginn seiner Beobachtungstätigkeit gelang ihm die astronomische Entdeckung des Jahrhunderts: Im März 1781 beobachtete er einen winzigen Stern und bemerkte, dass er sich relativ schnell bewegte. Es konnte also kein Fixstern sein. Zunächst hielt er ihn für einen Kometen, dann wurde ihm im Laufe des Jahres klar, dass er einen Planeten entdeckt hatte. Es war der später Uranus genannte siebte Planet des Sonnensystems, eine Sensation.

In besonderer Weise interessierte er sich für die Struktur der Milchstraße, anknüpfend an die Gedanken von Wright und Kant. Er wollte diese Gedanken aber mit einer exakten Beobachtung untermauern. Dazu durchmusterte er mit seinen großen Teleskopen den gesamten Himmel. Dies führte ihn zu einer von Kant leicht abweichenden Vorstellung der Struktur der Milchstraße: Sie war keine glatte Scheibe, sondern ein eher diskusförmiges Gebilde mit einer etwas asymmetrischen Struktur: Eine ihrer Seiten war in zwei Arme aufgespalten. Abb. 31 zeigt einen Querschnitt durch den Diskus der Milchstraße, wie ihn Herschel selber zeichnete. Die Sonne stellte sich Herschel als relativ nah dem Zentrum vor, doch keineswegs als genau im Zentrum befindlich.

Auch Herschel sah in dem nebligen Fleck im Sternbild Andromeda ein ähnliches System wie die Milchstraße, da folgte er Kant.

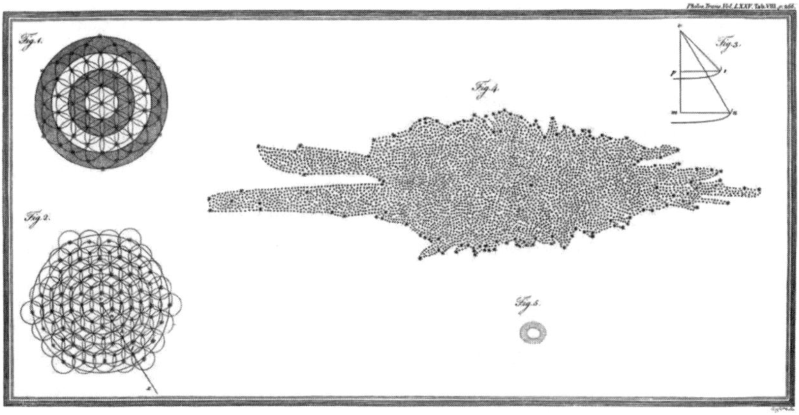

Abb. 31: Querschnitt durch die Milchstraße nach Herschel

Doch im Gegensatz zu Kant konnte er das auch zeigen, indem er mit seinem Teleskop den Nebel in Einzelsterne auflöste.

Im weiteren Verlauf des 19. Jhs. kam dann immer mehr der Verdacht auf, dass die Milchstraße alles umfasste, also auch die nebligen Objekte, die von Kant und Herschel als eigene Sternsysteme gedeutet wurden. Die genaue Untersuchung des Lichts, das von einigen dieser Nebel kam, ergab eine gasförmige Zusammensetzung anstatt einer aus Sternen bestehenden Anordnung. So verbreitete sich die Auffassung unter den Astronomen, dass alle Nebel einfache Gasanhäufungen innerhalb der Milchstraße wären. In den 20er Jahren des 20. Jhs. begann sich die Sache wieder zu bewegen, aber dazu später …

Die Struktur der Materie

Der Beginn der modernen Chemie

Die Naturwissenschaftler des 18. und 19. Jhs. erforschten natürlich nicht nur den Weltraum, auch die Materie und ihr Aufbau war ein wichtiger Bereich ihrer Theorien und Experimente. Während dieser Bereich im 16. Jahrhundert noch weitgehend in das Reich der Alchemie gehörte, begann die exakt messende Naturwissenschaft im 17. Jh. dieses Gebiet für sich zu beanspruchen, und so wurde aus der Alchemie langsam, aber sicher die moderne Chemie.

Die Experimente der Physik, die mit möglichst genauen Messungen verbunden waren, hatten ihren prägenden Einfluss auf die Chemie; so wurde die Waage zu einem der wichtigsten Instrumente der Chemiker. Die Erklärungen der verschiedenen Reaktionen der Stoffe miteinander waren aber nicht gerade leicht.

Alle möglichen Reaktionen wurden untersucht und während des 17. Jhs. wurde die Chemie immer komplexer, es gab keine einheitliche Theorie für die Fülle an stofflichen Umwandlungen. Da stellte der Mediziner Georg Ernst Stahl (1659–1734) eine bemerkenswerte Theorie auf, die viele der damaligen Experimente erklären konnte, es war die Phlogiston-Theorie. Für Stahl war Phlogiston ein Element, das bei der Verbrennung von Stoffen, einer der wichtigsten Stoffumwandlungen der damaligen Zeit, aus diesen Substanzen entweicht. Stahl erkannte hier einen grundsätzlichen Zusammenhang verschiedener chemischer Reaktionen und konnte die Verbrennung als Erster mit einer zusammenhängenden Theorie beschreiben:

$$\text{Metall} \rightarrow \text{Phlogiston} + \text{Asche}$$

Verbrennung war für Stahl also ein innerer Vorgang im Metall. Heute wissen wir, dass Verbrennung ein Vorgang ist, bei dem der Sauerstoff der Luft sich mit dem Metall zu einem Metalloxid verbindet; Stahl sah das ganz anders. Er sah die Verbrennung als eine Art von Zersetzungsreaktion an, aber, und das war das Entscheidende, er kannte entsprechend auch die Umkehrung: Die Verbindung von Phlogiston mit Asche ergibt dann wieder das Metall. Damit war er dem Verständnis der Stoffumwandlungen näher als alle Naturwissenschaftler vor ihm. Und mit dieser Theorie konnten sehr viele Phänomene erklärt werden.

Es gab allerdings auch Probleme mit dieser Theorie: So wurde ein Metall, wenn es verbrannt wurde, schwerer, obwohl das Phlogiston aus dem Metall herausgekommen war. In der heutigen Vorstellung stellt das kein Problem dar, da sich der Sauerstoff der Luft mit dem

Metall verbindet, das dann logischerweise schwerer werden muss. Aber wie konnte das mit der Abgabe von Phlogiston erklärt werden? Die Anhänger der Phlogiston-Theorie gaben dem Phlogiston eine „negative“ Schwere. Wenn Phlogiston sich mit Metalloxid verbindet, wird dieses zum leichteren Metall. Zweifellos hatte sich hier ein gut Teil alchemistischen Denkens erhalten, denn in der Alchemie gab es so etwas wie den Geist oder Spirit in den Stoffen, und Stahl hatte aus dieser Tradition heraus sein Phlogiston erfunden.

Die Theorie beflügelte im 18. Jh. sehr viele Naturwissenschaftler bei ihrer Arbeit. Insbesondere Joseph Priestley (1733–1804) war es, der die Sache voranbrachte. Er war ein glühender Anhänger der Phlogiston-Theorie und er entdeckte dephlogistierte Luft. Er erhitzte verbranntes Quecksilber (heute würde man Quecksilberoxid sagen) in einem abgeschlossenen Gefäß, so entstand Quecksilber. Phlogiston hatte sich dazu mit dem verbrannten Quecksilber verbunden, das Phlogiston musste aber aus der Luft stammen, die das Quecksilberoxid umgab, und diese Luft war nach der Reaktion also „dephlogistiert“. Tatsächlich hatte Priestley damit Sauerstoff entdeckt, denn das Quecksilberoxid (ein rotes oder gelbes Pulver) zerfällt bei Erhitzen in Quecksilber und Sauerstoff. Die dephlogistierte Luft nun konnte eine Verbrennung kräftig beschleunigen; das passte auch gut zur Phlogiston-Theorie, denn eine komplett von Phlogiston entleerte Luft konnte natürlich besonders viel Phlogiston aufnehmen.

Trotzdem sollte diese dephlogistierte Luft den Untergang der Phlogistontheorie bringen. Antoine Lavoisier (1743–1794), der die Waage noch mehr zum Zentrum aller chemischen Versuche machte, konnte mit einem negativ schweren Phlogiston nichts anfangen, da so etwas nicht in die Welt der Newton'schen Physik passte. Mit einer dephlogistierten Luft konnte er sich dagegen schon anfreunden. Er erkannte, dass dephlogistierte Luft schlicht ein Bestandteil normaler Luft war. Da dieser Bestandteil der Luft auch für die Bildung von Säuren herangezogen werden konnte, nannte Lavoisier ihn Sauerstoff. Eine Verbrennung sollte nun nichts anderes sein als die Verbindung des zu Verbrennenden, z. B. ein Metall, mit dem Sauerstoff. Mit dieser neuen Theorie konnten nun noch mehr chemische Vorgänge erklärt werden. Gleichzeitig wurde damit aber auch gezeigt, dass die Luft kein Element war, sondern selbst aus Elementen zusammengesetzt. Kurze Zeit später konnte ein solcher Nachweis auch für Wasser geführt werden. Nach und nach erhöhte sich so die Zahl der Elemente. Der Gedanke des Empedokles, dass alle Materie aus wenigen Grundstoffen aufgebaut sei, war immer noch lebendig, allerdings hatte sich die Zahl dieser Grundstoffe nahezu dramatisch vergrößert. Bis zum Jahr 1800 waren bereits 28 Elemente bekannt.

Der Weg zur Atomtheorie – John Dalton

Der Aufbau der chemischen Elemente war allerdings immer noch völlig unklar. Waren die Elemente kontinuierliche Substanzen, wie Aristoteles oder auch die Alchemisten gedacht hatten? Viele große Naturwissenschaftler des 17. und 18. Jhs. gingen allerdings von einer atomaren Struktur der Materie aus. Doch keiner konnte überzeugende Argumente dafür anbringen.

Es war nun ein englischer Naturwissenschaftler, John Dalton (1766–1844), der zum ersten Mal nach langer Zeit den Begriff des Atoms verwendete, um die experimentellen Ergebnisse seiner Vorgänger zu erklären. Ihm waren die interessanten Ergebnisse der Arbeit eines nahezu unbekannten deutschen Chemikers namens Jeremias Benjamin Richter (1766–1807) in die Hände gefallen. Dieser hatte eine erstaunliche Entdeckung gemacht: *Elemente verbinden sich stets in denselben relativen Massenverhältnissen miteinander.*

Das hört sich komplizierter an als es ist. Ein einfaches Beispiel: 1 g Wasserstoff verbindet sich stets mit 8 g Sauerstoff zu Wasser (in diesem Fall zu 9 g Wasser), die Massenverhältnisse bei der Reaktion von Wasserstoff und Sauerstoff sind also stets 1 : 8. Werden 2 g Wasserstoff genommen, braucht man somit 16 g Sauerstoff. Richter führte für diese Massen den Begriff der Äquivalentmasse ein. Für Wasserstoff wählte er 1 g als Äquivalentmasse, für Sauerstoff entsprechend 8 g.

Bei der Reaktion von Wasserstoff mit Kohlenstoff verbindet sich 1 g Wasserstoff mit 3 g Kohlenstoff zu Methan. Also war die Äquivalentmasse von Kohlenstoff 3 g. Wenn nun die Theorie stimmte, so musste sich bei der Reaktion von Kohlenstoff mit Sauerstoff ein Massenverhältnis von 3 g Kohlenstoff zu 8 g Sauerstoff ergeben. Und tatsächlich war genau das der Fall bei der Reaktion des Kohlenstoffs mit Sauerstoff zu Kohlendioxid. Doch es gab noch eine andere Reaktion des Kohlenstoffs, nämlich die Reaktion zu Kohlenmonoxid, die dann aber zu 3 g Kohlenstoff nur 4 g Sauerstoff zufügt. Die Gesetzmäßigkeit von Richter kannte also Ausnahmen.

Doch John Dalton fiel bei den „Ausnahmen" zu Richters Theorie auf, dass in diesen Fällen die verschiedenen Äquivalentmassen eines Elements in einem ganzzahligen Verhältnis zueinander stehen. Im Falle der verschiedenen Reaktionen des Kohlenstoffs mit Sauerstoff beispielsweise liegen für Sauerstoff die Äquivalentmassen 8 g (für Kohlendioxid) und 4 g (für Kohlenmonoxid) vor; die eine Masse des Sauerstoffs ist das Doppelte der anderen. Die kleinste Mengeneinheit des Sauerstoffs ist also nicht 8, sondern 4 g, bei der Reaktion zu Kohlendioxid werden zwei Einheiten Sauerstoff benötigt. Dalton untersuchte eine ganze Menge weiterer Reaktionen und kam zu dem Schluss, dass bei genauer Messung wirklich die verschiedenen Äquivalentmassen in einem einfachen mathematischen Verhältnis zueinander stehen.

So formulierte Dalton im Jahre 1808 das Gesetz der multiplen Proportionen:

Wenn sich zwei Elemente zu mehr als einer Verbindung zusammenschließen, dann verhalten sich die verschiedenen Mengen des einen Elements in den verschiedenen Verbindungen wie kleine ganze Zahlen zueinander.

Aber was war der Grund für diese Gesetzmäßigkeit? Wären die Elemente so etwas wie unteilbare Flüssigkeiten, so hätten sie sich in allen möglichen Variationen miteinander verbinden können. Setzt man aber einen atomaren Aufbau voraus, so wird die Sache völlig klar: Die kleinsten Einheiten der Elemente, die Atome, verbinden sich nur als Ganzes miteinander. So kann ein Atom Kohlenstoff mit einem Atom Sauerstoff eine Verbindung eingehen, aber nicht mit eineinhalb Sauerstoffatomen. Doch es kann sich dann auch mit zwei Sauerstoffatomen verbinden (Abb. 31).

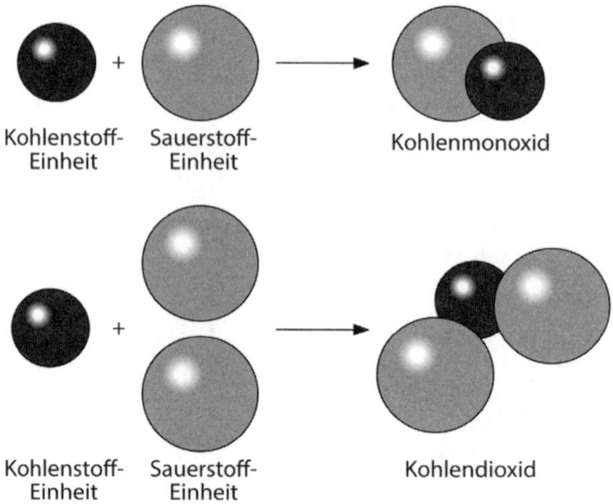

Abb. 32: Chemische Reaktionen nach Dalton

Dalton stellte 1808 in seinem epochalen Werk *A new system of chemical philosophy* (Ein neues System der chemischen Philosophie) folgende Theorie auf:

1. *Alle Elemente bestehen aus unteilbaren kleinsten Teilchen, den Atomen.*
2. *Die Atome eines Elements sind untereinander völlig gleich, unterscheiden sich aber von den Atomen eines anderen Elements.*
3. *Wenn eine chemische Reaktion zwischen Elementen abläuft, verbinden sich die Atome der Elemente zu einer neuen Sorte von Molekül. Niemals können halbe Atome oder sonstige Bruchstücke von Atomen sich verbinden, sondern stets nur ganze.*

Alle damals bekannten chemischen Reaktionen fügten sich in dieses faszinierende Bild der Atomtheorie. Obwohl noch nie irgendein Chemiker oder Physiker ein Atom gesehen hatte, war nach Dalton die Mehrheit der Naturwissenschaftler von ihrer Existenz überzeugt.

Aber wie sah so ein Atom nun aus, wenn man es denn hätte sehen können? Für Dalton war es ein unteilbares, gleichmäßig mit Substanz gefülltes, kugelförmiges Objekt, vergleichbar mit Billardkugeln. Es war das erste experimentell abgesicherte Modell der Atome. Jahrzehnte vergingen, bis ein Neues kam.

Klassische Physik

Die Physik des 18. und 19. Jhs. wird oft mit dem Begriff „Klassische Physik“ bezeichnet, insbesondere um den Gegensatz zwischen ihr und der dann im 20. Jh. folgenden „Modernen Physik“ zu unterstreichen. Das besondere Merkmal der klassischen Physik war ihre Abgeschlossenheit. Das Eingangszitat dieses Kapitels von Michelson unterstreicht diesen Umstand. Tatsächlich war der größte Teil der Physiker der Auffassung, dass alle wesentlichen Naturgesetzlichkeiten bereits bekannt seien. Nur noch einige Details müssten weiter erforscht werden, dies aber in einem Rahmen, der die bisherige Physik nie verlassen sollte. Die Weiten des Weltalls und die Bewegungen der Körper auf der Erde wurden durch die Newton'sche Mechanik vollständig beschrieben, die elektrischen Ladungen und die damit einhergehenden Felder waren das Terrain der Maxwell-Gleichungen. Die Atome und ihre Bewegungen in Flüssigkeiten, Gasen und festen Körpern wurden von der Thermodynamik, die wir nicht behandelt haben, genau beschrieben. So gab es also kein Naturphänomen, das nicht in eine der drei Kategorien passte. Die Chemie war in die Thermodynamik integriert, und mit der Chemie auch die gesamte Biologie, konnte man doch alle Lebewesen als Ansammlungen von speziellen Atomen sehen, die den Gesetzen der Thermodynamik unterlagen. Da die Mechanik von den drei Axiomen Newtons und dem Gravitationsgesetz vollständig beschrieben wird, der Elektromagnetismus von den vier Maxwell-Gleichungen und die Thermodynamik durch ihre vier Hauptsätze, lässt sich also die gesamte Natur mit zwölf Naturgesetzen darstellen, eine grandiose Vorstellung.

Die vielen Anwendungen der klassischen Physik in der Technik lieferten fast täglich jede Menge „Beweise“ für die Richtigkeit der klassischen Physik, allerdings nicht für ihre Vollständigkeit. Doch was sollte es sonst noch geben? Die Physik wurde in gewisser Weise zu einem Tempel mit drei ehrwürdigen Säulen, die das gesamte Universum beschreiben konnten, lückenlos. Diese Lückenlosigkeit ging außerordentlich weit. Nicht nur, dass die gesamte Natur mit den wenigen Naturgesetzen beschreibbar war, sie war auch – zumindest grundsätzlich – berechenbar. Die mathematischen Gleichungen der

Mechanik erlaubten es beispielsweise, die Bewegungen der Planeten praktisch über Jahrhunderte hinweg genau zu berechnen. Als dann beim Planeten Uranus Abweichungen zwischen Rechnung und Beobachtung festgestellt wurden, konnte über diese Abweichungen 1846 ein neuer, noch weiter entfernter Planet entdeckt werden, dem man den Namen Neptun gab. Ein unglaublicher Triumph der Physik: Die berechnete Stelle dieses neuen Planeten am Himmel und die tatsächliche wichen nur um etwa ein Grad voneinander ab!

Nicht alle Bewegungen konnten auf diese Weise berechnet werden, beispielsweise war die Bewegung der Quadrillionen von Atomen in einem Glas Wasser mathematisch viel komplexer als die Bewegung der acht Planeten um die Sonne. Doch lag der Unterschied einzig im Grad der Komplexität. Im Grunde musste man nur wissen, wo genau die Positionen aller in Frage kommenden Körper des zu berechnenden Systems liegen und in welche Richtung sie sich bewegten. Mit den vorhandenen Wechselwirkungen könnte dann ein System von mathematischen Gleichungen aufgestellt werden. Und die Lösung dieser Gleichungen ergäbe dann die zukünftigen Bewegungen all dieser Körper. Und was für ein Glas Wasser gilt, ist dann auch auf das ganze Universum übertragbar. Der französische Physiker Pierre-Simon de Laplace (1749–1827) formulierte das so:

„*Wir müssen also den gegenwärtigen Zustand des Universums als Folge eines früheren Zustandes ansehen und als Ursache des Zustandes, der danach kommt. Eine Intelligenz, die in einem gegebenen Augenblick alle Kräfte kennt, mit denen die Welt begabt ist, und die gegenwärtige Lage der Gebilde, die sie zusammensetzen, und die überdies umfassend genug wäre, diese Kenntnisse der Analyse zu unterwerfen, würde in der gleichen Formel die Bewegungen der größten Himmelskörper und die des leichtesten Atoms einbegreifen. Nichts wäre für sie ungewiss, Zukunft und Vergangenheit lägen klar vor ihren Augen.*“

Besser kann man diesen Sachverhalt des Determinismus nicht ausdrücken: Der Zustand des Universums zu einer bestimmten Zeit ist die Ursache für den Zustand zu einer späteren Zeit. Weitere Ursachen oder gar irgendwelche Zufälle gibt es nicht. Alles ist seit ewiger Zeit vorherbestimmt, und es gibt keine Möglichkeit, daran irgendetwas zu ändern. Das Universum ist wie ein gigantisches Uhrwerk, das abläuft, einfach so, ohne dass der Uhrmacher ständig eingreifen muss, wenn es denn im Falle des Universums überhaupt einen Uhrmacher gab. Dieses alte Bild des 17. Jhs. wurde immer noch benutzt.

Diese Vorstellung einer vorherbestimmten und mithilfe mathematisch beschreibbarer Naturgesetze darstellbaren Welt wurde auch auf die Geschichte und die menschlichen Gesellschaften übertragen. Mehr und mehr Wissenschaftler glaubten, man könne die Lebenswelt der Menschen mithilfe naturwissenschaftlicher Prinzipien erfassen. So entstand zum Beispiel der „Positivismus“, der die menschliche Lebenswelt nur mithilfe sicht- und erfahrbarer Fakten erklären wollte, alles Spekulative und Religiöse wurde verbannt.

Alles in allem ergab sich am Ende des 19. Jhs. ein bemerkenswert abgeschlossenes und vollständiges System zur Erklärung des Universums, mindestens so vollständig wie viele Jahrhunderte zuvor das ausgearbeitete Weltbild des Aristoteles. Alle Fragen konnten von der klassischen Physik – zumindest im Prinzip – beantwortet werden. Alle Fragen? Nun, da gab es dann doch noch das eine oder andere Problem …

Biologie und Geologie

Alles ist so, weil es so geworden ist.
D'Arcy Thompson

Die Ordnung des Lebens

Schon Aristoteles hatte ja versucht, Tiere und Pflanzen in ein System einzuordnen, man sagt, zu klassifizieren. Dieses wurde im Wesentlichen von den Naturphilosophen des Mittelalters übernommen. Sie ergänzten es lediglich dadurch, dass sie ihm gewisse religiös-christliche Bedeutungen zuordneten. Erst im 16. Jh. fing man an, dieses Ordnungssystem zu erweitern und neu zu organisieren. Dabei spielten auch die überseeischen Entdeckungen eine Rolle, denn auf den neuen Kontinenten war man auf neue Pflanzen und Tiere gestoßen. Gleichzeitig entwickelte man aber nicht nur neue Ordnungen, sondern man versuchte auch, die Welt zu begreifen, indem man sie durch Objekte im Sinne des Wortes „begreifbar" machte. Man begann, in Schränken, Schubläden und Vitrinen alles zu sammeln, was man fand.

Diese „Wunderkammern" sind einer der Ursprünge des modernen Museums, aber auch der botanischen und (etwas später) der zoologischen Gärten. Man muss die Entstehung der neuen Klassifikationen also in diesem Zusammenhang einer Kultur des praktischen Umganges mit den Objekten sehen. Da ist auch etwas von Francis Bacons Idee spürbar durch wissenschaftliche Ordnung Kontrolle über die Natur zu gewinnen.

Um eine Klassifikation zu erstellen, muss man, ausgehend von den bekannten Lebewesen, Klassen von Pflanzen und Tieren bilden, die möglichst viele eindeutige Merkmale teilen. Das große Problem ist hierbei, nach welchen Kriterien man diese Merkmale auswählt und welche Grundordnung man aufstellt. Die vielleicht am weitesten entwickelte systematische Klassifikation in diesem Sinne stammte von Carl von Linné (1707–1778) auf Basis von etwa 6000 Pflanzenarten und 4000 Tierarten (Aristoteles kannte 580 Tierarten, heute gehen wir von deutlich mehr als einer Million aus). Er organsierte das Tier- wie das Pflanzenreich in einem hierarchisch aufgebauten System, mit Art, Gattung, Ordnung und Klasse, wobei er es von oben nach unten aufbaute, eine sogenannte „Abwärtsklassifikation". Die Klassen sind die allgemeinste Ebene, das waren bei den Tieren Säugetiere, Vögel, Amphibien, Fische, Insekten und Würmer.

Linné selbst schrieb, dass er bei seinem System so etwas vor Augen hatte wie eine Armee mit ihren verschiedenen Untereinheiten. Ausdrücklich erwähnte er die Armee der römischen Kaiserzeit als Vorbild. Auch dort gab es vier Unterteilungen, die Legion als größte Einheit, dann die Kohorte, die Manipel und schließlich, als kleinste Einheit, die Zenturie. Das Reich der Tiere und Pflanzen eine Armee? Hier wird der Rahmen deutlich, in dem Linné dachte, nämlich der mathematisch-mechanistische Geist des 17. und 18. Jhs., der sich ja auch in der militärischen Ordnung findet.

Entscheidend ist, dass er ein mathematisches Grundsystem, eine „binäre" Nomenklatur einführte. Wie Menschen einen Familien- und einen Vornamen haben, so bekamen jetzt alle Pflanzen bzw. Tiere eine solche doppelte Zuschreibung, die sich auf die Art und die Ordnung beziehen. Der Mensch gehört zur Klasse der Säugetiere, zur Ordnung der Primaten, zur Gattung der Menschen (homo) und zur Art der intelligenten Menschen (sapiens), also sind wir „homo sapiens".

In solchen Klassifikationen, wie sie zum Beispiel Linné entworfen hatte, wird die Welt des Lebens vollkommen statisch aufgefasst, als unveränderlich. Das verbindet diese Art der Klassifikation mit einem anderen Modell der Systematisierung, das sich im 16. und 17. Jh. einer wachsenden Beliebtheit erfreute. Es handelt sich um die „Scala naturae", die „Kette der Wesen", eine stufenweise Anordnung, wie wir sie schon bei Aristoteles kennengelernt haben. Im Mittelalter wurde sie der christlichen Heilslehre angepasst, indem oberhalb der Menschen noch verschiedene Engelsgruppen zugefügt wurden. Auch sie „schafft" Ordnung, aber nicht durch vollständige, systematische

Erfassung aller Lebensformen, sondern im Sinne einer Ordnungsrichtung vom Niederen zum Höheren. In ihr steckt die Idee eines hierarchisch gegliederten Zusammenhangs der Lebewesen.

Mechanistisches Weltbild und die Biologie

Das herrschende Paradigma im 17. Jh. war, wie wir gesehen haben, mechanistisch. Auch Tiere und Pflanzen erschienen als Maschinen. Mit dieser allgemeinen Zuordnung war aber praktisch nicht allzu viel gewonnen, da die einfache Mechanik den komplexen Lebensvorgängen nicht gerecht wurde und somit keine wirkliche Antwort darauf geben konnte, was denn Leben sei.

Wie kann man beispielsweise mechanistisch erklären, wie ein Fötus, also Leben entsteht? Descartes ging, wie Aristoteles, von einer Vereinigung von Samen und Ei aus, aber er „reinigte" diese Vorstellung von jeder „Seelentätigkeit". Seiner Ansicht nach entstand der Fötus durch Druck der Samenpartikel mit den Partikeln des Eies gemäß mechanischer Gesetze, sodass aus diesem Druck der Fötus geformt wurde. Das war aber relativ vage.

Darum entwickelten weitere Naturphilosophen andere Konzepte. Eine der einflussreichsten Ideen war, dass der Fötus nicht direkt durch mechanische Kräfte gebildet werde, sondern immer schon als (lebende) Form existiere. Die Frage war nur, wo sich dieser vorgeformte Fötus befände, im Ei der Frau, wo er dann von dem Samen des Mannes belebt würde, oder im Samen des Mannes selbst. Gemäß der zweiten Theorie, dem „Animalkulismus", würde der Fötus dann in das Ei gebracht, wo er aufwächst, ohne dass das weibliche Ei „inhaltlich" etwas zufügt. Die Frau wäre so nur eine Art Gefäß, in dem der Fötus genährt wird. Der berühmte Leeuwenhoek sah diese menschengleichen Samen, die im weiblichen Ei aufwuchsen, sogar angeblich unter dem Mikroskop. Man sieht viel, wenn man es sehen will. Daher sagt diese Theorie vor allem etwas über Männerphantasien und Geschlechterzuschreibungen im 17. Jh. aus und darüber, wie Sehen beeinflusst wird. Trotzdem waren diese sogenannten Präformationstheorien bis ins 19. Jh. sehr populär.

Gegen die mechanistische Interpretation des Lebens wandte sich der „Vitalismus", demzufolge Leben auf eine Art „Lebenskraft" zurückgeführt werden müsse, sei es in der Form eines „Lebensfluidums" oder einer Art „Gestaltungstrieb". Der deutsche Naturphilosoph Georg Ernst Stahl (1660–1734), der, wie wir gesehen haben, schon ein nicht mechanistisches Modell der Chemie entwickelt hatte, sprach 1695 von einer „anima", also von einer Art Seele als treibende Kraft. Die Begrifflichkeiten blieben vage. In der Naturwissenschaft konnten sich solche Ansätze gegen das mechanistische Paradigma nicht wirklich durchsetzen.

Aber es gab eine kurze Periode, in der ersten Hälfte des 19. Jhs., in der es eine Blüte dieser vitalistischen Erklärungsansätze gab. Sie stand im Zusammenhang einer allgemeinen Bewegung gegen mechanistisches Denken und gegen die rein rationalistisch angelegte Aufklärung. Man bezeichnet diese geistige Strömung als „Romantik". Friedrich Wilhelm Joseph Schelling (1775–1854) war der Philosoph, der dieser Bewegung in der Naturphilosophie den deutlichsten Ausdruck verlieh. Es war die Idee einer Welt, die nicht wie ein Uhrwerk ablief, sondern auf kreativen Kräften beruhte.

Die Entdeckung der Zeit

Es gab also spätestens seit dem 16. Jh. einen wissenschaftlichen „Diskurs" auch über Fragen des Lebens, der Menschen, Tiere und Pflanzen. Bei allen unterschiedlichen Konzepten blieb eine Grundvorstellung unantastbar, die durch die Bibel vorgegeben war: Die Erde, die Pflanzen- und Tierwelt waren von Gott geschaffen worden und bestanden seitdem in der Form, wie Gott sie geschaffen hat, unverändert.

Im 17. und 18. Jh. lässt sich nachvollziehen, wie sich dieses Dogma allmählich auflöst. Diese Auflösung setzte aber ein neues Verhältnis zu dem voraus, was wir Zeitbewusstsein nennen können, ein Bewusstsein dafür, dass sich alles entwickelt. Dieses entstand in der Renaissance. Zunächst war es die Kultur, die man als veränderlich wahrnahm, die sich, wie auf einem Zeitstrahl, linear entwickelt. Diese

Vorstellung einer linearen zeitlichen Entwicklung hat viel damit zu tun, dass im Christentum die Idee einer linearen Zeit, die vom Paradies hin zum Jüngsten Gericht zielgerichtet verlief, verankert war. Insofern ist es nicht erstaunlich, dass Geschichtsbewusstsein als Thema insbesondere im christlichen Europa so bedeutend wurde.

Im 18. Jh. wurde dieses Bewusstsein zudem verbunden mit der Vorstellung eines steten Fortschritts in der Geschichte. Und diese Idee der fortschreitenden Veränderung fand allmählich auch Eingang in Beschreibungen der Erde und der Natur. Der Fortschrittsgedanke hat weiterhin viel mit der Epoche der Aufklärung im 18. Jh. zu tun. Denn der Begriff der Aufklärung enthält selbst schon diese Wertung, dass sich die Welt hin zum Besseren entwickele: Sie ist eine Bewegung vom Dunkel ins Licht, von Unwissenheit hin zum klaren Wissen. Auch Naturwissenschaftler im 18. Jh. fühlten sich als Teil dieser Bewegung, als Aufklärer.

Natur erschien zunächst einmal als veränderbar, die menschliche Natur durch Erziehung, die politische Kultur durch aktives Eingreifen und die Tier- und Pflanzenwelt durch Züchtung. Züchtung war keine Erfindung der Aufklärung, aber sie wurde zu dieser Zeit eine breite Bewegung. Vor allem Pferde- und Rinderrassen wurden systematisch verändert und, ganz im Geiste der Aufklärung, „verbessert".

Offenbar hatten Lebensformen, anders als mechanische physikalische Phänomene, ein Potenzial zur Veränderung. Und warum sollte das nur durch das Eingreifen der Menschen abgerufen werden können? Es wurde denkbar, dass die Natur selbst sich verändert, dass die Lebensformen, wie sie auf der Erde existieren, eine Geschichte haben. Diese Konsequenz machte dann das Besondere aus, das die Biologie (wie übrigens auch die Geologie) zu einer eigenen Wissenschaftsdisziplin machen sollte.

Man darf aber auch die politische Bedeutung dieser Ideen nicht vergessen. Die Idee des Fortschritts und der Veränderung war Grundlage für das aufstrebende Bürgertum, um die alte ständische Gesellschaft zu kritisieren und die Aufhebung der Stände zu fordern. Erinnern wir uns der „Kette der Wesen", der *scala naturae*. Sie war ganz statisch gedacht und entsprach damit dem offiziellen Bild der alten Gesellschaft, festgefügt in Stände, die so gut wie nicht durchlässig waren. Das Bürgertum des 18. Jhs. dachte dynamisch, es sollte Aufstiege und Abstiege geben, man konnte sich die *scala naturae* gewissermaßen in Bewegung vorstellen. Am Ende dieses Jahrhunderts stand dann die Französische Revolution.

Schon Descartes hatte die mögliche Entwicklung der Erde aufgrund der Wirkung mechanischer Kräfte beschrieben, später im 17. Jh. war es Robert Hooke, der sogar andeutete, dass sich die biologischen Arten im Laufe der Erdgeschichte verändert haben könnten. Es ist bemerkenswert, dass Isaac Newton solche Ideen vollständig ablehnte, weil er sie für atheistische und daher gefährliche Gedankenspielereien hielt – vielleicht auch nur deshalb, weil sein Erzfeind Robert Hooke sie interessant fand.

Noch waren es tatsächlich eher Gedankenspielereien, aber mit den neuen Gedanken im Kopf hatte man auch einen anderen Blick auf die Dinge und so entdeckte man Hinweise auf Veränderungen der Natur. Eine Schlüsselrolle dafür spielten Steine, in die Tier- und Pflanzenformen eingeprägt waren; man spricht seit dem 16. Jh. von „Fossilien“. Das Phänomen war nicht neu und die gängige Erklärung war, dass es „Spiele“ der Natur wären, zufällige Ablagerungen oder Ausdünstungen.

Nun ergab sich aber eine andere Erklärungsmöglichkeit, dass es sich nämlich um die Versteinerungen gestorbener Tiere handle. Bei genauerem Hinsehen fiel auf, dass manche dieser Tierformen keinen bekannten heutigen Tieren entsprachen, bisweilen ähnelten sie diesen nur, bisweilen nicht einmal das. Offenbar handelte es sich um ausgestorbene Tierarten.

Naturforscher, zumeist gebildete Laien, zogen mit Schaufeln und Spitzhacke in die Natur und suchten diese fossilen Steine. Dabei machten sie eine weitere Entdeckung: Die Erde war in Schichten aufgebaut und bestimmte fossile Überreste ließen sich bestimmten Schichten zuordnen. Viele Fossilien, die man fand, waren Muscheln in den verschiedensten Formen. Dass Muscheln ins Meer gehören, war natürlich klar, aber nun wurde es noch verwirrender, denn man entdeckte Muscheln auch dort, wo es weit und breit kein Meer gab. Die Erde musste sich also verändert haben. Das galt offensichtlich in gleichem Maße für die Geologie der Erde wie für die Pflanzen und

Tiere. Und die Geschichtlichkeit der Flora und Fauna stand anscheinend in engem Zusammenhang mit der Geschichtlichkeit des Aussehens der Erde selbst.

Das als selbstverständlich angesehene Schöpfungsparadigma wurde zum Problem. War es angesichts dessen, was man erforscht hatte, aufrechtzuerhalten, konnte man es aufweichen oder ganz aufgeben? Die Wissenschaftler selbst mussten eine Vorstellung infrage stellen, die ihnen gleichsam mit der Muttermilch eingeflößt worden war. Und sie gerieten in Widerspruch zur Lehre der christlichen Kirchen, was diese, aber auch viele Wissenschaftler selbst, nicht gerne sahen. Man suchte Auswege, solche, die mit der Bibel in Einklang zu bringen waren, aber auch solche, die neue Wege gingen.

Zu den Ersteren gehörten die „Katastrophentheorien", denen zufolge sich seit der Schöpfung, je nach Standpunkt, eine oder mehrere Katastrophen auf der Welt ereignet hatten, durch die fast das gesamte Leben auf der Erde (zumindest auf Teilen der Erde) ausgelöscht worden war, wie zum Beispiel die in der Bibel erwähnte „Sintflut". Nach jeder dieser Katastrophen erneuerte sich demnach die Flora und Fauna durch einen göttlichen Schöpfungsvorgang. Andere Wissenschaftler, zu ihnen gehörte der damals berühmteste französische Naturforscher Georges Cuvier (1769–1832), meinten, dass diese Katastrophen regional stattfanden und nach ihnen aus anderen Teilen der Welt Tiere und Pflanzen „einwanderten", sodass die Flora und Fauna grundlegend erneuert wurden. Die Grundvorstellung, dass die Arten seit der Schöpfung unverändert geblieben wären, hätte somit aufrechterhalten werden können.

Der andere Theorieansatz ging davon aus, dass die Welt einmalig entstanden sei, sich danach aber aufgrund der Wirkungen der Naturkräfte allmählich entwickelt habe und im Laufe dieser Entwicklung einzelne Arten ausstarben und sich neue entwickelten. Das war ein gewagter Ansatz, weil er dem christlichen Schöpfungsparadigma direkt zu widersprechen schien. Trotzdem gewannen die Vertreter dieser Art von „Entwicklungstheorie" im Laufe des 18. Jhs. immer mehr die Oberhand, da die Aufklärung das Denken dominierte und sich zudem die Belege weiter verdichteten. So fanden sich bei einzelnen Tierarten bemerkenswert vollständige Reihen von Übergangsformen in aufeinanderfolgenden geologischen Schichten. Das ließ sich relativ schlüssig als allmähliche Veränderung von Tierarten interpretieren.

Allein, welche Kräfte waren es, die die geologischen Veränderungen herbeiführten? Es gab dazu grundsätzlich zwei Meinungen. Die einen stellten einen Zusammenhang zu den ständigen vulkanischen Aktivitäten her, man nannte sie daher „Vulkanisten", die anderen glaubten eher an die Einflüsse von Wasserkräften in ihren verschiedensten Formen. Nach dem griechischen Gott der Meere haben sie den Namen „Neptunisten" erhalten. Und die beiden Gruppen lieferten sich heftige Auseinandersetzungen.

Wie so oft in der Wissenschaftsgeschichte hat niemand den Streit gewonnen, sondern es wurde eine neue Theorie entwickelt, die an ihre Stelle trat. Maßgeblich für ihre Formulierung waren der schottische Arzt und Naturforscher James Hutton (1726–1797) und der Engländer Charles Lyell (1797–1875). Lyell prägte auch begrifflich diese Theorie, indem er das „Aktualitätsprinzip" formulierte. Damit meinte er, dass die Veränderungen in erster Linie durch die regelmäßigen und wenig spektakulären Kräfte hervorgerufen werden, die auch heute noch ständig wirken, wie zum Beispiel Regen, Wind, Eis, Hitze und Kälte, also allgemeine Witterungseinflüsse und ihre Folgen wie Verwitterungsprozesse.

Aber es gab da ein Problem. Damit die natürlichen Kräfte ihre Wirkungen entfalten konnten, musste die Erde nicht nur eine Geschichte haben, diese Geschichte musste auch sehr lang sein. Bischof James Ussher (1581–1656) hatte aufgrund der Bibel eine berühmte Chronologie der Erde erarbeitet. Darin bestimmte er den Schöpfungsakt auf das Jahr 4004 v. Chr. (er gab sogar den genauen Zeitpunkt an: am Abend vor dem 23. Oktober). Im Jahre 1600 war die Welt also 5604 Jahre alt. Auch wenn diese Genauigkeit der Angabe etwas befremdlich erscheinen mag, dokumentiert die Berechnung jedenfalls das Interesse an der Zeit.

Aber natürlich war dieser Zeitraum viel zu kurz für das Entwicklungsmodell. Die Erde musste älter sein, damit Hutton und Lyell Recht hatten. Man musste also Anhaltspunkte suchen, um die Geschichte der Erde zu verlängern.

Georges-Louis Leclerc de Buffon (1704–1788), eine der wichtigsten Autoritäten der neuen aufgeklärten Wissenschaft in den Lebenswissenschaften, kam mithilfe naturwissenschaftlicher Methoden auf knapp 80000 Jahre. Man versuchte andere Berechnungsmethoden. Die Millionengrenze wurde erst im 19. Jh. Überschritten; gegen Ende des 19. Jhs. ging man von knapp 100 Millionen Jahren aus, heute von viereinhalb Milliarden.

Schon in der ersten Hälfte des 19. Jhs. setzte sich die Entwicklungstheorie weitestgehend durch, obwohl man keine verlässlichen Angaben zum Alter der Erde hatte. Man sieht, ein theoretisches Modell wird in der Naturwissenschaft bisweilen auch anerkannt, ohne dass alle Fragen geklärt sind. Die Überzeugungskraft einer solchen Theorie hängt eben nicht nur von belegbaren Fakten ab, sondern auch von einer Art Atmosphäre unter den Wissenschaftlern, und diese hat nicht wenig zu tun mit den Vorstellungswelten einer Gesellschaft. Im 19. Jh. war in England die Industrialisierung in vollem Gange, man spürte den technischen Fortschritt, was lag da näher, als ein Entwicklungsmodell auch in der Naturwissenschaft zu akzeptieren?

Von der Naturgeschichte zur Geschichte der Kontinente

Schon im 19. Jh. gab es Theorien, dass auch die Kontinente nicht immer so existiert hätten wie heute. Der österreichische Geologe Eduard Süß (1831–1914) behauptete, dass Afrika, Australien und Indien einst zu einer gemeinsamen Landmasse gehört hätten, die er Gondwana-Land nannte. Die Theorie hielt keiner empirischen Überprüfung stand, zeigt aber einen populären Denkansatz, um die äußere Ähnlichkeit der Flora und Fauna und der gefundenen Fossilien auf den verschiedenen Kontinenten zu erklären: die Idee einer ursprünglich zusammenhängenden Landmasse.

Man diskutierte die unterschiedlichsten Hypothesen, von magnetischen Kräften, die die Kontinente in Richtung des Nordpols zogen, bis hin zu Katastrophen, die zur Zersplitterung der Kontinente führ-

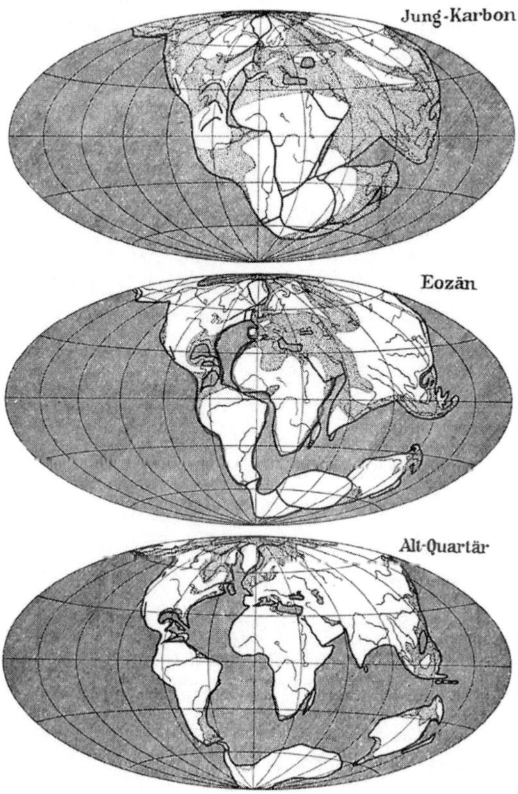

Rekonstruktionen der Erdkarte nach der Verschiebungstheorie für drei Zeiten.
Schraffiert: Tiefsee; punktiert: Flachsee; heutige Konturen und Flüsse nur zum Erkennen. Gradnetz willkürlich (das heutige von Afrika).

Abb. 33: Wegeners Theorie der Kontinentalverschiebung

ten. Die meisten Wissenschaftler im 19. und in der ersten Hälfte des 20. Jhs. hielten aber alle diese Theorien für haltlose Spekulationen.

Seit Beginn des 20. Jhs. entwickelte der deutsche Meteorologe Alfred Wegener (1880–1930) eine Theorie zur „Kontinentaldrift", also zum allmählichen Auseinanderbewegen der Kontinente. Mitten im Ersten Weltkrieg, 1915, veröffentlichte er seine Überlegungen in dem Buch „Die Entstehung der Kontinente und Ozeane".

Wegener war kein Geologe, aber er war ein anerkannter Meterologe, seit 1924 Professor an der Technischen Hochschule in Graz. Es war der Blick des gelehrten Außenseiters, der ihn vermuten ließ, dass die Annahme einer Kontinentalbewegung keine haltlose Spekulation war, sondern offene Fragen beantworten könnte. Dazu gehörten in seinem Fall insbesondere die offensichtlichen Ähnlichkeiten der Fossilienfunde in Afrika und in Brasilien und die auffallende Entsprechung der Küstenlinien Südamerikas und Westafrikas.

Ursprünglich bestand nach Wegener die Landmasse der Erde aus einem einzigen großen Kontinent, den er *Pangaea* nannte, der allmählich auseinanderdriftete. Wegener versuchte seine Theorie in den Zusammenhang eines Erdaufbaus einzubinden, der das „Ungeheuerliche" plausibel machte. Die Erde war demnach von innen nach außen geschichtet, wobei die unterschiedlichen Schichten unterschiedliche Dichte haben. Die oberste Schicht, die Schicht der Kontinente, erklärte Wegener als eine Art Granitfelsen, der auf einer dichteren Basaltschicht lag, die auch die Schicht des Meeresbodens war. So konnte er plausibel machen, dass die weniger dichte Granitschicht auf der Basaltschicht „rutschen", sich also bewegen kann.

Einen wirklichen Nachweis der Theorie konnte Wegener in seinem Buch nicht erbringen, aber seine Theorie enthielt ein großes Potenzial für ein allgemeines Modell der Erdentwicklung, weil er zeigte, wie das Konzept der Kontinentaldrift in Verbindung zu bringen war mit der Entstehung von Bergketten, Felsablagerungen, Spuren von vergangenen Vereisungen und der Verbreitung von fossilen und lebenden Organismen. Dennoch nahm die wissenschaftliche Öffentlichkeit seine Theorie kaum zur Kenntnis. Wegener versucht darum auf zahlreichen Expeditionen, Bausteine zusammenzutragen, die seine Theorie stützen konnten. Auf einer dieser Forschungsreisen nach Grönland starb Wegener im November 1930.

Es gab aber auch Wissenschaftler, die Wegeners Idee für bahnbrechend hielten, wie der britische Geologe Arthur Holmes (1890–1965). Er entwickelte die Theorie, dass nicht eigentlich die Kontinente sich bewegen, sondern die darunter liegenden Krusten. Untersuchungen am Erdmagnetfeld in den 40er Jahren und intensive Forschungen in den Weltmeeren in den 50er Jahren (übrigens aus militärischen Gründen im Zusammenhang mit dem Ausbau der U-Boot-Flotten im Kalten Krieg) bestätigten im Prinzip die Thesen von Wegener und Holmes.

Demnach ruhen der Ozean und die Kontinente auf sieben großen (und einigen kleineren) stabilen Platten (den *Lithosphärenplatten*), die auf dem inneren Bereich der Erde „schwimmen“, so wie es Holmes behauptet hatte. Dieser innere Bereich ist natürlich nicht flüssig wie Wasser, aber er ist in Bewegung und auf ihm bewegen sich die Kontinental- und Ozeanplatten mit. Auch der von Wegener angenommene Urkontinent *Pangaea* wurde durch diese Forschungen bestätigt. Dieser Urkontinent driftet einerseits auseinander, einzelne Teile entfernten sich voneinander, andererseits stoßen andere Teile aufeinander. Einzelne Platten schieben sich dort unter- bzw. übereinander, natürlich sehr langsam (etwa 2 cm im Jahr), aber mit ungeheuren Kräften.

Von der Naturgeschichte zur Geschichte der Arten

In der Biologie folgte man der Geologie. Unter den aufgeklärten Naturwissenschaftlern des 18. Jhs. gab es die breite Überzeugung, dass die biologischen Arten nicht konstant waren, sondern sich im Laufe der Zeit verändert hatten, dass einige ausgestorben, andere neu auf die Erde gekommen waren. Zu ihnen zählten übrigens der Großvater des berühmten Charles Darwin, Erasmus Darwin (1731–1802), und der Dichter und Naturforscher Johann Wolfgang von Goethe (1749–1832).

Was allerdings fehlte, war ein nachvollziehbares Erklärungsmodell, das dieser Grundidee und den empirischen Befunden entsprach. Vor allem musste ein solches Modell, um akzeptiert zu werden, auch erklären, wie es zu den Veränderungen kam, welche „Kräfte“ wie wirkten.

Der Erste, der ein solches Modell entwickelte, war der französische Naturforscher Jean-Baptiste de Lamarck (1744-1829). Im Jahre 1809 (im Geburtsjahr von Charles Darwin) erschien sein grundlegendes Buch „Philosophie zoologique“. Es war das Ergebnis eines langen Forscherlebens, gewissermaßen seine Antwort auf alle diskutierten Fragen zum Problem der Erklärung der Vielfalt der Arten. Lamarck stellte sich, ganz in Übereinstimmung mit den Prinzipien der Aufklärung, die Entwicklung der Arten als einen langsamen und kontinuierlichen Prozess vor, bei dem sich jede Art im Sinne einer Vervollkommnung weiterentwickelt.

Gemäß Lamarck waren alle Arten demnach zu verschiedenen Zeiten im Laufe der Erdgeschichte unabhängig voneinander durch Urzeugung entstanden (das war im Prinzip das Ende der wörtlichen Übernahme der biblischen Schöpfungsgeschichte). Jede einzelne Art entwickelte sich zu immer weiterer Vollendung im Rahmen ihrer Möglichkeiten, das beinhaltete auch eine Steigerung der Komplexität. So gesehen ist die Komplexität des Aufbaus der einzelnen Arten abhängig von der Dauer ihrer Entwicklung bis heute, also davon, wie lange ihre „Urzeugung" her ist. Von daher ging Lamarck davon aus, dass die „Urzeugung" des Menschen am längsten her ist. Vereinfacht lässt sich diese Vorstellung folgendermaßen schematisch darstellen.

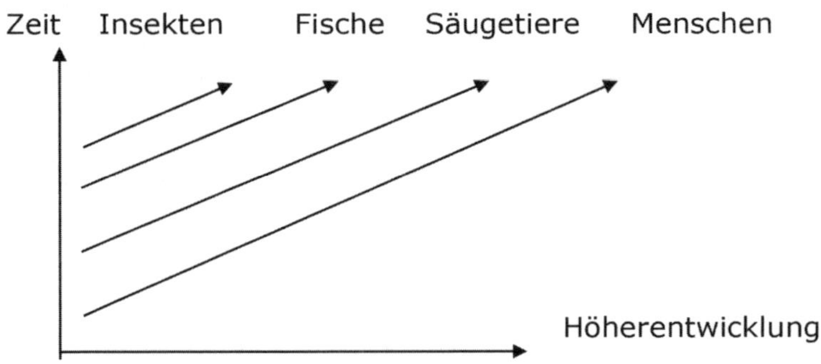

Abb. 34: Lamarcks Evolutionstheorie

Man sieht, zwischen den Arten gibt es in dieser Vorstellung keine verwandtschaftlichen Beziehungen. Lamarcks Ansatz enthält zwar eine Evolutionstheorie, aber keine Abstammungslehre. Aus diesem Modell ergibt sich, dass immer neue Arten entstehen werden, die sich ganz allmählich, in ferner Zukunft, gleichfalls zu komplexen Formen entwickeln.

Wir haben schon gesagt, dass das Problem der Evolutionstheorien nicht war, dass man die heutigen Lebewesen als Ergebnis einer Entwicklung angesehen hat, sondern zu erklären, wie diese Entwicklung zustande gekommen ist. Lamarck hatte dafür eine sehr einleuchtende und lange nachwirkende Erklärung.

Er ging von zwei Antrieben aus, die sich gegenseitig beeinflussen und so die Evolution bewirken würden. Da war zum einem ein jedem Lebewesen innewohnender „Verbesserungsdrang", zum anderen ein nach außen gerichteter „Anpassungsdrang", der es dem Lebewesen ermöglichte, sich seiner natürlichen Umgebung anzupassen. Diese „Antriebe" führten zu kleinen Veränderungen der Individuen. Entscheidend war aber, dass die durch diese Kräfte hervorgerufenen Veränderungen vererbt werden konnten, was im 18. Jh. eine durchaus verbreitete und akzeptierte Vorstellung war. Kurz gesagt, die im Leben eines Tieres erreichten Veränderungen würden an die Nachkommen weitergegeben, diese veränderten sich wieder ein bisschen und gäben diese Veränderungen erneut an ihre Nachkommen weiter.

Es gibt dafür ein schönes und immer wieder erzähltes Beispiel, das zwar etwas grob vereinfacht ist, aber den Grundgedanken erklärt. Warum hat die Giraffe einen langen Hals? Der Vorfahre der Giraffe hatte sicher einen kurzen Hals, aber die Blätter an den Bäumen hingen relativ weit oben, deswegen streckten sich die Giraffen, um an die Blätter zu gelangen. Im Laufe ihres Lebens gelang es den Individuen, ihren Hals etwas zu strecken, und dieses Merkmal vererbten sie an ihre Jungen weiter. Die hatten dann schon einen etwas längeren Hals, setzten ihre Streckung fort und vererbten das wieder. Und so wurden die Hälse der Giraffen immer länger.

Der „Lamarckismus" entsprach dem Bedürfnis der Wissenschaftler nach einer nachvollziehbaren Evolutionstheorie, die insbesondere die Fossilien erklären konnte. Darum hielt sich seine Theorie weit bis in das 20. Jh. Bei allem Erfolg blieb indes ein Unbehagen. Es betraf die „Urzeugung", also die Entstehung des Lebens aus unbelebtem Material, die unter den Wissenschaftlern sehr umstritten war. Und es betraf die Vererbbarkeit erworbener Eigenschaften. Kann man sich so etwas vorstellen?

Aber konnte man sich andere Entwicklungsmodelle vorstellen? Vielleicht nicht in Frankreich, wo Lamarck herkam. Dort war man an die logische, auf linearen Prinzipien beruhende Wissenschaft seit

Descartes gewöhnt. Im pragmatischen Großbritannien dachte man chaotischer.

Adam Smith (1723–1790), ein schottischer Philosoph, hatte 1776 ein Buch veröffentlicht (*Der Wohlstand der Nationen*), in dem er untersuchte, nach welchen Prinzipien sich der Wohlstand einer Gesellschaft entwickeln ließe. Seine Antwort war, dass es dazu keiner lenkenden Kraft bedarf, wie etwa den Staat, sondern nur des freien Spiels der Kräfte der einzelnen Menschen, ihrer egoistischen Ziele. Aus dem Chaos im Kleinen entstehe so eine positive Entwicklung des Ganzen.

Zwei Generationen später veröffentlichte der Literat und Autor populärwissenschaftlicher Schriften, Robert Chambers (1802–1871), ein ungemein erfolgreiches Buch, in dem er unter anderem eine biologische Evolutionstheorie entwickelte, die diesem Denkmuster folgte. In England war dieses Thema Tagesgespräch unter den Interessierten. Das zeigt, wie sehr der Gedanke einer „chaotischen" Entwicklungsvorstellung, die zum Höhepunkt „Mensch" führte, dem Zeitgeist entsprach.

Es ist darum auch nicht erstaunlich, dass nahezu zeitgleich in England in der Mitte des 19. Jhs. zwei Wissenschaftler unabhängig voneinander dahin kamen, eine solche biologische Evolution in einem Modell wissenschaftlich zu begründen, Alfred Russell Wallace (1823–1913) und Charles Robert Darwin (1809–1882). Dessen Name wird mit dieser Evolutionstheorie verbunden, da er wohl tatsächlich als Erster die Idee hatte, aber auch, weil Wallace in generöser Weise auf Erstansprüche verzichtete und seinem älteren Kollegen den Vortritt ließ.

Darwins Einstieg in die Wissenschaft verlief nicht ohne Brüche. Er studierte zunächst Medizin, ohne Abschluss, versuchte sich dann in der Theologie (immerhin mit einem Bachelor-Abschluss), nebenher beschäftigte er sich aber vor allem mit Naturgeschichte, mit Tieren und Pflanzen und mit Geologie. Später heiratete er eine sehr reiche Frau und lebte im Wesentlichen als Privatgelehrter ein ruhiges Leben, das er der Wissenschaft widmete. Ein nicht untypisches Wissenschaftsleben im 19. Jh.

Entscheidend für ihn war das Jahr 1831. Da erhielt er die Chance, als wissenschaftlicher Beobachter auf einer Weltumsegelung mitzumachen. Die Fahrt dauerte fünf Jahre, und auf dieser Reise sammelte er jene Eindrücke und jenes Wissen, aus denen er seine Evolutionstheorie formte.

Da war zunächst die Idee einer gemeinsamen Abstammung aller Arten, verbunden damit, dass sich die Arten von Beginn an durch ständige Verzweigungen ausdifferenziert hatten, bis die heutige Vielfalt entstanden war. Damit war ein Gegenmodell geschaffen worden zu den Schöpfungstheorien, aber auch zu dem linearen Modell von Lamarck.

Darwin kam zu dem Schluss, dass sich alle bestehenden Arten auf der Welt auf gemeinsame Vorfahren zurückführen ließen. Von diesen Vorfahren aus entwickelten sich die verschiedenen Arten wie ein Baum aus einer Wurzel durch ständige Verästelungen. Die meisten dieser Neuentwicklungen endeten im Nichts, entwickelten sich also nicht weiter und stürben aus. Aber einige der Neuentwicklungen seien erfolgreich und entfalteten sich.

Schematisch stellte Darwin diese Idee in dem Stammbaumdiagramm dar, der einzigen Abbildung in seinem grundlegenden Buch. Deutlich wird, dass er damals offenbar von mehreren „Urahnen“ des

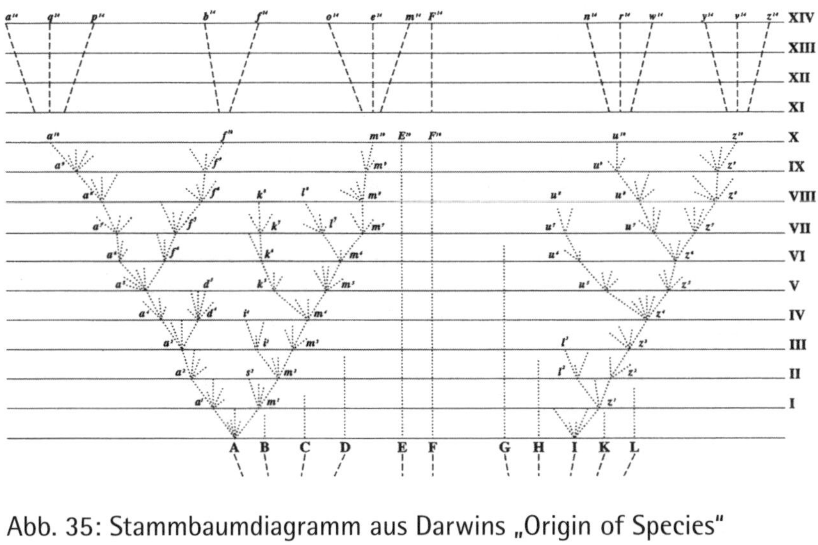

Abb. 35: Stammbaumdiagramm aus Darwins „Origin of Species“

gegenwärtigen Lebens ausgegangen war. Später ging er, wie wir heute, von einer Wurzel aus.

So weit, so gut, aber was war der „Mechanismus“, der hinter dieser Entwicklungsdynamik stand? Darwin hatte lange nach einer Antwort gesucht. Er fand die entscheidende Anregung dazu in einem Buch von Thomas Malthus (1766–1834) über die Bevölkerungsentwicklung in England, das ursprünglich 1826 veröffentlicht worden war. Darwin hatte es nachweislich gelesen, wie übrigens auch Wallace.

Malthus hatte die enorme Bevölkerungszunahme in England während der Industrialisierung untersucht und ein düsteres Bild der Zukunft gemalt. Während die Nahrungsmittelproduktion nur linear wachsen könne, würde die Bevölkerung exponentiell zunehmen. Die Folgen wären Unterernährung, Hungersnot und die Reduzierung der Bevölkerung. Dieses Buch wurde ein Bestseller, vielleicht sogar wegen der düsteren Aussichten, die es schilderte. Für Darwin (wie auch Wallace) enthielt das Buch vor allem den Schlüssel zur Erklärung der Evolution, das Missverhältnis von Geburtenraten und Ressourcen und einen Prozess der Selbstregulierung der Populationsgröße.

Demnach kann man feststellen, dass zwar alle Arten eine so große Fruchtbarkeit besitzen, dass ihre Populationen eigentlich sehr stark zunehmen müssten, aber die Zunahme nicht eintritt, im Gegenteil die Größe der Populationen im Allgemeinen relativ stabil bleibt. Andererseits sind die Ressourcen der Populationen, also Grundlagen der Ernährung, der räumlichen Ausdehnungsmöglichkeit und Ähnliches, sehr begrenzt. Aus diesen drei Beobachtungen lässt sich nach Darwin schließen, dass es zwischen den Mitgliedern der Population zu einer Konkurrenzsituation kommen muss, bei der ein Teil überlebt und sich fortpflanzt, der andere Teil untergeht. Aber welche der Mitglieder der Population überleben? Offenbar ist dieses Überleben im Wesentlichen davon abhängig, dass sich die Mitglieder der Populationen durch Merkmale unterscheiden, die dazu führen, dass einzelne Mitglieder besser mit den Umweltbedingungen zurechtkommen als andere und sich dadurch erfolgreicher fortpflanzen können. Das ist der entscheidende Schluss!

Tatsächlich lässt sich beobachten, dass die Individuen innerhalb der Populationen niemals völlig gleich sind, dass im Gegenteil Varianten auftauchen und diese auch vererbt werden. Es überleben eher jene Mitglieder der Populationen und deren Nachkommen, die zufällig Varianten vererbt bekommen haben und diese dann auch weitervererben, die sie bezüglich der Lebensgrundlagen gegenüber anderen Individuen der Population in Vorteil setzen. Das ist der Kern dessen, was Darwin als „natürliche Selektion" bezeichnet. Das ungleiche Überleben und Fortpflanzen ist offensichtlich ein Prozess einer Art „Auslese", der auf Dauer zu allmählichen Veränderungen von Populationen führt und damit auch zur Entstehung neuer Arten.

Darwin veröffentlichte seine Thesen 1859 in seinem Buch mit dem Titel *On the Origin of Species by Means of Natural Selection (or the Preservation of Favoured Races in the Struggle for Life)* („Über die Entstehung der Arten durch natürliche Zuchtwahl"). Das war 27 Jahre nach dem Beginn seiner Reise. Er machte es sich offenbar nicht leicht. Er zögerte mit der Veröffentlichung, da er nicht glaubte, dass sein Beweismaterial ausreichen würde. Erst das Drängen von Freunden und das Problem, dass sein Kollege Alfred R. Wallace Ähnliches publizieren wollte, ließ ihn sein Material veröffentlichen.

Die Jahre 1858 und 1859, in denen die Thesen von Darwin und Wallace im Druck erschienen, markieren für uns die Geburtsjahre einer Revolution in der Biologie. Nicht alle Zeitgenossen nahmen das aber so wahr. Der Ansatz von Lamarck blieb auch unter den Wissenschaftlern populär. Das mag unter anderem damit zu tun gehabt haben, dass das Konzept von Lamarck die herausgehobene Stellung des Menschen in der Welt nicht so infrage stellte wie das Konzept Darwins.

Aus der Theorie Darwins ergab sich nämlich, dass der Mensch Teil des Tierreiches ist, dass er sogar gemeinsame Vorfahren mit den Affen hat, was Darwin in seinem zweiten Buch darlegte (*The Descent of Man and Selection in Relation to Sex*). Aber es gab noch einen anderen Grund, warum Lamarck sich so lange hielt. Das Problem lag bei Darwin in der Bedeutung der Annahme, dass es bei der Vererbung Veränderungen gibt, „Variationen" des Erbgutes. Darwin konnte dabei zwei Fragen nicht wirklich beantworten: Wie kommt es zu den Variationen des Erbgutes (wofür Lamarck ja eine nachvollziehbare Erklärung anbot), und wie ist es denkbar, dass es so viele

Variationen gibt, dass sich auf längere Sicht die Population so verändert, dass eine neue Art entsteht und die alte ausstirbt?

Das Problem war, dass Darwin von Vererbung eigentlich keine Ahnung haben konnte. So gab es im Grunde keine Beweise für Darwins Theorie, sie war lückenhaft. Es ist faszinierend zu sehen, wie diese Lücken im Laufe der Geschichte der Biologie allmählich durch Forschungen geschlossen wurden, die teilweise zunächst einmal gar nichts mit der Evolutionstheorie von Darwin zu tun hatten. Schließlich mündeten sie in ein Verständnis des Vererbungsvorganges, die die Annahmen Darwins im Wesentlichen bestätigten. Das dauerte bis weit ins 20. Jh.

Seitdem ist aber der Darwinismus als Grundlage aller biologischen Forschung akzeptiert. Das gilt tatsächlich für alle biologischen Teilgebiete, man denke nur an die Systematik, also die Ordnung der Pflanzen und Tiere, die sogenannte „Taxonomie", an alle Fragen, die sich auf das Verhalten von Tieren (und auch der Pflanzen) beziehen, oder die ökologischen Fragestellungen. Die Entstehung und damit auch die Struktur von Ökosystemen lassen sich nur mithilfe der Theorie Darwins schlüssig untersuchen und erklären.

Eine klare Aufteilung der Wissenschaft in voneinander eindeutig abgegrenzte theoretische Fachdisziplinen bildete sich erst im 19. Jh. heraus. Bis dahin rechnete man zum Beispiel „biologische" Fragen der Heilkunde zu, der Medizin. Durch die Theorie Darwins konnte sich die Biologie dem Wissenschaftsverständnis des 19. Jhs. entsprechend als eine eigene wissenschaftliche Disziplin etablieren, wenn auch mit Verzögerung, denn es dauerte, bis sie als vereinende Theorie anerkannt wurde. 1973 formulierte es der Biologe Theodosius Dobzhansky so: *„Nothing in biology makes sense except in the light of evolution"* (*„Nichts in der Biologie ergibt einen Sinn, außer im Lichte der Evolution"*).

Aber die Bedeutung der Darwin'schen Theorie geht über die Biologie hinaus. Dadurch, dass er die Idee eines Schöpfergottes durch natürliche Kräfte ersetzte, trug er wesentlich zur völligen Verweltlichung der Naturwissenschaften bei. Alles, was wir auf der Erde sehen, ist so Folge einer aus sich selbst heraus nachvollziehbaren, aber nicht im Sinne einer höheren Bestimmung verstehbaren Entwicklung. Es braucht definitiv keinen Gott mehr. Auch menschliche Gefühle, Fragen nach dem Lebenssinn, nach ethischen Problemen, alles schien nun biologisch-naturwissenschaftlich erklärbar zu werden, anders zwar als in der Physik, aber es ging im Grundsatz in die gleiche Richtung: Das „naturwissenschaftliche Narrativ", wie man heute sagt, wurde für viele die universelle Grundlage der Welterklärung.

Eine Variante dieses „Narrativs", das sich als Anwendung der Evolutionstheorie auf die menschlichen Gesellschaften verstand, war der „Sozialdarwinismus". Die Anhänger dieser Theorie behaupteten in Anlehnung an die Evolutionstheorie von Darwin, dass die Entwicklung der Menschheit durch einen Prozess der Auslese beschreibbar wäre, bei dem die überlegenen Rassen sich durchsetzen und „minderwertiges" Erbgut verschwinden müsse. Das hatte viel mit dem Geist des Imperialismus zu tun, der die Politik der europäischen Mächte im 19. Jh. beherrschte. Der Gedanke, dass der militärische Triumph Europas über fast die ganze Welt eine Rechtfertigung in der Stärke der eigenen „Rasse" haben könnte, faszinierte viele Menschen. Damit verbunden wurde die Idee von höherwertigen und minderwertigeren „Rassen", und von Menschen, die angeblich eine Last für die Gesellschaft darstellten und tunlichst ausgeschaltet werden müssten.

Auch in Deutschland fand die Idee des „Sozialdarwinismus" zahlreiche Anhänger. Dabei bekam gerade hier das darwinistische Modell einen eigenartig militärisch-gewalttätigen Unterton. Das war schon in der Übersetzung der Schlüsselbegriffe angelegt. „Struggle for life", wie es im Englischen heißt, war eher bildlich gedacht und meinte so etwas wie das tägliche „sich Mühe geben", sich zu behaupten. Im Deutschen wurde daraus der „Kampf ums Dasein". Das andere englische Schüsselwort war „Survival of the fittest". Der Begriff zielte auf eine Anpassungsleistung, die die Individuen zu erbringen haben, um zu überleben. Im Deutschen wurde daraus das „Überleben des Stärkeren". In diesem Geiste wurde der Darwinismus also aufgenommen und (nicht nur in Deutschland) zur rassistischen Lehre weiterentwickelt.

Diese wurde zur ideologischen Grundlage radikaler politischer Strömungen in Europa zu Beginn des 20. Jhs., die während der nationalsozialistischen Herrschaft in Deutschland als Grundlage der Rechtfertigung für millionenfachen Mord und Vertreibung dienten. Hier drückt sich ein grundsätzliches Problem der Biologie aus, nämlich die ungeheuren Gefahren, die sich dann ergeben, wenn man biologische Erklärungsmodelle auf menschliche Gesellschaften überträgt. Die Theorie Darwins ist eine Theorie der Biologie, nicht menschlicher Gesellschaften, die nicht „biologistisch“ erklärt werden können.

Lebenswissenschaften im 19. Jahrhundert

Betrachten wir die Entwicklung etwas genauer, die dazu führte, dass die Darwin'sche Theorie bestätigt wurde und sich durchsetzte. Wir können in diesem Prozess zwei Forschungswege unterscheiden. Der eine führte gewissermaßen nach innen, in die Abläufe im Körper selbst und damit auf die molekulare Ebene. Der andere blickte von außen auf die Vererbungsgeschichten.

Zu Beginn des 19. Jhs. war die Vorstellung von Leben dominiert vom Konzept des Vitalismus, den wir bereits angesprochen haben. Der Vitalismus hatte seine großen Erfolgserlebnisse in der Embryologie Ende des 18. Jhs. Spätestens in dieser Zeit war durch die Beobachtung von Hühnereiern klar, dass sich die Embryos entwickelten, dass sie also nicht von Anbeginn in dieser Form existierten, sondern sich die einzelnen Organe, das gesamte Erscheinungsbild erst herausbildeten. Das bedeutete, dass die eher mechanistisch gedachte Präformationstheorie widerlegt war. Was für eine Kraft stand aber dann hinter der embryonalen Entwicklung?

Für die Gelehrten, die im 19. Jh. nach dieser Kraft suchten, war Newton ein großes Vorbild. Es ging darum, eine Kraft in der Natur zu finden, die die Erscheinungen erklärt, wie Newtons Gravitationskraft. Man wartete auf den „*Newton des Grashalms*“, wie es hieß, allerdings vergeblich. Die beschworene, einheitliche Kraft wurde nicht gefunden.

Auch darum wurden physikalische und chemische Konzepte wieder aktuell, um, je nach Standpunkt, das Funktionieren biologischer Organismen zu erklären. So entwickelten sich parallele Forschungsstränge. Man entdeckte, dass in den Tierkörpern elektrische Ströme fließen (wir erinnern uns an das Schicksal der Frösche Galvanis), und ging in die Richtung eines elektromagnetischen Erklärungsmodells biologischer Körper. Andere vermuteten eher chemische Vorgänge als Grundlage des Funktionierens biologischer Organismen und betrachteten den Körper als eine chemische Maschine. Bahnbrechend waren dafür die Arbeiten von Friedrich Wöhler (1800–1882), dem es gelungen war, den Harnstoff, also einen organischen Bestandteil biologischer Organismen, künstlich herzustellen.

Beide Ansätze führten aber zunächst nur zu den wildesten Phantasien, wie man künstlich Leben erschaffen könnte. Während Frankensteins Geschöpf im Roman von Mary Shelley (1818) sein Leben den elektrischen Kräften eines Blitzeinschlages verdankte, war der Homunkulus in Goethes „Faust" (1829) das Produkt chemischer Vorgänge.

Es blieb aber auch Skepsis, denn der Vitalismus als Grundidee einer besonderen Welt des Biologischen verschwand nicht einfach. Es blieb die Vorstellung, dass der Mensch auch biologisch nicht einfach auf Physik oder Chemie zurückzuführen sei. Gerade diese Verbindung zwischen vitalistischen Ideen und der physikalisch-chemischen Leitkonzeption erwies sich als sehr fruchtbar, denn nun suchte man nach etwas, das spezifisch ist für biologische Strukturen und Vorgänge, für die Erklärung des Lebens, aber doch auch den Vorstellungen der Physik und der Chemie entsprach. Das führte zur Suche nach kleinsten Einheiten auch in der Biologie und man identifizierte die durch Mikroskope immer deutlicher zu beobachtenden Zellen mit diesen kleinsten „Teilchen".

Zelltheorien

Im 19. Jh. entstand eine eigenständige „Zellforschung", die darauf ausgerichtet war, die Strukturen dieser kleinsten Einheiten zu untersuchen. Sie war geprägt von der Idee, dass jeder biologische Körper aus diesen in sich abgeschlossenen Zellen zusammengesetzt sei, die als Grundeinheiten auch die Träger des Wachstums darstellten. Zellen, so diese Sicht, entstehen nur aus Zellen aufgrund der Zellteilung. Wenn man den inneren Zusammenhang biologischer Entwicklungen betrachten wollte, musste man demgemäß die Zellen studieren.

Obwohl die Existenz von Zellen schon lange bekannt war (schon Robert Hooke hatte im 17. Jh. die Zellhüllen von Kork entdeckt), wurde ihre genaue Erforschung doch erst mit der zunehmenden Verbesserung der Mikroskope im 19. Jh. möglich. Erst durch sie konnte man Zellen hinreichend genau beobachten, und entdeckte, dass sie viel komplexer waren als man ursprünglich annahm. So konnte man so etwas wie einen Zellkern erkennen und eine gallertartige Masse.

Für die Frage der Vererbung und damit der Entwicklung von Leben spielte die Beschäftigung mit ganz besonderen Zellen, den Fortpflanzungszellen, die entscheidende Rolle. Der deutsche Biologe Oscar Hertwig (1849–1922) eröffnete dabei einen ganz konkreten Weg zu ihrer Erforschung, indem er die Befruchtung von Eizellen als die Verschmelzung von einem weiblichen mit einem männlichen Zellkern deutete.

Hertwigs Forschung war noch in methodischer Hinsicht von Bedeutung, weil er in der biologischen Forschung die Verwendung von Modellorganismen populär machte. Modellorganismen sind die Tiere, die für spezielle Fragestellungen besonders gute Eigenschaften aufweisen. Die Verwendung solcher Modellorganismen entspricht der Grundmethode naturwissenschaftlicher Arbeit seit Galilei und Bacon: Die Reduzierung der Komplexität der Wirklichkeit auf einfache Versuchsanordnungen, um bestimmte Erscheinungen besser untersuchen zu können. Hertwig benutzte für seine Beobachtungen Seeigel, bei denen die Befruchtung außerhalb des Körpers erfolgt und die Eier durchsichtig sind (was übrigens im Tierreich gar nicht so selten vorkommt).

Theorien der Vererbung

Damit war das Interesse auf die Untersuchung der Zellkerne gelenkt. Im Zellkern entdeckte man fadenähnliche Strukturen, die der deutsche Mediziner und Zoologe August Weismann (1834–1914) dann als Träger von Erbinformationen interpretierte. Die Substanz, aus der diese Fäden bestanden, nannte er Chromatin. Nun hatte man eine materielle Substanz, für die man einigermaßen begründet annehmen konnte, dass in ihr die Erbinformationen enthalten sind, auch wenn die genaue Zusammensetzung dieser Substanz noch nicht klar war.

Aber die Vorstellung, dass die Vererbung über diese Fäden funktioniert, erwies sich als ein erfolgreiches Erklärungsmodell. Man spricht von der „Chromosomentheorie der Vererbung".

Bei Untersuchungen der Zellteilungen konnte man Abläufe beobachten, die man auf Basis der Hypothese der Chromosomentheorie als Vererbungsvorgang interpretierte. Zum ersten Mal entstand zumindest eine Ahnung davon, wie Erbinformationen weitergegeben werden könnten, dass sie nicht einfach vermischt, sondern bei der sexuellen Fortpflanzung gewissermaßen neu kombiniert werden und sich damit eine neue Zusammensetzung ergibt, eine Variation des Erbgutes. Soweit kann man von einer physikalisch-chemischen Analyse der Vererbung reden.

Aber mit der Frage, aus was für einem Material diese Vererbungsmasse im Zellkern besteht, betrat man das Feld der „Biochemie", wie wir heute sagen würden. Im 19. Jh. ging man davon aus, dass Proteine entscheidend seien für die Weitergabe von Erbinformation. Das war naheliegend, denn Proteine sind große Moleküle, die aus den Aminosäuren bestehen.

Aber schon in den 60er Jahren des 19. Jhs. stieß der deutschschweizerische Mediziner Friedrich Miescher (1844–1895) darauf, dass der Zellkern nicht nur aus Proteinen besteht, sondern noch aus einer anderen Substanz. Er nannte sie *Nuclein*. Mehr noch erkannte er, dass dieses *Nuclein* aus unterschiedlichen Säuren besteht, was später zur Bezeichnung *Nucleinsäuren* führte. Es gab also zwei Kernsubstanzen, und wenn man die Vererbung genauer verstehen wollte, so musste man sich mit diesen Kernsubstanzen beschäftigen, also den Proteinen und den Nucleinsäuren. Da war noch viel zu tun, aber es schien doch klar, in welche Richtung es gehen musste. Das Vererbungsproblem und das Problem, wie Zellen überhaupt funktionieren, gehörten demnach zum Forschungsfeld der Chemie.

Gregor Mendel

Doch entwickelte sich noch ein anderer Weg, Vererbung zu studieren, nämlich über die Beobachtung der Wirkungen der Vererbung. Es war die Übertragung physikalischer Methoden und Ansätze auf die Analyse von Vererbung. Dieser Ansatz ist mit dem Namen Gregor Mendel (1822–1884) verbunden, einem Mönch aus dem Augustinerkloster in Brünn.

Ein ungewöhnlicher „Beruf" für einen Naturforscher im 19. Jh. Immerhin war er vom Kloster für einige Semester freigestellt worden, damit er in Wien Physik studieren konnte. Nach seiner Rückkehr begann er mit seinen Forschungen, die er aufgeben musste, als er 1868 zum Abt seines Klosters gewählt wurde. Dass er sie überhaupt betreiben konnte, ist schon erstaunlich, denn mit seiner geistlichen Tätigkeit hatten sie rein gar nichts zu tun.

Er beschäftigte sich faktisch mit Vererbung (auch wenn er selbst gar nicht von Vererbung sprach) und entwickelte Gesetze, die eine mathematisch-statistische Beschreibung der Vererbung darstellen. Damit erfüllte er auch für die Biologie die jahrhundertealte Forderung an jede „moderne" Wissenschaft, Mathematik sei die Sprache der Natur. Mehr noch führte er ein wissenschaftliches Experiment durch, das den Ansprüchen an solche Experimente seit Galilei genügte. Er beobachtete nicht mehr die Natur, wie alle Biologen bis dahin, sondern er löste Naturvorgänge aus ihrem natürlichen Zusammenhang, er „idealisierte" Natur auf eine handhabbare Form.

Er wählte für seine Versuche Erbsenpflanzen aus, die sich jeweils in nur einem Erscheinungsmerkmal unterschieden, zum Beispiel weiße (W) oder violette Blüten (V). Dann kreuzte er gezielt diese Pflanzen (er führte dafür rund 10000 Kreuzungsversuche durch). Bei dieser ersten Kreuzung entstanden nur Pflanzen mit violetten Blüten. Das Merkmal „weiße Blüten" schien verschwunden zu sein. Dann kreuzte er diese so entstandenen Pflanzen erneut untereinander und es ergab sich ein überraschendes Ergebnis: Etwa drei von vier Pflanzen (also 75 Prozent) hatten zwar violette Blüten, eine aber weiße. Offenbar waren bei der ersten Kreuzung doch beide Merkmale erhalten geblieben, sodass das Merkmal „weiße Blüten" nach der nächsten Kreuzung wieder auftauchen konnte. Diese erste „Generation“ musste im Innern also eine Merkmalkombination haben, nämlich WV. Bei der Kreuzung dieser so entstandenen Pflanzen gab es dann statistisch vier Möglichkeiten der Merkmalverteilung: WW, VW, WV und VV. Nur WW erschien offenbar weiß, die drei anderen Fälle ergaben violette Blüten.

In den meisten Fällen sind die Vererbungsregeln viel komplizierter, was auch Mendel wusste, wichtig ist aber, dass er schon aus diesen einfachen Versuchen grundlegende Einsichten gewonnen hatte. Es gibt, so stellte Mendel fest, „Faktoren“, so etwas wie Atome der Vererbung, eine Grundvorstellung von kleinsten Einheiten, die er aus der Physik übernommen hat. Diese werden von den Eltern auf die Nachkommen unabhängig voneinander übertragen und bleiben erhalten, sie vermischen sich also nicht, sondern werden nur unterschiedlich kombiniert. Zudem erkannte er, dass es dominante (in unserem Falle V) und rezessive Merkmale gibt, die unterschiedlich vererbt werden, wobei die rezessiven Merkmale aber wieder sichtbar auftauchen können (in unserem Falls WW). In dieser Unterscheidung von dominant und rezessiv, von sichtbar und unsichtbar, liegt eine fundamentale Erkenntnis von Mendel.

Erst mehr als 30 Jahre, nachdem Mendel diese Versuche durchgeführt hatte (knapp 20 Jahre nach seinem Tod), entdeckte man sie in der wissenschaftlichen Öffentlichkeit. Das hatte wohl vor allem etwas damit zu tun, dass Mendels Methode der Idealisierung in der Biologie noch nicht akzeptiert war, anders ausgedrückt, die Biologen seiner Zeit waren nicht bereit für seine Experimente.

Jede wissenschaftliche Erkenntnis hat ihre Zeit. So werden wissenschaftliche Erkenntnisse nicht gewürdigt, wenn sie für den Wissenschaftsbetrieb und seine Fragestellung zu früh kommen. Wenn es aber Zeit ist, dann kommen mehrere Wissenschaftler gleichzeitig auf ähnliche Ideen. Das geschah auch in diesem Fall. Um die Wende des 19. zum 20. Jh. wurden die Arbeiten von Mendel von unterschiedlichen Wissenschaftlern neu entdeckt, die Frage der Vererbung wurde zum Mendelismus.

Mendel hatte im Prinzip vier revolutionäre Neuerungen in der Biologie auf den Weg gebracht: Er zeigte den Wert der experimentellen Idealisierung auch in der Biologie, die Bedeutung mathematisch-statistischer Verfahren für die genetische Forschung, er zeigte, dass es Erbfaktoren (Mendel sprach nur von einzelnen „Faktoren", später führte der dänische Biologe Wilhelm Johannsen [1857–1927] dafür die Bezeichnung „Gen" ein) gab, die nicht vermischt werden, sondern unabhängig und als einzelne „Faktoren" erhalten bleiben, und er dokumentierte die Unterscheidung von Genotyp (also die Struktur der Erbfaktoren) und Phänotyp (die äußere Erscheinung des Organismus), auch wenn die Begriffe selbst nicht von Mendel stammten. Er hatte die Biologie „physikalisiert". Das ist ganz schön viel für einen Mönch und es ist zweifelhaft, ob Mendel selbst die Tragweite seiner Experimente überhaupt erkannt hat.

Aus zwei mach eins: Die Entstehung der klassischen Genetik

Am Ende des 19. Jhs. wurden also von zwei Seiten her Erklärungsansätze für die Fragen nach der Vererbung, nach dem Entstehen von Leben, nach dem, was Leben überhaupt ist, gesucht.

Einerseits war man durch biochemisch-physikalische Methoden im Rahmen der Zellforschung zu der Chromosomentheorie der Vererbung gelangt. Andererseits hatte man mit rein physikalisch-statistischen Methoden (Mendel) Modelle entwickelt, die Vererbung und Lebensformen mathematischer Beschreibung zugänglich machten. Auf der einen Seite hatte man eine Substanz bestimmt, die etwas mit Vererbung zu tun hatte, auf der anderen Seite hatte man „Faktoren" identifiziert, die die Erbinhalte enthalten, die Gene, kleinste, isolierte Einheiten, Atome des Lebens gewissermaßen. Die Erbsubstanz konnte man unter dem Mikroskop sehen, welcher Art die Gene waren, konnte man nicht sagen, nicht einmal, ob sie überhaupt materiell waren oder nur theoretische Größen, denen eine Funktion zugeschrieben wurde.

Seit 1910 wurden zur Frage der Vererbung Forschungsarbeiten an der Columbia University in New York unter der Leitung des amerikanischen Biologen Thomas Hunt Morgan (1866–1945) durchgeführt. Wie bei Hertwig war Grundlage der Untersuchungen ein Modellorganismus mit besonders guten Eigenschaften, die *Drosophila melanogaster,* eine verbreitete Fruchtfliegenart. Sie besitzt nur vier Chromosomenpaare (Menschen besitzen zum Beispiel dreiundzwanzig), ihre Larven haben relativ gut beobachtbare „Riesenchromosomen" in den Speicheldrüsen und vor allem haben sie einen kurzen Generationszyklus, alle zwei bis drei Wochen gibt es eine neue Generation. Also ideale Bedingungen, um etwas über Vererbung zu erfahren.

Morgan war zu Beginn seiner Forschungen weder Anhänger der Chromosomentheorie noch Mendels. Aber im Laufe der Forschungen an seinem Institut wurde ihm deutlich, dass alle die Phänomene, die er und seine Mitarbeiter beobachteten, am einfachsten durch ein Modell zu erklären wären, das auf der Verbindung der Chromosomentheorie und der Theorie Mendels beruhte.

Worin bestand diese Vereinigung der Theorien? Vereinfacht gesagt darin, dass die Chromosomen zu Trägern der Gene wurden. Die Gene waren nun nicht mehr Recheneinheiten, sondern physische Größen, die auf den Chromosomen an bestimmten Orten lagen. Das Vererbungsgeschehen, das in dem Modell von Mendel ja nur statistisch erfasst worden war, erhielt so eine wirkliche materielle Grundlage. Morgan selbst drückte diese Vereinigung folgendermaßen aus: *„Die Zellforschung (also die Chromosomentheorie) liefert den Mechanismus, den die Ergebnisse der Experimente (also die Mendelschen Gesetze) fordern."* Mit anderen Worten: Was man an den phänotypischen Veränderungen beobachtete, passte zu den Annahmen der Chromosomentheorie.

Damit war ein Erklärungsmodell für die Vererbung gefunden, das man als „klassische Genetik" bezeichnet. Sie war mechanistisch gedacht. Die Gene haben (wie die Teilchen in den mechanistischen Theorien des 17. und 18. Jhs.) einen festen Platz, sind also eindeutig verortet und an ihren Orten wirksam. Sie liegen wie Perlen auf einer Schnur. Und es sind die Gene, die den Phänotyp des Lebewesens (kausal) eindeutig bestimmen. Die Gene selbst bleiben hingegen unverändert und sind von außen nicht beeinflussbar. Man kann hier von einem „genetischen Determinismus" sprechen.

Synthetische Evolutionstheorie

Morgan und seine Mitarbeiter zeigten noch etwas anderes, was für das Erklärungsmodell von Darwin ganz wichtig war. Sie zeigten, warum die sexuelle Reproduktion, also die Vererbung, aufgrund der Vereinigung einer weiblichen und einer männlichen Zelle so bedeutsam ist. Bei einer solchen Vereinigung werden nämlich die Gene neu zusammengesetzt, dadurch hat das Erbgut eine hohe „Variabilität", wie man sagt. Das heißt, das Erbgut kann sich auf fast unendlich viele Arten neu zusammensetzen, also verändern. Das ermöglicht den Lebewesen, in hohem Maße unterschiedlichen Umweltbedingungen durch Anpassung zu genügen, auch auf dem Weg, den Darwin angegeben hat, nämlich durch das Überleben und die Fortpflanzung jener Individuen, die durch Zufall den äußeren Bedingungen besser angepasst sind. Trotz einiger Unklarheiten im Detail wurde offenbar, dass der Prozess der Vererbung tatsächlich im Sinne Darwins interpretierbar ist.

Die Theorie der Vererbung hatte damit greifbare Formen angenommen. Sie bot in den 30er Jahren des 20. Jhs. zusammen mit den Ergebnissen aus anderen Forschungsbereichen, wie der Embryologie, Paläontologie, Systematik und der vergleichenden Anatomie die Basis dafür, ausgehend von Darwins Evolutionstheorie ein grundlegendes Modell für die Erklärung der biologischen Welt zu entwickeln. Man spricht von der „synthetischen Evolutionstheorie", weil sie die Ergebnisse aus vielen Forschungsfeldern zusammenbrachte. Sie ist im Prinzip bis heute die Grundlage der Biologie, da sie alle Bereiche der Biologie in einen sinnstiftenden Zusammenhang einbindet.

Ein zentrales Problem der Evolutionstheorie war, inwieweit die von Darwin behauptete allmähliche Evolution, also die Veränderungen in kleinen, fast unmerklichen Schritten, wirklich zu so drastischen Veränderungen führen könne, dass neue Arten entstehen. Auf einer ganz abstrakten, theoretisch-mathematischen Ebene zeigten verschiedene Wissenschaftler in den 20er Jahren des 20. Jhs. anhand von Modellrechnungen, dass das möglich ist und es sogar in evolutionär betrachtet relativ kurzen Zeiträumen möglich zu sein scheint.

Modellrechnungen sind natürlich das eine, um aber der Evolutionstheorie zum allgemeinen Durchbruch zu verhelfen, musste man diese Möglichkeit auch empirisch zeigen. Es entstanden eine große Zahl solcher Untersuchungen in den 20er Jahren und auch sie bestätigten Darwins Annahme: Auch aus kontinuierlichen kleinen Mutationen konnten große werden. Einerseits halfen neue Modellorganismen, nämlich Bakterien, deren Generationsfolge so schnell ist, dass man der Evolution in gewisser Weise zuschauen kann. Andererseits lernte man, gezielt Mutationen durch Röntgenstrahlen auszulösen.

Genetik war eine eigenständige Fachdisziplin geworden mit einer geschlossenen Theorie und einer experimentellen Grundlage, die in Lehrbüchern dargestellt werden konnte, zum Beispiel Theodosius Dobzhanskys *Genetics and the Origin of Species* („Genetik und der Ursprung der Arten") aus dem Jahre 1937. Wir erinnern uns, dass Darwins bahnbrechendes Werk ganz ähnlich hieß: *The Origin of Species by Means of Natural Selection*. Dobzhanskys Buch knüpfte bewusst an Darwins Titel an. Er wollte dokumentieren, dass das, was Darwin als „natürliche Selektion" bezeichnet hatte, mithilfe der genetischen Theorie prinzipiell erklärbar geworden war.

Die Entschlüsselung des Geheimnisses des Lebens

Eines blieb aber noch sehr unklar, was nämlich auf der chemischen Ebene mit den Chromosomen genau vorging, was ein Gen überhaupt war, woraus es bestand und wie dieser Aufbau an dem Vererbungsprozess beteiligt war. Es dauerte noch fast 30 Jahre, bis man dahinterkam.

Dass es vergleichsweise lange dauerte, lag natürlich an der Komplexität der Materie selbst und daran, dass erst allmählich die technischen Instrumente und die chemischen Theorien entwickelt wurden, die für das Modell notwendig waren. Wesentlich waren aber auch grundlegende, anfängliche Denkfehler. Einer bestand darin, dass man annahm, ein so komplizierter Vorgang wie die Vererbung bedürfe komplexer Moleküle, wie zum Beispiel die Proteine. Deshalb konzentrierte man sich bei der Suche nach der Erbsubstanz auf die Proteine. Man musste erst lernen, dass die notwendige Komplexität dadurch entstehen konnte, dass wenige Grundbestandteile, zu langen Ketten miteinander verbunden, ein noch komplexeres Molekül bilden können. Erst dann konnte man erkennen, dass nicht die Proteine, sondern die „Desoxyribonukleinsäure", kurz DNA (im Englischen heißt Säure Acid und man benutzt im Allgemeinen die englischsprachige Abkürzung), die eigentliche Erbsubstanz ausmacht. Ein zweiter Gedankenfehler lag darin, dass man sich chemische Strukturen im Grunde flach vorstellte, während die Lösung des Vererbungsproblems in einer räumlichen Struktur lag.

Es war der US-amerikanische Chemiker Linus C. Pauling (1901–1994), der herausfand, dass faserförmige Moleküle die Struktur von Wendeln hatten, was im Lateinischen „helica" bedeutet, woraus sich der Begriff Helix ableitet. Das war eine bahnbrechende Idee im wörtlichen Sinne, da man bei der Suche nach den Strukturen der Erbsubstanz nun auf solche wendelförmigen Strukturen gelenkt wurde. Pauling hatte seine Idee aufgrund theoretischer Überlegungen gewonnen, aber seit den 40er Jahren gelang es mithilfe eines photographischen Verfahrens, bei dem Röntgenstrahlen benutzt wurden, sogar aussagekräftige Bilder dieser Mikrostrukturen herzustellen.

Rosalind Franklin (1920–1958) war englische Physikerin und Biochemikerin am King's College in London und führende Spezialistin für eben dieses photographische Verfahren. Aufgrund von Aufnahmen der biologischen Mikrostrukturen, die sie mithilfe dieses Verfahrens anfertigte, erkannten sie und ihre Kollegen, zu denen auch Maurice Wilkins (1916–2004) gehörte, dass auch die DNA wohl in Form einer Doppelhelix aufgebaut sein müsste.

Aber Rosalind Franklin und ihre Kollegen waren nicht die Einzigen, die an der Entschlüsselung der DNA-Struktur arbeiteten. In Cambridge forschten zwei Wissenschaftler, Francis Crick (1916–2004) und James D. Watson (geb. 1928), am gleichen Problem. Den entscheidenden Hinweis auf die genaue Struktur der DNA erhielten sie durch eine besonders gut gelungene Aufnahme, die Franklin angefertigt hatte. Diese wurde ihnen, ohne dass Franklin davon wusste,

Abb. 36: Watson (links) und Crick posieren vor einem Modell „ihrer" DNA

von dem Kollegen Franklins, Maurice Wilkins, zur Verfügung gestellt. Eine Art männliches Komplott.

Watson und Crick schlossen aus der Aufnahme, wie übrigens auch Franklin, dass es sich bei der DNA um eine Doppelhelix handeln musste. Man kann sie sich als eine Strickleiter mit starren Sprossen vorstellen, die zu einer Wendel verdreht ist. Die entscheidende Leistung von Watson und Crick war, dass sie die Bestandteile der Strickleiter richtig identifizierten. Die Seitenteile der Strickleiter bestehen aus Zuckerphosphaten, die Sprossen aus zwei Stickstoffbasen, die durch Wasserstoffbrücken miteinander verbunden sind. Es gibt vier solcher stickstoffhaltigen Basen in der Helix, die in bestimmten Kombinationen gepaart sind, nämlich Adenin mit Thymin und Guanin mit Cytosin. Die Abfolge der vier Basen kann endlos variiert werden, und jedes Gen auf der DNA hat entsprechend eine ganz einzigartige Basenfrequenz. Beim Menschen besteht ein solcher DNA-Strang aus etwa drei Milliarden Basenpaaren.

Die Doppelhelix-Struktur ist auch von großer Bedeutung für die Vervielfältigung der DNA. Bei der Vervielfältigung, man spricht von „Replikation", werden die beiden Stränge an den Wasserstoffbrücken getrennt und jeder Strang dient nun als Matritze für die Herstellung eines neuen Partnerstranges. Aus einem Paar entstehen so zwei Paare. Bei dieser Replikation nun kann es dazu kommen, dass die Basen neu kombiniert werden. Hier liegt der eigentliche Schlüssel für Veränderungen des Erbmaterials, wobei diese häufig auch schädlich sein können.

Mit dem Hinweis auf diese Replikationsfunktion endet auch der berühmte, nur eine Seite lange Aufsatz, in dem Watson und Crick der Welt die Entdeckung dieser Struktur bekannt machten: *„Es ist nicht unserer Aufmerksamkeit entgangen, dass die besondere Struktur des Paares, die wir vorschlagen, unmittelbar auf einen möglichen Kopier-Mechanismus für das genetische Material hinweist."*

Damit hatte man wesentliche Aspekte der Vererbung entschlüsselt, und für die Forscher der 50er Jahre schien es sogar so, als habe man die entscheidenden Schritte getan, um die Vererbung vollständig zu verstehen. Die Erbsubstanz auf den Chromosomen war die DNA, in Strängen angeordnet, auf denen die Gene aufgereiht liegen. Es waren aber keine Pünktchen mehr, sondern feste Abschnitte auf der DNA. Indes ging man weiter davon aus, dass diese Gene jeweils für bestimmte, festgelegte Merkmale stehen, die vererbt werden, also so etwas darstellen wie die Erbfaktoren von Mendel.

Diese Auffassung bezeichnet ein „zentrales Dogma" (so nannte es Francis Crick) der Molekularbiologie, wonach es eine eindeutige und unumkehrbare Richtung gibt, von der DNA hin zu den Proteinen, die dann zu den Erscheinungen der Organismen führt. Es gibt keinen Weg zurück, also auch keine Veränderung der Erbstruktur durch erworbene Eigenschaften! Lamarck schien damit endgültig widerlegt.

Postmoderne Genetik

Die 1950er und 1960er Jahre waren eine Zeit, in der elektronische Rechner und mit ihnen die Informatik Einzug in die Wissenschaft hielten. Damit ergaben sich nicht nur ganz neue Möglichkeiten der mathematischen Beschreibung der Welt, sondern auch eine neue

Art, Vorgänge in der Welt zu verstehen. Man spricht vom „linguistic turn", der sprachlichen Wende, nicht nur in den Naturwissenschaften, sondern vielleicht noch stärker in der Philosophie und in den Geisteswissenschaften.

Der österreichische Physiker Erwin Schrödinger (1887–1961) brachte schon in der Mitte des 20. Jhs. diesen neuen Aspekt ein. Er interpretierte naturwissenschaftliche Eigenschaften als eine Sprache, die aus einfachen Zeichen zusammengesetzt ist (wie die DNA). Vererbung erscheint unter diesem Blickwinkel in erster Linie als einer sprachlichen Kommunikation vergleichbare Informationsübertragung.

Genetische Prozesse wurden nun als Informationssysteme interpretiert. Das, was vererbt werde, seien genetische „Codes" (schon Watson und Crick gebrauchten diesen Begriff), die Gene seien Zeichen einer umfassenderen Sprache, die über mehrere Schritte in phänotypische Realitäten übersetzt würden. Der ganze Organismus wurde zu einer Welt der Sprache, einem „semiotischen Kosmos", einem Behälter und Vermittler von Informationen.

Das war nützlich, weil man auf diese Weise wichtige Kennzeichen der Vererbung angemessen erfassen konnte. Es ist interessant, dass diese Interpretation der Wirklichkeit, dieses Erklärungsmodell wieder an eine Maschine angelehnt war, die Menschen entwickelt hatten. Zu Zeiten von Descartes und Boyle war es das Uhrwerk, das als Vorbild der Erklärung von Pflanzen und Tieren diente. Nun hatte man wieder eine neue „Maschine" gefunden, keine mit Zahnrädern, Hebeln oder Federn, sondern den Computer, eine „Maschine", die Zeichen produziert. Aber das Besondere der genetischen Prozesse ist, dass ihre Zeichen Bedeutung haben, einen Sinn, der sich als das äußert, was wir Leben nennen.

Aber was wird genau durch die einzelnen Gene geleistet? Welche Rolle spielen die DNA-Abschnitte überhaupt? Ursprünglich dachte man, dass man mithilfe der „Kartierung" der identifizierbaren DNA-Abschnitte, also den Genen, die vollständige genetische Struktur eines Lebewesens erstellen und erklären könnte, das Genom. Die Komplexität des Vererbungsgeschehens suchte man dadurch begreiflich zu machen, dass man Vererbung auf die Summe der einzelnen Gene reduzierte. Das hat sich inzwischen als problematisch erwiesen.

Das Genom enthält unklare Bereiche, die aber von höchster Bedeutung zu sein scheinen. Zahlreiche Gene haben offenbar gar keine festen Plätze auf dem Genom. Die amerikanische Biologin Barbara McClintock (1902–1990) nannte sie Transponsons („springende Gene"). Es zeigte sich, dass das eben nicht alles so stabil und einfach ist, wie man sich das vorstellte. Auch wird deutlich, dass Gene offenbar keine bloßen physischen Teilchen sind, sondern Einheiten, die eine Funktion ausüben, die sich mitunter ändern kann.

Im Falle der „springenden Gene" ist es so etwas wie die Steuerung oder Kontrolle der Informationsübermittlung. Seit den 80er Jahren ist die Existenz solcher „Kontrollgene" dann mehr und mehr Bestandteil des allgemeinen Wissens der Gentheoretiker geworden. „Kontrollgene" aktivieren andere Gene oder eben nicht. Aber niemand weiß so genau, wie das geschieht und wann. Nur scheint es, dass an diesen Kontrollprozessen indirekt auch biographische Erfahrungen beteiligt sind. Das hieße, dass das Genom nicht unveränderlich ist, sondern sich im Laufe eines Lebens in seiner Funktion verändert. Man spricht in diesem Zusammenhang von „Epigenetik".

Man nimmt inzwischen sogar an, dass diese Veränderungen vererbt werden können. Das würde bedeuten, dass das „zentrale Dogma der Genetik" nicht ganz stimmt und auch, dass Aspekte der Theorie von Lamarck wieder aktuell werden in Form sogenannter maternaler (durch die Mutter), paternaler (durch den Vater) oder transgenerationaler Effekte.

Das ist eine bemerkenswerte Geschichte. Es scheint so, dass sich die Biologen und Genetiker zwar immer mehr Detailwissen aneignen (und das ist riesig und sehr kompliziert), dass es aber immer unklarer wird, wie und was eigentlich vererbt wird, welche Struktur die genetische Grundlage des Lebens hat und wie diese Struktur mit dem Erscheinungsbild der Lebewesen zusammenhängt. Das Leben bleibt, bei allem technischen Wissen, letztendlich unbegreiflich.

Die moderne Physik

„Heute ist man sich ziemlich einig darüber, und auf der physikalischen Seite der Wissenschaft fast ganz einig, dass der Wissensstrom auf eine nichtmechanische Wirklichkeit zufließt; das Weltall sieht allmählich mehr wie ein großer Gedanke als wie eine große Maschine aus."

Sir James Jeans

Im vorletzten Kapitel sahen wir die Vollendung der klassischen Physik gegen Ende des 19. Jhs. Ein Großteil der Physiker war überzeugt davon, dass es nur noch wenige Details gebe, die man erforschen könne, denn alles schien im Grunde völlig klar. William Thomson (1824–1907), besser unter dem Namen Lord Kelvin bekannt, sah die Schönheit und Klarheit der klassischen Theorien allerdings durch zwei Wolken verdeckt: die Ergebnisse des Versuchs von Michelson und Morley und die Wärmestrahlung heißer Körper. Er hatte damit den Nagel auf den Kopf getroffen: Von diesen beiden Phänomenen aus sollte die moderne Physik entstehen; aus dem Versuch von Michelson und Morley erwuchs die Relativitätstheorie und aus der Forschung zur Wärmestrahlung von heißen Körpern wurde die Quantenphysik geboren. Diese beiden Bereiche haben die klassische Physik schwer erschüttert und verwandelt. Schon wenige Jahre nach dem Vortrag, den Lord Kelvin über die „Wolken" hielt (1900), war die Physik nicht mehr wiederzuerkennen. Aber der Reihe nach …

Wärmestrahlung und die Geburt der Quantenphysik

Seit Maxwell war bekannt, dass Licht eine elektromagnetische Welle ist. Wellen werden durch die Abstände ihrer Wellenberge, die sogenannte Wellenlänge, charakterisiert. Thomas Young, so haben wir gesehen, konnte diese Wellenlänge erstmals messen. Sie war winzig: nur etwa die Hälfte eines Tausendstels eines Millimeters, also 0,0005 mm. Die Wellenlänge war nicht für alle Lichtwellen gleich, sie unterschied sich je nach der Farbe des Lichts. Für rotes Licht kamen Wellenlängen von 0,0007 mm heraus, blaues Licht hatte eher 0,0004 mm. Das gesamte Farbspektrum des Lichts deckte den Bereich zwischen 0,0004 und 0,0007 mm ab. Praktisch zur selben Zeit wurde entdeckt, dass es auch außerhalb dieses Wellenlängenbereichs Licht gibt, Licht allerdings, das man nicht sehen, wohl aber spüren kann. So entdeckte Wilhelm Herschel im Jahr 1800 die Wärme- bzw. Infrarotstrahlung. Diese Entdeckung gelang ihm, indem er an das durch ein Prisma in sein Farbspektrum aufgelöste Sonnenlicht ein Thermometer entlang schob. Er wollte herausfinden, in welchem Spektralbereich am meisten Wärme freigesetzt wird. Dabei bemerkte er, dass die Temperatur im blauen Bereich am niedrigsten, im roten am höchsten ist. Als er das Thermometer ein wenig weiter weg vom roten Bereich schob, kam zu seiner Überraschung eine noch größere Temperatur heraus: Er hatte die unsichtbare Infrarot-Strahlung entdeckt. So unsichtbar sie aber auch ist, ihre Wirkung kann man nicht nur am Thermometer sehen, man kann sie auch spüren. Wenn wir uns in der Sonne aufwärmen, dann in erster Linie durch diese Strahlung. Nur nebenbei bemerkt: Auch auf der anderen Seite des Spektrums, jenseits der violetten Farbe, wurde unsichtbares Licht entdeckt, und zwar 1801 durch den Physiker J. W. Ritter (1775–1810). Es wurde bald als ultraviolettes Licht bezeichnet.

Für den weiteren Gang der Naturwissenschaft spielte die Infrarot-Strahlung eine sehr wichtige Rolle. Man bemerkte bald, dass nicht nur die Sonne und die Sterne diese Wärmestrahlung aussenden, sondern dass dies jeder Körper macht. Heutzutage kann dies jede Wärmebildkamera klar zeigen. Die Wärmestrahlung ändert sich mit der Temperatur des Körpers. Ein heißes Hufeisen zeigt dies ganz deutlich: An einem Ende, in der das Stück am heißesten ist, leuchtet der Körper kräftig gelb bzw. weiß, zur Mitte hin leuchtet er schwächer und rötlich. Diese Eigenschaft wurde schon im 19. Jh. ausführlich untersucht. Es wurde erkannt, dass sich das Maximum der

Wärmestrahlung mit steigender Temperatur zu immer kurzwelligerem Licht hin verschiebt. Wird die Temperatur immer höher (einige hundert Grad), dann beginnen Körper langsam rot zu glühen, bei noch weiterer Erhöhung leuchtet der Körper gelblich-weiß, so wie die Sonne. Die Körper strahlen aber nicht nur Licht einer einzigen Wellenlänge, sondern aller möglichen Wellenlängen aus. Bei einer ganz bestimmten Wellenlänge aber ist die Strahlung maximal, und dieses Maximum verschiebt sich bei höherer Temperatur zu immer kürzeren Wellenlängen. Rotes Licht hat eine längere Wellenlänge als gelbes; so kommt es, dass bei höherer Temperatur ein Körper seine Farbe von Rot nach Gelb ändert. Und insgesamt erhöht sich die Strahlungsleistung bei höherer Temperatur.

Die Physiker des 19. Jhs. gingen nun daran, diese Strahlung bei den verschiedenen Temperaturen genau zu vermessen, und erhielten „Strahlungskurven". Abb. 37 zeigt die Kurven bei verschiedenen Temperaturen. An dieser Stelle sollte noch erwähnt werden, dass alle Körper auf fast gleiche Art und Weise strahlen, was die Physiker besonders faszinierte. Nur die Temperatur bestimmt die Strahlung, die restlichen Eigenschaften eines Körpers sind ohne Belang. In dem Diagramm ist die Intensität der Wärmestrahlung über die Wellenlänge abgetragen. Die Wellenlänge ist dabei in Millionstel Millimeter angegeben, die Physiker nennen einen Millionstel-Millimeter einfach Nanometer, Abkürzung nm.

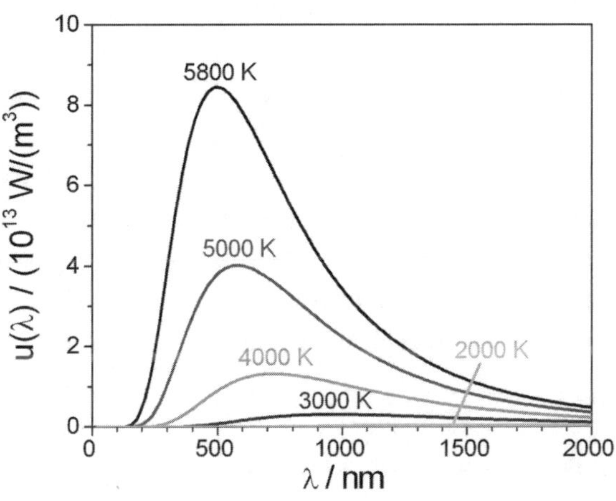

Abb. 37: Strahlungskurven unterschiedlich heißer Körper

Die Temperaturen sind in Kelvin angegeben, das ist aber bei den hohen Temperaturen, die im Diagramm eingetragen sind, praktisch das Gleiche wie Grad Celsius. Ein 9000 Grad heißer Körper gibt jede Menge Wärmestrahlung ab, das Maximum der Ausstrahlung liegt bei ca. 350 nm, also schon im ultravioletten Bereich. Ein solcher Körper würde uns bläulich-weiß erscheinen. Bei niedrigeren Temperaturen geht die Gesamtstrahlung stark zurück und das Maximum verschiebt sich zu immer kürzeren Wellenlängen, bei 6000 Grad (das ist ungefähr die Oberflächentemperatur der Sonne) liegt das Maximum bei ca. 500 nm, das liegt im rot-gelben Bereich.

Das experimentelle Aufnehmen dieser Kurven war das eine, das andere war jetzt, diese Kurven zu erklären. Warum verhält sich die Wärmestrahlung gerade so? Die großen Naturgesetze der klassischen Physik, hier insbesondere die Maxwell-Gleichungen und die Hauptsätze der Thermodynamik, hätten eine Erklärung dafür haben müssen, und so suchten die Physiker im ausgehenden 19. Jh. fieberhaft nach einer entsprechenden Ableitung der Kurve aus diesen Naturgesetzen. Ein wichtiger Versuch einer Erklärung stammte von den beiden Physikern John William Strutt (besser bekannt als Lord Rayleigh [1842–1919]) und Sir James Jeans (1877–1946). Sie konnten die Kurve prima erklären, der Haken war nur: Die Erklärung galt nur für große Wellenlängen. Bei kleinen Wellenlängen war die Abweichung nicht nur recht groß, sie war nahezu grotesk.

Hier kam nun die große Zeit eines Physikers, der das Tor zu einer völlig neuen Welt öffnen sollte: Max Planck (1858–1947). Er arbeitete mindestens sechs Jahre an dem Problem, um dann am 14. Dezember des Jahres 1900 in einem Vortrag vor der Deutschen Physikalischen Gesellschaft in Berlin die Lösung darzulegen. Er hatte zunächst eine richtige Formel erraten. Diese Formel stellte eine Kurve dar, die nahezu exakt auf die experimentell ermittelten Kurven passte, so exakt, dass alle Zuhörer von tiefem Erstaunen ergriffen wurden. Planck hatte es geschafft. Doch diese Formel hatte einen bitteren Nachgeschmack, denn so schön ihre Form auch passte, die Physik, die hinter ihr steckte, war mit allem, was man bisher kannte, nicht zu vereinbaren: Der Formel nach konnte ein Körper die Wärmestrahlung nicht ständig bzw. kontinuierlich abstrahlen, sondern nur stoßweise, in Form von Paketen, die Max Planck als Energie-Quanten bezeichnete. Die Quantenphysik war geboren!

Planck konnte auch zahlenmäßig die Größe dieser Pakete angeben. Mit der einfachen Formel $E = h \times f$ war es möglich, die Energie der Quanten zu berechnen. E ist dabei die Energie, f die Frequenz der Strahlung (die Zahl der Schwingungen der elektrischen Felder in einer Sekunde) und h ist eine neue Naturkonstante, heutzutage als Planck'sches Wirkungsquantum bekannt.

Nun hielt sich der Jubel über diese neue Physik noch in engen Grenzen. Da Max Planck damals schon in hohem Ansehen stand und seine Formel gut, sogar außerordentlich gut passte, wurde er nicht mit Kritik und Verachtung überhäuft. Aber wirklich geglaubt hat ihm damals wohl kaum einer. Ein Abgeben von Energie in Paketen war völlig unerhört, die Natur mache keine Sprünge, alles müsse schön stetig vor sich gehen, Energie- Quanten konnte und durfte es somit nicht geben. Und wie konnte da noch eine neue Naturkonstante auftauchen? Alle Naturkonstanten wurden damals doch als längst bekannt vorausgesetzt. Aber die Natur kümmert sich verständlicherweise nicht um die Vorstellungen ihrer Erforscher. Und so sollte es noch einige Jahre dauern, bis die Quanten den Durchbruch schafften.

Diese Wolke, die den klaren Himmel der klassischen Physik verdeckte, blieb. Und es gab ja noch eine zweite, nicht viel weniger dunkle Wolke, die auch mit Licht zu tun hatte.

Der Versuch von Michelson und Morley: Auf der Suche nach dem Ätherwind

Die Vorstellung eines Äthers gab es schon seit langer Zeit. An sich hatte die Newton'sche Physik diesen Äther wieder weggewischt, denn die Weiten des Weltraums, die ja im 17. und 18. Jh. ungeheuer angewachsen waren, sollten leer sein, um die Bewegungen der Planeten nicht zu bremsen. Doch da gab es ein Problem mit dem Licht: Nachdem es sich als Welle erwiesen hatte, also als eine sich ausbreitende Schwingung, musste ja irgendetwas im Weltraum sein, was schwingen könnte. Und so wurde das Weltall wieder mit Äther aufgefüllt, zwar nicht als vollkommenes Element, aber mit einigen vollkommen unglaublichen Eigenschaften: Da die Geschwindigkeit der Lichtwelle ungeheuer groß ist, müsse der Äther außerordentlich fest sein, denn je fester ein Körper, umso schneller kann sich eine Welle darin ausbreiten. Schall etwa breitet sich in Wasser wesentlich schneller aus als in Luft (ca. 1500 m/s in Wasser gegen ca. 330 m/s in Luft) und in festen Körpern nochmals deutlich schneller (in Metallen ca. 6000 m/s). Mit einem festen Äther gibt es aber ein Riesenproblem: Wie sollen Planeten sich durch solch einen festen Äther bewegen können ohne langsamer zu werden, und das jetzt schon seit Millionen von Jahren? Also müsste der Äther auch außerordentlich dünn sein, um keine Bremswirkung aufzubauen. Insgesamt eine recht schwierige Sache.

Aber der Äther hatte auch einen nicht zu unterschätzenden Vorteil: Er definierte praktisch ein absolutes Koordinatensystem des Universums, auf das man alle Bewegungen im Kosmos beziehen konnte, er befand sich und ruhte praktisch im „absoluten Raum". Alle Himmelskörper bewegen sich in ihm und haben dabei ihre „absolute Geschwindigkeit", daneben haben die Himmelskörper natürlich noch ihre relativen Geschwindigkeiten zueinander. Die Erde umkreist beispielsweise die Sonne mit 30 km/s. Diese Geschwindigkeit ist die Relativ-Geschwindigkeit der Erde bezüglich zur Sonne. Würde die Sonne im Äther ruhen, wären die 30 km/s auch zugleich die absolute Geschwindigkeit der Erde. Doch dass ausgerechnet die Sonne im Äther ruht, erscheint sehr unwahrscheinlich. Würde sich die Sonne aber beispielsweise mit 100 km/s durch den Äther bewegen, und hätte sie dann auch noch dieselbe Bewegungsrichtung wie die Erde, hätte die Erde eine absolute Geschwindigkeit von 130 km/s, eben die Geschwindigkeit der Sonne plus die Relativgeschwindigkeit der Erde. Daher wurde bald eine interessante Frage gestellt: Wie schnell bewegt sich die Erde denn tatsächlich durch diesen Äther? Eine Beantwortung dieser Frage hätte eine Menge weiterer Fragen gelöst: Ruht die Sonne vielleicht doch in diesem Äther? Oder doch eher das Zentrum der Milchstraße? Oder bewegt sich die ganze Milchstraße durch den Äther?

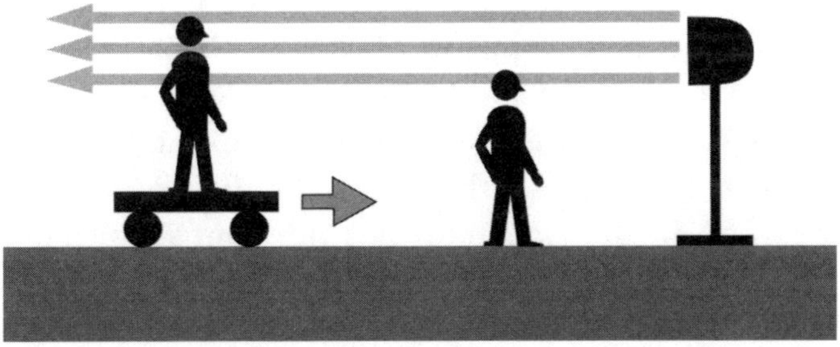

Abb. 38: Zwei Männchen messen die Lichtgeschwindigkeit

Die ungeheuer große Bedeutung der Beantwortung dieser Frage liegt auf der Hand.

Doch wie sollte so eine Frage beantwortet werden? Der Äther war ja im wahrsten Sinne des Wortes ungreifbar. Aber ein Objekt, das mit dem Äther intensiv verknüpft ist, war sehr viel greifbarer, nämlich das Licht. Im ruhenden Äther hat es seine „natürliche" Geschwindigkeit c von ca. 300000 km/s. Bewegt sich nun ein Objekt auf das Licht zu, so erscheint die Lichtgeschwindigkeit größer, bewegt es sich vom Licht weg, so müsste die Lichtgeschwindigkeit kleiner erscheinen. Abb. 38 zeigt solch eine Lichtquelle und zwei Männchen: eines steht ruhig da, das andere fährt mit einem Wagen auf die Lichtquelle zu. Das ruhende Männchen würde die übliche Lichtgeschwindigkeit messen, das fahrende eine größere, je nach eigener Geschwindigkeit. Würde sich das fahrende Männchen beispielsweise mit 1000 km/s bewegen (das wäre natürlich wahnsinnig schnell), so wäre die Lichtgeschwindigkeit bei diesem auf 301000 km/s angestiegen. Voraussetzung ist dabei, dass die Lichtquelle im Äther ruht. Denn nur im ruhenden Äther ist die Lichtgeschwindigkeit ca. 300000 km/s.

Nun ist die Messung der Lichtgeschwindigkeit wahrlich keine einfache Angelegenheit. Außerdem sind die Geschwindigkeiten, die die Körper (also die Himmelskörper) bezüglich des Äthers haben, im Vergleich zur Lichtgeschwindigkeit sehr gering, vielleicht 100 km/s. Daher sind die entsprechenden Differenzen (300000 zu 300100 bzw. 299900 km/s) nur bei sehr großer Messgenauigkeit zu erfassen. Diese lag aber erst gegen Ende des 19. Jhs. vor.

Die beiden Physiker, die das entsprechende Experiment durchführten, waren Albert Abraham Michelson (1852–1931) und Edward Williams Morley (1838–1923). 1887 fand dieses ausgeklügelte Experiment statt, das wir hier nur in den Grundzügen wiedergeben können. Der Grundaufbau ist in Abb. 39 dargestellt. Im Wesentlichen besteht die Apparatur aus nur fünf Elementen, einer (sehr guten) Lichtquelle, zwei Spiegeln, einem halbdurchlässigen Spiegel (das ist nichts Besonderes, jedes Stück Glas ist ein halbdurchlässiger Spiegel) und einem Detektor, das war damals einfach ein Schirm. Die Lichtquelle lässt einen Lichtstrahl direkt auf den schräg gestellten halbdurchlässigen Spiegel fallen. Er ist so gestellt, dass die Hälfte des Lichts mit 90° zum oberen Spiegel abgelenkt wird, die andere Hälfte läuft geradlinig zum rechten Spiegel weiter. An den Spiegeln werden die Lichtstrahlen reflektiert und gelangen wieder zum halbdurchlässigen Spiegel zurück. Dort wird jeweils die Hälfte des Lichts in den Detektor geleitet. Auf dem Schirm überlagern sich die Lichtstrahlen bzw. sie interferieren. Die Lichtwege der Apparatur sind so gemacht, dass die beiden Lichtstrahlen genau denselben Weg zurücklegen.

Würde die Apparatur im Äther ruhen, so würde auf dem Schirm konstruktive Interferenz herrschen, da die Berge und Täler der beiden Lichtwellen jeweils gleichzeitig aufkämen. Doch da sich die Apparatur selbstverständlich auf der Erde befand, wurde sie von dieser auf ihrer Reise durch den Äther mitgerissen, d. h., sie bewegte sich durch den Äther hindurch, oder, wie man das damals ausdrückte, es wehte ein Ätherwind durch die Apparatur. Das Licht wurde also teilweise vom Ätherwind mitgetragen, teilweise musste es gegen ihn ankämpfen, und teilweise wehte der Wind senkrecht oder schräg zum Licht. In die Abbildung ist ein Pfeil eingezeichnet, der die Richtung der Erdbewegung angeben soll. Die Apparatur wurde also zunächst so ausgerichtet, dass der horizontale Lichtstrahl auf dem Weg zum Spiegel mit der Erde mitläuft, somit gegen den Ätherwind ankämpft, auf dem Rückweg aber von diesem Wind getragen wird. Der senkrechte Lichtstrahl läuft senkrecht zum Ätherwind und wird dadurch ganz anders beeinflusst. Um für beide Lichtstrahlen die gleichen Bedingungen zu erhalten, müsste die Ap-

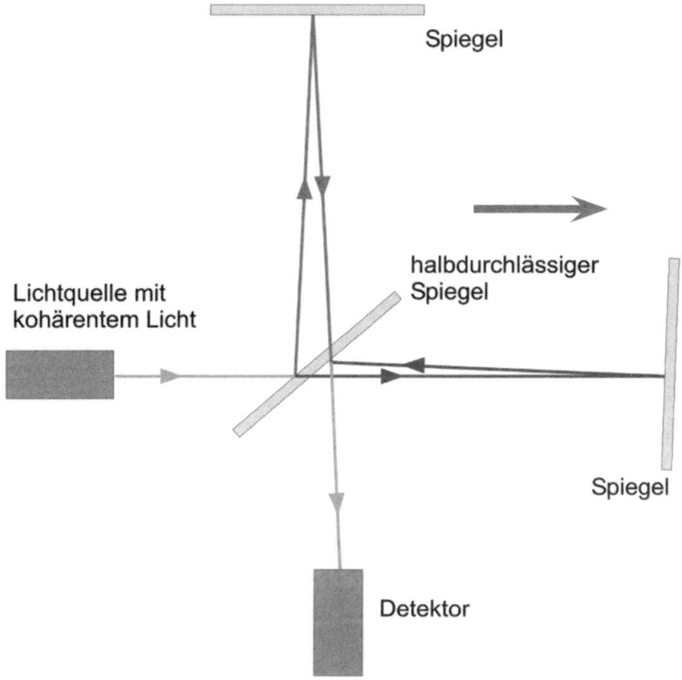

Abb. 39: Der Versuch von Michelson und Morley

paratur um 45° im Uhrzeigersinn gedreht werden, dann erst würde auf dem Schirm die konstruktive Interferenz vorherrschen. Bei langsamer Drehung um insgesamt 360° müssten dagegen alle möglichen Interferenzformen durchschritten werden.

Doch es gab eine große Überraschung: Michelson und Morley konnten die Apparatur drehen und wenden wie sie wollten, das Ergebnis war stets das gleiche, das Interferenzbild änderte sich nicht im Geringsten. Für die beiden Wissenschaftler war dies eine große Enttäuschung. Wie konnte so etwas erklärt werden? Zunächst – das wäre ja das Einfachste gewesen – durch Messungenauigkeit. So wurde der Versuch in verbesserter Weise immer wieder durchgeführt, und es konnte klar gezeigt werden, dass die Eigenbewegung der Erde von 30 km/s einen deutlichen Einfluss auf die Interferenzmuster hatte. Was also war los mit dem Ätherwind?

Natürlich wurden Erklärungen gesucht, eine der einfachsten war: Die Erde nimmt den Äther einfach mit sich, reißt also ein Stück des Äthers heraus. Dann ist das Ergebnis des Versuchs keine Überraschung mehr. Doch leider gab es andere Phänomene, die eindeutig gegen eine Mitführung des Äthers sprachen. Es blieb also rätselhaft. Bald aber sollte sich alles ändern ...

Die Lösung der Probleme: Albert Einsteins Annus mirabilis 1905

Die spezielle Relativitätstheorie

Erstaunlicherweise war es ein Mitarbeiter in einem Züricher Patentamt, der im Jahre 1905 beide Wolken der klassischen Physik auflösen sollte. Sein Name: Albert Einstein (1879–1955). Damals war er gerade mal 26 Jahre alt, und seine drei großen Veröffentlichungen in jenem Jahr schlugen hohe Wellen. Es war tatsächlich sein Annus mirabilis, sein Wunderjahr. Denn mit jeder seiner drei Aufsätze führte er ein schwieriges physikalisches Problem einer Lösung zu. In seinem dritten Aufsatz „Zur Elektrodynamik bewegter Körper“ löste er die Wolke um den Michelson-Morley-Versuch. Wie aber schaffte Einstein das?

Er löste sich von den bisherigen Annahmen des absoluten Raumes, der von Äther ausgefüllt sei und in dem das Licht seine Wellenbewegungen mache, ebenso von der absoluten Zeit, die überall im Universum auf gleiche Weise verstreiche. Ohne absoluten Raum ist aber jede Bewegung nur relativ zu anderen Bewegungen zu sehen. Die absolute Geschwindigkeit der Erde beispielsweise, also ihre Geschwindigkeit im absoluten Raum, ist nicht nur nicht ermittelbar, sie existiert gar nicht. Und das aus dem einfachen Grund, weil es keinen absoluten Raum gibt. Da dann jede Bewegung nur relativ angegeben werden kann, wird Einsteins Theorie als Relativitätstheorie bezeichnet. Sie wird ja oft (absichtlich?) missverstanden, indem der Inhalt dieser Theorie mit „alles ist relativ“ wiedergegeben wird. Das ist völlig falsch, es gibt zwar keinen absoluten Raum mehr, dafür gibt es andere „absolute“ Dinge. Und das „Absoluteste“ im Universum ist die Lichtgeschwindigkeit. Sie ist nach Einstein immer gleich, egal wie schnell sich die Beobachter des Lichts auch bewegen, sie messen immer dieselbe Geschwindigkeit von 300000 km/s. Dies war das neue Naturgesetz, das Einstein ins Spiel brachte. Damit war der Versuch von Michelson erklärt. Das Problem aber war, dass dieses Naturgesetz nicht nur eine einfache Erklärung eines Experiments bot, sondern sich ungeheure Konsequenzen daraus ergaben. Es ist hier leider nicht genügend Raum, um alle diese faszinierenden Erscheinungen verständlich zu erklären, aber eine davon wollen wir doch versuchen zu verstehen. Es ist die geheimnisvolle Zeitdilatation.

Um diese ein wenig zu verdeutlichen, stellen wir uns zwei Körper A und B vor, die jeweils eine Uhr haben. Die Uhr ist eine ganz besondere Uhr, eine sogenannte Licht-Uhr (Abb. 40). Dabei handelt es sich um zwei parallel stehende Spiegel in einem bestimmten Abstand d, zwischen denen ein Lichtstrahl ständig hin und her geworfen wird. Das Ticken dieser Uhr wird durch das Auftreffen des Lichtstrahls auf die Spiegel ausgelöst, beim oberen Spiegel gibt es ein „Tick“, beim unteren ein „Tack“. Da Licht sehr schnell ist, würde ein Tick bzw. ein Tack nur Bruchteile von Sekunden dauern, z. B. eine Milliardstel Sekunde, oder wie die Physiker sagen, eine Nanosekunde (Abkürzung ns).

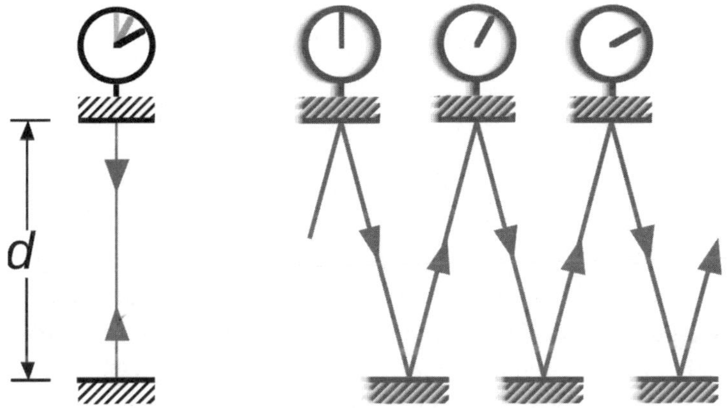

Abb. 40: Licht-Uhr

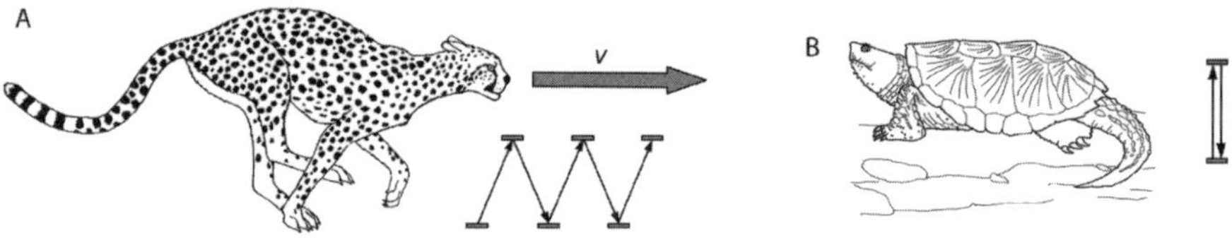

Abb. 41: Schildkröte und Gepard

Die beiden Körper A und B sollen die Gestalt eines Geparden (A) und einer Schildkröte (B) annehmen (Abb. 41). Natürlich lassen wir nun besser den Geparden mit seiner Licht-Uhr laufen und die Schildkröte ruhen. Was ist zu beobachten? Für jeden der beiden läuft für sich die Zeit völlig normal ab, die Uhren geben ihr „Tick-Tack" gleichmäßig ab. Bei jedem „Tick" vergeht genau eine Nanosekunde. Was aber sieht die Schildkröte, wenn sie die Uhr des Geparden beobachtet?

Die Schildkröte sieht, dass der Lichtstrahl einen deutlich weiteren Weg zurücklegen muss, da sich die Spiegel für sie nach links bewegen, der Lichtstrahl muss quasi hinterherlaufen. Für die Schildkröte ergibt sich aber die gleiche Geschwindigkeit des Lichts wie immer (Naturgesetz: Lichtgeschwindigkeit ist immer gleich!), d.h., der Lichtstrahl braucht für ein „Tick" bzw. ein „Tack" mehr Zeit, es läuft also nicht mit „Tick-Tack", sondern mit „Tiiick-Taaack". Die bewegte Uhr läuft für die ruhende Schildkröte langsamer – das ist die Zeit-Dilatation. Natürlich – und das ist das Relative daran – ergibt sich für den Geparden dieselbe Situation: Für ihn ist die Uhr der Schildkröte langsamer, seine eigene läuft für ihn in der „richtigen" Geschwindigkeit.

Natürlich läuft nicht nur die bewegte Licht-Uhr langsamer, alle Vorgänge im bewegten Geparden kommen der ruhenden Schildkröte langsamer vor, die Stoffwechselvorgänge etc. Und umgekehrt selbstverständlich auch. Also insgesamt eine wirklich verwirrende Angelegenheit. Die Zeit ist nicht mehr absolut, sie läuft in verschieden schnell bewegten Körpern verschieden schnell ab, aber eben nur relativ zu einem mit anderer Geschwindigkeit bewegten Körper. Bei Gepard-Geschwindigkeiten (immerhin gute 100 km/h) ist der Unterschied der Zeiten minimal: Die Schildkröte sieht anstatt einer Sekunde auf der eigenen Uhr auf der Uhr des Geparden 0,999999999999995 Sekunden, das wäre (nicht nur für Schildkröten) gar nicht messbar. Würde sich der Gepard aber mit halber Lichtgeschwindigkeit bewegen (also 150000 km/s), wären bei einer Sekunde der Schildkröte beim Geparden nur 0,87 s vergangen, bei 90 Prozent der Lichtgeschwindigkeit sogar nur 0,19 s. Die Zeit ist dann fünffach gedehnt. Wenn man es auf die Spitze treibt, also den Geparden mit Lichtgeschwindigkeit ausstattet, so vergeht während einer Schildkrötensekunde beim Geparden (aus Sicht der Schildkröte) überhaupt keine Zeit mehr, die Geparden-Zeit bleibt stehen.

Es gibt jedoch einen weiteren Effekt der Relativitätstheorie, der die Annahme der Lichtgeschwindigkeit eines Geparden bzw. überhaupt eines materiellen Körpers verhindert. Die Masse eines Körpers wächst mit seiner Geschwindigkeit, ein laufender Gepard ist schwerer als ein ruhender. Dieses Wachstum der Masse wird tatsächlich erst bei über 30000 km/s, also einem Zehntel der Lichtgeschwindigkeit, wirklich spürbar, ebenso wie die Zeitdilatation. Doch dann wird der Effekt immer stärker, bis die Masse bei Lichtgeschwindigkeit selbst unendlich groß sein würde. Dazu bräuchte man dann auch unendlich viel Energie, und schon deswegen kann kein Körper des Universums je diese Geschwindigkeit erreichen, geschweige denn überschreiten! Es gibt also ein absolutes Tempolimit im Universum, 300 000 km/s können von nichts überschritten werden.

Als letzte erstaunliche Konsequenz dieser Relativitätstheorie sei noch auf die berühmteste Formel der Physik verwiesen, $E = m \times c^2$. Diese Formel lässt sich aus der Relativitätstheorie ableiten und besagt nichts anderes, als dass Materie und Energie im Grunde dasselbe sind, Materie ist praktisch stark komprimierte Energie. Das E in der Formel meint die Energie, die ein Körper mit der Masse m (z. B. bei einem Geparden 60 kg) freisetzen könnte, wenn sich seine gesamte Materie in Energie verwandeln würde. Zur Berechnung muss die Masse mit dem Quadrat der Lichtgeschwindigkeit multipliziert werden. Da die Lichtgeschwindigkeit ja schon recht groß ist, das Quadrat dieser noch viel größer, wird also eine unglaublich große Energie schon bei sehr kleinen Massen frei. Um ein Beispiel zu geben: Eine 1-Cent-Münze wiegt 2,3 g. Würde sie komplett in Energie umgewandelt, ergäbe dies ca. 58 Millionen Kilowattstunden (kWh). Das entspricht ungefähr der vierfachen Energie, die die Atombombe auf Hiroshima freisetzte.

Die spezielle Relativitätstheorie führte also zu einem grundlegend neuen Verständnis der Natur. Das Bedeutendste war vielleicht, dass man sich Zeit und Raum nicht mehr unabhängig voneinander vorstellen kann, beide sind intensiv miteinander verflochten, sie bilden gemeinsam die vierdimensionale Raumzeit. So wurde die Relativitätstheorie anfangs auch mit sehr viel Skepsis betrachtet. Im Laufe der Jahre aber wurden so viele experimentelle Hinweise für die Richtigkeit dieser Theorie und all ihrer teilweise bizarren Konsequenzen erbracht, dass es im Grunde keinen Zweifel mehr gibt.

Der Photo-Effekt

Nun hat Einstein im Jahr 1905 nicht nur den Michelson-Versuch erklären können, in seinem ersten Aufsatz *Über einen die Erzeugung und Verwandlung des Lichtes betreffenden heuristischen Gesichtspunkt* gab er auch noch eine Erklärung für die seltsame gequantelte Energie-Abgabe der Wärmestrahlung. Er bezieht sich dabei gar nicht direkt auf die Wärmestrahlung, sondern auf ein ganz anderes Phänomen, das 1888 von Wilhelm Hallwachs (1859–1922), einem Assistenten von Heinrich Hertz, entdeckt wurde. Es handelt sich um den lichtelektrischen Effekt, auch unter dem Namen Photo-Effekt bekannt.

Der Effekt beschreibt den Umstand, dass Licht unter bestimmten Bedingungen in der Lage ist, aus Metall-Oberflächen Elektronen herauszulösen. Meist wird dazu Ultraviolett-Licht gebraucht, nur bei wenigen Metallen (Alkali-Metalle [z. B. Kalium oder Natrium] und Zink) geht es auch mit sichtbarem Licht. Dieser Effekt ist auch im Rahmen der klassischen Physik durchaus verständlich: Die Lichtwelle hat schließlich einen elektrischen Feldanteil, der auf ein negativ geladenes Elektron wirkt und dieses dann aus der Metall-Oberfläche hinausschleudern kann, wie Abb. 42 zeigt. Der Effekt war vor allem bei solchen Metallen stark vorhanden, die ihre Elektronen nur sehr

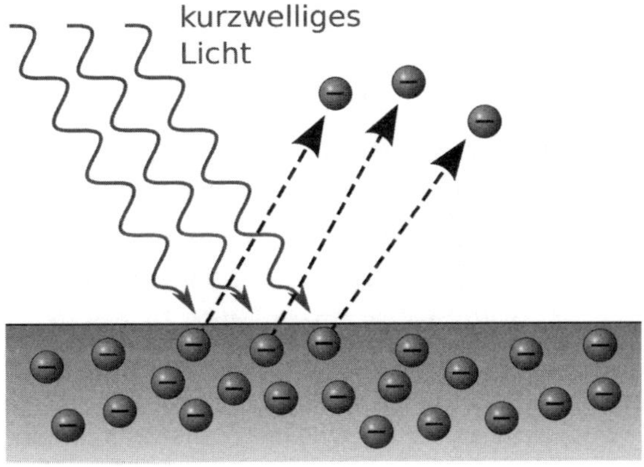

Abb. 42:
Photo-Effekt

schwach gebunden hatten. Ein wenig rätselhaft war lediglich, warum – bis auf die erwähnten Ausnahmen – so kurzwelliges Licht erforderlich war. Nach der klassischen Vorstellung ist ja nur das elektrische Feld der Welle das Entscheidende, nicht die Wellenlänge.

Dieses Rätsel war Anlass genug, den Effekt einer gründlichen Untersuchung zu unterziehen. Philipp Lenard (1862–1947) erforschte im Jahr 1900 die Energie der Elektronen, die vom Licht aus dem Metall geworfen wurden. Er ließ verschiedenfarbiges und verschieden helles Licht auf die Metalloberflächen fallen und bestimmte dann die Energie bzw. die Geschwindigkeit der Elektronen. Die Erwartung war dabei recht einfach: Helles Licht, also Licht hoher Intensität, hatte ein großes elektrisches Feld, und große elektrische Felder konnten Elektronen mit großer Wucht aus dem Metall herausschlagen. Weniger helles Licht dagegen mit seinem kleineren elektrischen Feld konnte die Elektronen nur mit geringerer Wucht herausschlagen. Folglich mussten die Elektronen beim hellen Licht sehr energiereich bzw. schnell sein, beim weniger hellen dagegen energiearm bzw. langsam.

Bei den Farben bzw. Wellenlängen des Lichts gab es die Überlegung, dass eine längere Wellenlänge die Elektronen schneller machen sollte als eine kürzere (im Wesentlichen wegen der Zeit, in der die Welle wirken könnte).

Die Ergebnisse waren umwerfend: Die Helligkeit des Lichts hatte überhaupt keinen Einfluss auf die Geschwindigkeit der Elektronen und bei der Wellenlänge war der Einfluss gerade umgekehrt: je kürzer die Wellenlänge, desto schneller die Elektronen. Lenard war nicht in der Lage, diese Ergebnisse zu deuten. Erst Einstein erklärte fünf Jahre später dieses Phänomen.

Aber wie gelang dies Einstein? Er nahm die Theorie von Max Planck zu Hilfe und erweiterte sie. Planck hatte gesagt, dass die Wärmestrahlung (und damit natürlich alles Licht) von einem Körper nur schubweise, in Paketen bzw. Quanten abgegeben werden kann. Was aber, wenn diese Pakete auch nach der Aussendung immer noch da sind? Was, wenn alles Licht aus solchen Paketen oder Quanten besteht?

Und mit genau dieser Vorstellung konnte Einstein den Photo-Effekt erklären. Licht besteht aus Licht-Quanten, Einstein nannte sie Photonen. Jedes Photon hat seine Energie, die mit der Planck'schen Formel $E = h \times f$ berechnet werden kann. Die Frequenz f ist eng mit der Lichtwellenlänge verknüpft: Wenn die Frequenz hoch ist, ist die Wellenlänge klein und umgekehrt. Das bedeutet, dass kurzwelliges Licht Photonen mit größerer Energie hat als langwelliges Licht. Damit war schon einmal die Tatsache, dass nur kurzwelliges Licht einen Photo-Effekt auslösen kann, verständlich. Und je höher die Frequenz (je kleiner die Wellenlänge) wird, umso kräftiger können die Photonen ein Elektron aus dem Metall herausschleudern. Die Messungen von Lenard ergaben so einen echten Sinn. Die Steigerung der Licht-Intensität dagegen hatte für ein losgelöstes Elektron keine Bedeutung: Höhere Helligkeit bedeutet in der Photonen-Vorstellung des Lichts ja lediglich, dass es mehr Photonen gibt, jedes Photon aber hat seine ihm zukommende Energie, nicht mehr, nicht weniger. Wenn also ein Elektron getroffen wird, nimmt es die gesamte Energie des Photons auf und hat dann seine entsprechende Geschwindigkeit. Durch mehr Photonen bekommen die einzelnen Elektronen nicht mehr Energie.

Zusätzlich – und das wog besonders schwer – kam auch genau dieselbe Naturkonstante h heraus wie bei dem Phänomen der Wärmestrahlung. Zwei völlig unterschiedliche Naturerscheinungen ließen sich durch die gleiche Naturkonstante, durch die gleiche mathematische Formel beschreiben. Das konnte nicht auf einem Zufall beruhen.

Ähnlich wie bei Einsteins Relativitätstheorie ergaben sich recht seltsame Konsequenzen: Licht wurde auf einmal wieder zu einem Strom aus Teilchen; eine Vorstellung, die zwar zu Newtons Zeiten weit verbreitet gewesen war, aber seit den Versuchen von Thomas Young längst zu den Akten gelegt worden war. Die Lichtwellen waren in zahllosen Experimenten klar dargestellt worden, es bestand kein Zweifel, dass es sich bei Licht um eine elektromagnetische Welle handeln muss. Und jetzt kam Einstein und sagte, dass Licht ein Strom von Teilchen sei. Einstein konnte sogar die Masse dieser Lichtteilchen berechnen, indem er seine Formel $E = m \times c^2$ mit Plancks Formel $E = h \times f$ verband. Licht wurde somit zu einem merkwürdigen Mischwesen, einer Chimäre aus Welle und Teilchen. Man spricht auch vom Welle-Teilchen-Dualismus. Ein unbequemer Widerspruch machte sich in der Physik breit, an dem die Physiker lange Zeit zu knabbern hatten, und eigentlich tun sie das immer noch …

Wir werden im übernächsten Abschnitt sehen, wie es mit den Quanten weiterging. Für Einstein brach mit den beiden Veröffentlichungen eine neue Zeit an; aus dem Angestellten in einem Patentamt wurde bald ein gefeierter Professor der Physik und Nobelpreisträger.

Die Relativitätstheorie wird verallgemeinert

Einstein blieb bei seiner ersten Relativitätstheorie, in der es um bewegte Körper ging, nicht stehen. Die Bewegungen der Körper relativ zueinander mussten eine sehr spezielle Eigenschaft haben: Sie mussten gleichförmig sein, also eine konstante Geschwindigkeit haben und immer in die gleiche Richtung gehen. Einstein wollte diese „Spezielle Relativitätstheorie" (SRT) auf ganz allgemeine Bewegungen erweitern, so entwickelte er die „Allgemeine Relativitätstheorie" (ART) in den zehn Jahren nach seinem Wunderjahr.

Einstein erweiterte die Betrachtungen auf Körper, die sich beschleunigt gegeneinander bewegen, insbesondere auf Körper, die durch die Schwerkraft bzw. Gravitation beschleunigt werden. Hier gelang Einstein eine ungeheure Verbesserung unseres Verständnisses vom Wesen der Gravitation. Wenn wir uns zurückerinnern: Newton konnte zwar die Schwerkraft berechnen, doch die Ursache war bei ihm eine geheimnisvolle Fernkraft, die auf beinahe magische Weise die Körper sich gegenseitig anziehen ließ. Einstein hatte eine andere Erklärung für diese Fernkraft.

Am Anfang der ART steht das Äquivalenz-Prinzip, das wiederum auf einer einfachen Beobachtung beruht: Alle Körper fallen (ohne Luft) gleich schnell, egal wie schwer sie sind. Innerhalb der Newton'schen Theorie hatte dies eine interessante Bedeutung: Auf der einen Seite ist die Masse eines Körpers für seine Trägheit verantwortlich. Trägheit bedeutet, dass es einer Kraft bedarf, um einen Körper in Bewegung zu versetzen bzw. ihn abzubremsen. Doch neben dieser Trägheit ist die Masse auch noch für die Schwerkraft verantwortlich; je mehr Masse ein Körper hat, umso mehr wird er von einem anderen Körper angezogen, z. B. von der Erde. Obwohl alle Körper gleich schnell fallen, fällt es uns natürlich leichter, eine kleine Spitzmaus zu tragen als einen ausgewachsenen Elefanten. Diese Eigenschaft der Masse wird Schwere genannt. Beide Eigenschaften wachsen in gleichem Maß, sie sind zueinander proportional.

Das ist keineswegs selbstverständlich, aber vor Einstein hat sich niemand so richtig darum gekümmert. Stellt man sich nun vor, man wäre in einem völlig geschlossenen Raum ohne Fenster, z. B. in einem entsprechenden Fahrstuhl: Wenn der Fahrstuhl beschleunigt wird, fühlt man sich (wenn auch nur für kurze Zeit) schwerer, da man durch die Trägheit der Masse zurückbleiben will. Man könnte dieses Phänomen auch so erklären, dass für kurze Zeit die Schwerkraft größer wurde. Genauso beim Ende der Fahrt, wenn der Fahrstuhl abgebremst wird. Man fühlt sich für kurze Zeit leichter. Als Erklärung könnte angenommen werden, dass die Schwerkraft für kurze Zeit kleiner geworden wäre. Aus dieser Erfahrung heraus kann das Äquivalenz-Prinzip vielleicht verstanden werden:

Die Wirkungen eines Schwerkraftfeldes in einem abgeschlossenen Raum entsprechen völlig den Wirkungen einer entsprechenden Beschleunigung dieses Raumes.

Eine der vielen faszinierenden Folgen dieses Äquivalenz-Prinzips ist die Krümmung des Raumes bzw. der Raum-Zeit. Um dies ein wenig verständlich zu machen, schauen wir uns wieder einen „Fahrstuhl" an. Diesmal soll ein Lichtstrahl durch ein kleines Loch von einer Seite einfallen. Abb. 43 skizziert dieses Gedankenexperiment. Wenn der Fahrstuhl in Ruhe ist, läuft der Lichtstrahl horizontal durch den Raum (a). Bewegt sich der Fahrstuhl mit konstanter Geschwindigkeit, läuft der Lichtstrahl immer noch gerade, aber nach schräg unten (der Fahrstuhl bewegt sich nach oben, Fall b). Wird der Fahrstuhl aber nach oben beschleunigt (c), wird er also immer schneller nach oben bewegt, so durchläuft der Lichtstrahl eine Kurve. Da aber nach dem Äquivalenz-Prinzip Beschleunigungen von Schwerkraftwirkungen nicht unterscheidbar sind, bedeutet dies, dass Schwerkraft den Raum krümmt, bzw. dass die Ursache der Schwerkraft, eine Masse bzw. ein Körper, den Raum krümmt. So kann die Gravitation durch die ART als Folge der Krümmung der Raum-Zeit betrachtet werden, die geheimnisvolle Fernkraft Newtons ist damit nicht mehr notwendig. Durch die vielen Körper im Universum wird die gesamte Raum-Zeit gekrümmt, das ist aber für uns dreidimensionale Wesen nicht mehr vorstellbar, dazu müsste man sich eine vierte Raumdimension vorstellen können. Die ART verlässt hier die Anschaulichkeit und dringt in unvorstellbare Räume vor.

Einige Experimente haben die ART schon bestätigt, v. a. konnte die Bewegung des sonnennächsten Planeten Merkur, die durch die Newton'sche Theorie noch nicht vollständig beschreibbar war, be-

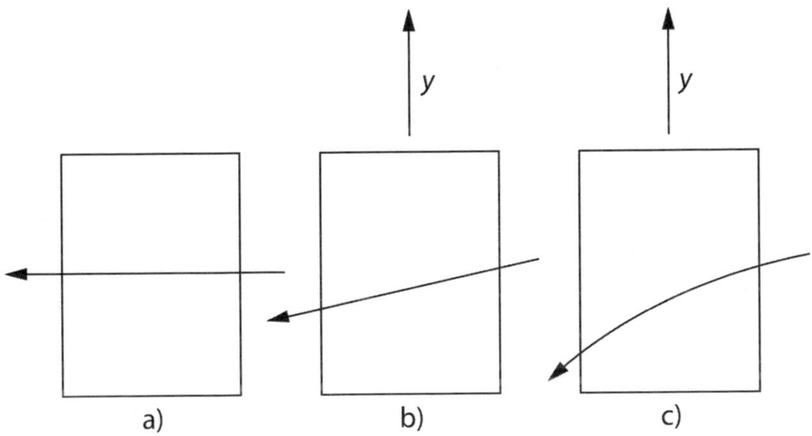

Abb. 43: Raumkrümmung

rechnet werden. So gilt die ART heutzutage als gut gesichert. In ganz besonderer Weise wurde sie in neuester Zeit (Anfang 2016) noch einmal bestätigt, als eine amerikanische Forschergruppe meldete, Gravitationswellen nachgewiesen zu haben. Mit zwei riesigen Laser-Interferometern (im Grunde der gleiche Aufbau wie bei dem Versuch von Michelson und Morley, nur ungefähr zweitausendmal größer!) konnten die Physiker das Beben der Raum-Zeit durch die Kollision zweier superschwerer Schwarzer Löcher beobachten.

Auch Elektronen sind nur Wellen: Ausbau der Quantenphysik

Was genau sind Photonen?

Während Einstein seine allgemeine Relativitätstheorie ausarbeitete, gingen viele Physiker weiter dem Geheimnis der Quanten nach. Der Welle-Teilchen-Dualismus drang tief ins Fundament der klassischen Physik ein und brachte eine der wichtigsten Eigenschaften der gesamten Theorie schwer ins Wanken: den Determinismus. Als das Licht noch als elektromagnetische Welle angesehen wurde, konnten seine elektrischen und magnetischen Felder mit den Maxwell-Gleichungen genau berechnet werden – das Schicksal des Lichts stand in diesen Gleichungen. Jetzt aber war Licht mehr als das, es war auch noch ein Teilchen. Doch diese Photonen hatten die unheimliche Eigenschaft, nur bei entsprechender Wechselwirkung mit Materie ans Licht zu treten, z. B. beim Photo-Effekt. So konnte einem Lichtteilchen keine Bahn zugeteilt werden, die dann irgendwie voraussagbar gewesen wäre. Klar gezeigt wurde dies schon im Jahre 1908 von Geoffrey Ingram Taylor (1886–1975) mit seinem berühmten „Taylor-Experiment". Dieses war im Grunde eine Abwandlung des Versuchs von Thomas Young 100 Jahre zuvor. Zwar ließ Taylor Licht auf eine dünne Nadel fallen, doch das war im Prinzip dasselbe, wie wenn er Licht auf einen Doppelspalt geschickt hätte, denn die Nadel stellte so etwas wie die „Wand" zwischen den beiden Spalten dar. Eine weitere Abwandlung war gravierender: Während Young so viel

Licht wie möglich auf den Spalt schickte, ließ Taylor so wenig Licht wie möglich auf die Nadel fallen. Im Gegensatz zu Young verfügte Taylor über leistungsfähige Fotoplatten, die das Auftreffen eines einzelnen Photons schon wahrnehmen konnten. Der Versuch dauerte aber sehr lange: Da die Lichtquelle durch Ruß-Platten stark verdunkelt wurde, dauerte er insgesamt viele Monate. Er ließ nach bestimmten Zeitabständen die Fotoplatte entwickeln; wie die Fotoplatten ungefähr aussahen, zeigt Abb. 44.

Durch die Verdunkelung der Lichtquelle hatte Taylor es geschafft, dass zu einem bestimmten Zeitpunkt im Doppelspalt nur ein einziges Photon war. Der Gedanke war nun: Wenn ein solches Photon ein „richtiges" Teilchen wäre, so müsste es sich ja „entscheiden", durch welchen der beiden Spalte es fliegen bzw. ob es links oder rechts an der Nadel vorbeifliegen sollte. Als Ergebnis müsste nach einigen Wochen Belichtungszeit schlicht der Schatten der Nadel bzw. müssten zwei helle Streifen auf den Fotos zu sehen sein. Doch das war nicht der Fall. Bei kurzer Belichtungszeit (Foto b) war praktisch gar kein Muster zu erkennen, nach längerer Zeit dagegen (Foto e) konnte eine ganze Reihe heller Streifen erkannt werden. Das bedeutete, dass schon ein einzelnes Photon mit sich selbst eine Interferenz ausübt, es lief also gleichzeitig links und rechts an der Nadel vorbei. Eine Bahn war nicht ausfindig zu machen. Photonen waren wohl doch keine „richtigen" Teilchen. Wenn man sie finden wollte, musste man sich

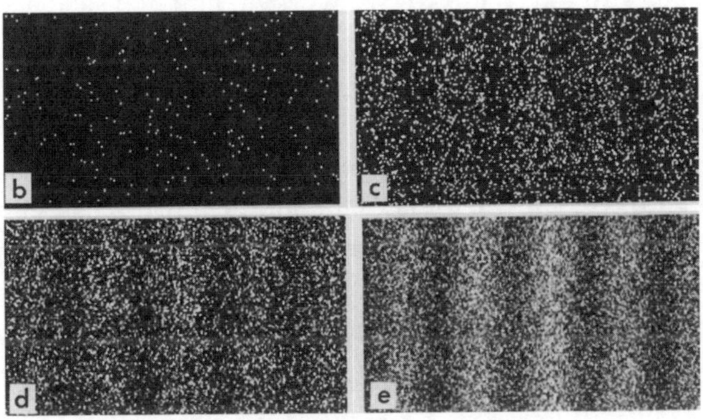

Abb. 44: Ergebnisse des Taylor-Experiments

am elektrischen Feld der Welle orientieren; wo ein großes elektrisches Feld war, war auch die Wahrscheinlichkeit groß, ein Photon zu finden. Aber es war nur eine Wahrscheinlichkeit berechenbar, kein exakter Aufenthaltsort.

Das neue Atom-Modell von Ernest Rutherford und Niels Bohr

Das war insgesamt eine zutiefst unbefriedigende Situation. Eine weitere Schwierigkeit kam aus der Physik der Atome noch hinzu: Ernest Rutherford (1871–1937) konnte in einem berühmten Versuch (er heißt mittlerweile einfach „Rutherford-Versuch“) durch Beschuss einer dünnen Goldfolie mit winzig kleinen massiven Teilchen (den wenige Jahre zuvor entdeckten Alpha-Teilchen) zeigen, dass fast die gesamte Masse des Atoms in seinem Kern konzentriert ist. Er hatte den Atomkern entdeckt. Dieser Kern hatte eine Ausdehnung von nur einem Hunderttausendstel des ganzen Atoms. Der Rest des Atoms, seine Hülle, war von kleinen, negativ geladenen Teilchen bewohnt, den Elektronen. Sie schwirrten im leeren Raum um den Atomkern, ähnlich wie die Planeten um die Sonne (Abb. 45). Eine faszinierende Analogie breitete sich hier vor den Physikern aus, der Mikrokosmos als Abbild des Makrokosmos. Doch es war zu schön um wahr zu sein: Wenn Elektronen wirklich als kleine geladene Kügelchen den Atomkern umkreisen würden, müssten sie (da sie ja bei ihrem Flug wie elektrischer Strom ein Magnetfeld aussenden) letztlich immer mehr Energie abgeben und schließlich in den Atomkern hineinfallen. Man konnte sogar durch die Maxwell-Gleichungen sehr genau berechnen, wie lange ein Elektron um einen Atomkern kreisen konnte: ziemlich genau eine hundert Millionstel Sekunde! Das neue Atom-Modell, so schön es auch war, hatte gleich zu Anfang einen deutlichen Schönheitsfehler: Es war nicht stabil.

1913 kam der dänische Physiker Niels Bohr (1885–1962) mit einer recht eigenwilligen Lösung dieses Problems: Er stellte für die Elektronen Verordnungen auf! Sie sind als die Bohr’schen Postulate in die Geschichte der Naturwissenschaften eingegangen:

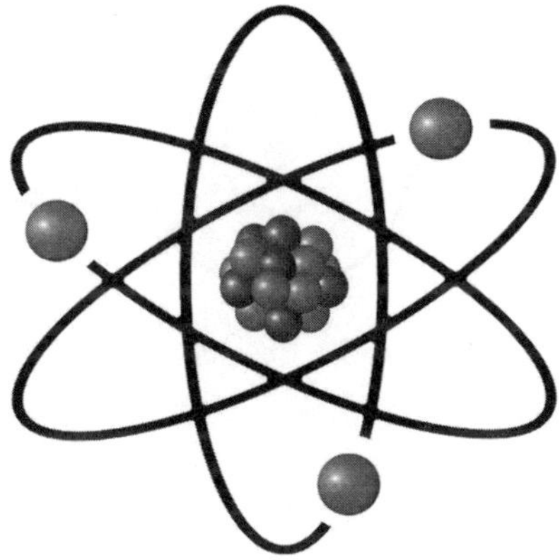

Abb. 45:
Bohr'sches Atom-Modell

1. Elektronen ist es verboten, auf Kreisbahnen um den Kern zu strahlen.

2. Elektronen ist es ebenso strengstens verboten, sich auf anderen als auf ganz bestimmten Bahnen zu bewegen.

3. Elektronen dürfen von einer zur anderen Bahn springen und dabei ein Photon abgeben oder aufnehmen (Abb. 46).

Mit diesen völlig willkürlich erscheinenden Forderungen ist es Niels Bohr gelungen, viele Erscheinungen der atomaren Lichtaussendung zu erklären. Denn Atome senden kein kontinuierliches Licht aus, anders als heiße Körper. Nur einige wenige Wellenlängen werden ausgesendet bzw. emittiert, wie die Physiker sagen. Und ein Atom schluckt bzw. absorbiert nur dieselben Wellenlängen. Diese Tatsache konnte Bohr einfach erklären durch seine bestimmten Kreisbahnen, zwischen denen eine strikte Flugverbotszone für Elektronen herrschte. Nur Sprünge, die berühmten Quantensprünge, ermöglichten es Elektronen, ihre Bahn zu verlassen. Zu diesem Sprung war jedoch ein Photon erforderlich. Wenn Elektronen in eine höhere, also weiter vom Kern entfernte Bahn kommen wollten, mussten sie ein Photon aufnehmen, im anderen Fall gaben sie eins ab. Das Photon musste genau die Energie aufbringen, die die Bahnen voneinander trennte. Die Berechnungen von Bohr stimmten mit den Experimenten zumindest beim Wasserstoff-Atom außerordentlich gut überein.

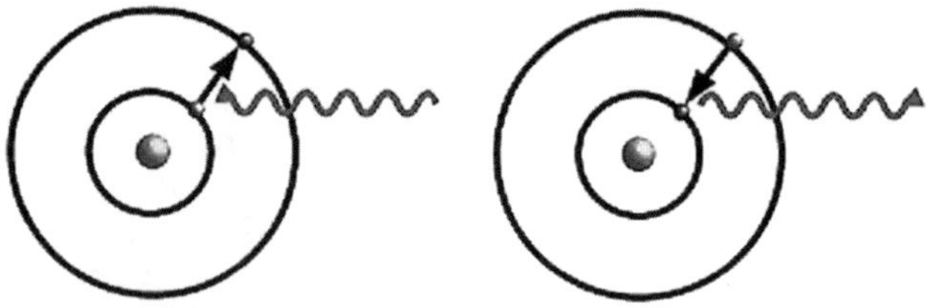

Abb. 46: Quantensprünge

Aber das größte Problem an der Sache: Wie sollten die seltsamen Verordnungen Bohrs plausibel begründet werden? Insbesondere das erste Postulat widersprach der gesamten bisherigen Physik! Es musste eine Lösung gefunden werden; in diesem Fall kam sie von einem Prinzen.

Elektronen als Wellen: Louis de Broglie

Und zwar von Prinz Louis de Broglie (1892–1987), der in seiner Doktorarbeit 1924 eine kühne Idee verfolgte, elf Jahre nach den Bohr'schen Postulaten. Er überlegte sich, ob die Verknüpfung der beiden Formeln $E = m \times c^2$ und $E = h \times f$, die Einstein für die Photonen mit Erfolg angewendet hatte, nicht auch für ganz andere Objekte der Natur gelten könnte, nämlich für die Elektronen. Sie hatten eine klar bestimmbare Masse, damit auch eine entsprechende Energie $E = m \times c^2$. Durch Gleichsetzung mit der Planckformel $E = h \times f$ wurde den Elektronen jedoch eine Schwingungsfrequenz und damit auch eine Wellenlänge zugeordnet. De Broglie behauptete also nichts Geringeres, als dass die negativen Teilchen, die die Atomkerne umkreisen sowie den elektrischen Strom durch Drähte transportieren, nichts anderes sind als Wellen, genauer gesagt Materie-Wellen.

Damit übertrug de Broglie aber auch alle anderen Ungereimtheiten der Photonen auf die Elektronen, den Dualismus, die Unmöglichkeit einer Bahnbestimmung, die Entfernung vom Determinismus: Der Aufenthaltsort eines Elektrons konnte nicht mehr exakt bestimmt werden, nur noch Wahrscheinlichkeitsaussagen waren möglich. Doch die Bohr'schen Postulate ergaben damit auf einmal einen echten Sinn: Die Elektronen waren keine kleinen Kügelchen mehr, die bei einer Kreisbahn elektromagnetische Strahlung abgeben mussten, sie waren Wellen, die sich im Atom selbst ausbildeten. Und wie die verschiedenen Schwingungen einer Saite oder eines Seils wie in Abb. 47, so konnten auch die Elektronenwellen nur verschiedene klar bestimmte Zustände (Eigenschwingungen) annehmen. Diese Zustände entsprachen dann den erlaubten Kreisbahnen von Bohr. Die Flugverbotszone zwischen den Bahnen ergab sich völlig logisch als Konsequenz der Wellennatur des Elektrons. Denn nur, wenn die Wellenlänge ganzzahlig auf die Umlaufbahn passte, konnte ein Elektronenzustand stabil sein. Abb. 48 soll eine gewisse Vorstellung davon vermitteln.

Der experimentelle Nachweis der Wellennatur des Elektrons ließ nicht lange auf sich warten: Clinton Davisson (1881–1958) und Lester Germer (1896–1971) ließen Elektronen auf ein Kristallgitter fallen und erhielten Beugungs- und Interferenzerscheinungen, eine klare Bestätigung der Theorie de Broglies.

Die mathematische Ausarbeitung der Quantenphysik wurde dann in den 20er Jahren v. a. durch zwei Physiker (tatsächlich waren

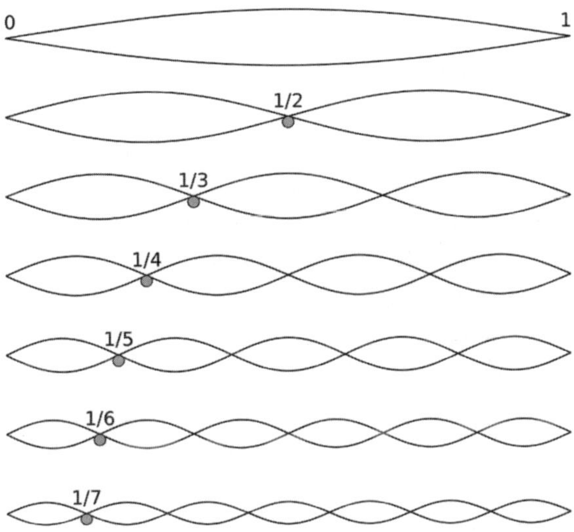

Abb. 47: Saiten-schwingungen

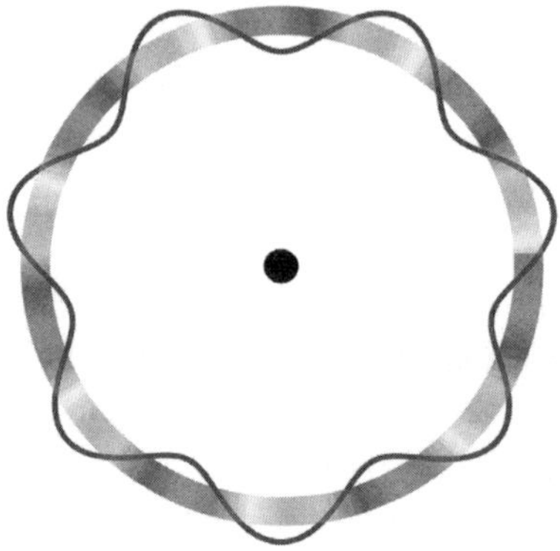

Abb. 48: Elektronenwelle in der Hülle eines Atoms

es deutlich mehr, aber die beiden sind wahrscheinlich die wichtigsten) unabhängig voneinander vorangetrieben und auch schon zu einem Abschluss gebracht: Werner Heisenberg (1901–1976) und Erwin Schrödinger (1887–1961). Ihre Ansätze waren verschieden, Heisenberg arbeitete mit Matrizen, also tabellenähnlichen Zahlenkolonnen, während Schrödinger mit „normalen" mathematischen Gleichungen arbeitete. Später stellte sich dann heraus, dass beide Formulierungen der Quantenphysik im Grunde völlig identisch sind. Uns soll hier die etwas einfachere Formulierung Schrödingers genügen, denn Matrizen sind wirklich etwas für Spezialisten. Schrödinger baute direkt auf den Wellen von de Broglie auf. Wellen werden ja durch Schwingungen beschrieben – eine Wasserwelle beispielsweise durch die Schwingung der Wasseroberfläche, Licht durch Schwingungen elektrischer und magnetischer Felder. Bei einem Elektron oder einem anderen Teilchen kann so etwas Einfaches nicht gefunden werden. Es ist eine geheimnisvolle Funktion, die sogenannte Wellenfunktion, mit der passenden Abkürzung ψ (der griechische Buchstabe Psi), die die Schwingung bzw. Welle beschreibt, die das Elektron oder irgendein anderes Teilchen darstellt. Da gewöhnliche Wellen mit Wellengleichungen beschrieben werden, versuchte Schrödinger, für ψ ebenfalls eine solche Gleichung zu finden, was er auch geschafft hat. Mit seiner Schrödinger-Gleichung ist es ihm gelungen, alle wesentlichen Phänomene der Atomphysik zu beschreiben:

$$\left(-\frac{\hbar^2}{2m}\nabla^2 + V\right)\psi(x,y,z,t) = i\hbar\frac{\partial\psi(x,y,z,t)}{\partial t}$$

Diese Gleichung, die immerhin ein wenig an die Maxwell-Gleichungen erinnert, kann als die wesentliche Grundlage der Quantenphysik angesehen werden. Das geheimnisvolle ψ hat nun allerdings keine messbare physikalische Bedeutung, wohl aber das Quadrat von ψ. Dieses beschreibt die Wahrscheinlichkeit, ein Elektron (oder ein anderes durch ψ beschriebenes Teilchen) an irgendeinem Ort anzutreffen, ähnlich, wie die elektrischen Felder die Wahrscheinlichkeit für das Vorhandensein eines Photons beschreiben. Aber eben nur die Wahrscheinlichkeit!

Den Determinismus, die Ursache-Wirkungs-Beziehung, gab es in seiner strengen Form nicht mehr. Aber was genau bedeutet das jetzt? Nun, diese Frage ist Gegenstand aktueller Diskussionen und damit noch keineswegs abgeschlossen. Aber in aller Kürze: Die ψ-Funktion, dieses Gebilde, das das wellen- und teilchenartige Verhalten der kleinsten Teilchen beschreibt, ist zwar bestimmt durch die Schrödinger-Gleichung, d.h., ihr zeitliches und räumliches Verhalten wird vollständig durch sie beschrieben. Aber wenn wir fragen, wo sich denn nun unser Teilchen befindet, bekommen wir nur Wahrscheinlichkeiten als Antwort. Dort, wo ψ einen großen Wert hat (bzw. genauer gesagt das Quadrat von ψ), ist die Wahrscheinlichkeit groß, das Elektron anzutreffen, wo ψ einen kleinen Wert hat, ist auch die Wahrscheinlichkeit klein. Das „Schlimme“ daran ist, dass es sich hierbei nicht nur um Unsicherheit aufgrund von Unwissen handelt, so wie bei einer Lotterie. Auch in den Zeiten der klassischen Physik war kein Physiker in der Lage, den Ausgang einer Lotterie zu berechnen, denn zu viele Unbekannte waren in der Rechnung. Aber kein Naturwissenschaftler des 19. Jhs. hätte daran gedacht, dass ein solches Spiel nicht vollständig determiniert wäre. Bei der Quantenphysik ist das jetzt – zumindest nach der vorherrschenden Lehrmeinung – anders. Wo sich ein Teilchen wirklich aufhält, wo also z. B. das Photon auf ein Elektron eines Metalls beim Photo-Effekt trifft, das ist nur zum Teil von den Naturgesetzen bestimmt (Schrödinger-Gleichung), ansonsten ist da noch der reine Zufall im Spiel.

Die Geheimnisse des Atomkerns

Während die Quantenphysik erfolgreich die Welt der Elektronen und Photonen durchdrang, blieb noch ein massiver Rest der Materie mit vielen Rätseln behaftet: der von Rutherford 1911 entdeckte Atomkern. Tatsächlich begann die Erforschung des Atomkerns deutlich früher. Rutherford hatte für seinen Versuch ja kleine massive Teilchen benutzt, die sogenannten Alpha-Teilchen. Diese Teilchen wurden schon viele Jahre früher entdeckt, im Grunde schon 1896 durch Antoine-Henri Becquerel (1852–1908). Dieser entdeckte die radioaktive Strahlung von Uran, angeregt wiederum durch die Entdeckung der Röntgenstrahlung von Wilhelm Conrad Röntgen (1845–1923) im Jahre 1895. Die weitere Erforschung der radioaktiven Strahlen des Urans erfolgte durch das Ehepaar Marie (1867–1934) und Pierre Curie (1859–1906). Im weiteren Verlauf schaltete sich E. Rutherford in die Erforschung der Radioaktivität ein. Als erstes bahnbrechendes Ergebnis erhielt er die Aufteilung der radioaktiven Strahlen in drei Gruppen, die er Alpha-, Beta- und Gamma-Strahlung nannte. Mit den Alphastrahlen entdeckte er dann den Atomkern.

Doch Rutherford tat noch mehr, er beschoss nicht nur Goldfolien mit Alphateilchen, sondern alle möglichen sonstigen Stoffe. Und beim Beschuss von Stickstoff gelang ihm 1919 eine Ungeheuerlichkeit: Er wandelte chemische Elemente ineinander um! Rutherford hatte aus Stickstoff Sauerstoff gemacht, die erste künstliche Elementumwandlung in der Geschichte der Menschheit.

Ein weiteres wichtiges Ergebnis war, dass Atomkerne offensichtlich aus Protonen bestehen, Teilchen, die rund 2000mal so schwer wie Elektronen sind, aber eine positive Ladung tragen, die genau so groß wie die eines Elektrons ist. Doch beim Nachrechnen der Massen der Atomkerne erkannte man, dass es noch eine Lücke gab. Und darüber hinaus: Wie konnte ein Gebilde aus lauter positiven Teilchen stabil sein? Schließlich stoßen sich gleich geladene Körper ab, und insbesondere, wenn sie so nah beieinander sind.

Viele Physiker waren der Auffassung, dass es noch einen weiteren Bestandteil des Atomkerns geben musste. Es vergingen aber noch einige Jahre, bis es zu seiner Entdeckung kam. Schließlich wurden 1932 durch James Chadwick (1891–1974) die Neutronen entdeckt: neutrale Teilchen, die ungefähr die Masse eines Protons hatten. So kann man sich nun einen Atomkern als aus Protonen und Neutronen zusammengesetztes Objekt vorstellen, ungeheuer dicht und klein. Zum Beispiel besteht der Heliumkern aus zwei Protonen und zwei Neutronen. Man musste also erwarten, dass sich die Gesamtmasse des Heliumkerns einfach als Summe der vier Einzelmassen ergibt, also $M_{kern} = 2M_{Proton} + 2M_{Neutron}$. Doch erstaunlicherweise erwies sich ein Heliumkern (und dies gilt für alle Atomkerne) als leichter als die einzelnen Teilchen. Die fehlende Masse, als Massendefekt bezeichnet, muss aber doch irgendwo sein! Tatsächlich wird diese Masse bei der Bildung der Kerne durch die Kernkraft in Energie umgewandelt, getreu der Formel von Einstein $E = m \times c^2$, mit der jede Masse mit einer ihr zugehörigen Energie verknüpft wird.

Wenn schwache Kräfte, beispielsweise die Gravitation, wirken, ist solch ein Massendefekt nicht zu beobachten; sie sind zu klein, um so viel Energie freizusetzen. Nur die Kernkraft ist in der Lage, messbare Massen „verschwinden“ zu lassen. Die Physiker wollten natürlich noch viel mehr Details über die einzelnen Kernarten herausfinden. Dabei gelang es ihnen sogar, die ungeheuren Energien, die die Kernkraft in sich birgt, anzuwenden: Sie entdeckten die Spaltbarkeit der Kerne, eine Entwicklung, die sowohl zu den problematischen Kernkraftwerken führte als auch zu der verheerenden Erfindung der Atombombe.

Auf der Suche nach den kleinsten Teilchen

Die uralte Frage nach den elementaren Bestandteilen der Welt wurde durch all diese Ergebnisse wieder aktuell. Ein Atom war ja nun eben doch kein Atom im Demokrit'schen Sinne, denn es war hervorragend teilbar. Als neue Kandidaten für die eigentlichen kleinsten Bestandteile der Welt kamen nun die Elektronen und Protonen infrage bzw. wurde die Frage diskutiert, aus was diese Teilchen bestehen. Gleichzeitig entdeckte man in den 50er Jahren auch noch eine ganze Schar neuer „Elementar“-Teilchen.

Eine wichtige Quelle neuer Teilchen waren die Teilchenbeschleuniger, die in den 40er und 50er Jahren aus dem Boden schossen. Sie beschleunigten Elektronen und Protonen auf ungeheure Geschwindigkeiten und ließen sie dann zusammenprallen. Bis zum heutigen Tag ist dies die wesentliche Methode der Elementarteilchenphysiker. Beim Aufprall entstehen jede Menge neuer Elementarteilchen, die untersucht werden können.

Die Teilchenbeschleuniger wurden im Laufe der Zeit immer größer, um den Teilchen eine immer größere Energie mitzugeben. Dies gipfelte schließlich im LHC (Large Hadron Collider, großer Hadronen-Beschleuniger) in der Forschungsanlage des CERN in Genf, der mit einem Umfang von 27 km der größte Teilchenbeschleuniger der Welt ist (Stand 2016).

Ohne der verwickelten Geschichte der Erforschung aller Teilchen hier nachzugehen, sei nur so viel gesagt: Der ganze „Teilchenzoo" der 50er und 60er Jahre konnte stark „elementarisiert" werden, heute (2016) gibt es ein recht übersichtliches Bild der fundamentalen Teilchen. Protonen und Neutronen beispielsweise sind nicht fundamental, sie sind aus drei fundamentalen Teilchen zusammengesetzt, sogenannten Quarks, beim Proton zwei u-Quarks und ein d-Quark. Diese Quarks sind (nach heutiger Sicht) fundamental, also nicht weiter zusammengesetzt. Dasselbe gilt für das Elektron. Die bekannte Materie um uns herum wird durch zwei Quarks und das Elektron vollständig aufgebaut. Daneben gibt es noch eine Reihe exotischer Fundamentalteilchen, darunter das berühmte Higgs-Teilchen, dessen Nachweis 2015 im CERN geglückt ist.

Die Flucht der Galaxien

Die Physik drang im Verlauf des 20. Jhs. immer tiefer in die Sphäre des Mikrokosmos ein, bis hin zu den Quarks. Das 20. Jh. sah aber auch große Fortschritte in der zweiten großen Forschungslinie der Physik, dem Makrokosmos. Wir haben gesehen, dass es gegen Ende des 19. Jhs. die Vorstellung gab, dass unser Universum im Wesentlichen aus der Milchstraße, einem System aus ca. 100 Milliarden

Sternen, darunter unsere Sonne, und einer Menge von Gasnebeln besteht. Diese Gasnebel waren allerdings umstritten, es gab eine kleine Fraktion von Astronomen, die weiterhin die Ansicht von Kant und Herschel vertraten, dass zumindest einige der Nebel nicht aus Gas, sondern aus Sternen bestehen würden. Und diese Sternsysteme sollten dann eigene Galaxien, ähnlich wie die Milchstraße, bilden.

Die Klärung der Frage kam 1926, als Edwin Hubble (1889–1953) seine Ergebnisse über einen Nebel namens M33, auch bekannt unter dem Namen Dreiecksnebel, veröffentlichte. Er hatte es geschafft, die Entfernung dieses Nebels zu messen. Gelungen war ihm dies, da er mit dem damals größten Teleskop der Welt arbeitete und weil er ein von Henrietta Leavitt (1868–1921) entdecktes Naturgesetz anwandte. Sie hatte entdeckt, dass bestimmte Sterne (die „Cepheiden") eine von ihrer Helligkeit abhängige periodische Helligkeitsänderung haben. Also: Je heller ein Cepheide, desto länger ist der Wechsel zwischen maximaler und minimaler Helligkeit. Dieser Wechsel wird durch das Pulsieren des Sterns ausgelöst. Wenn nun von einem Cepheiden die Dauer des Helligkeitswechsels bekannt war (das sind normalerweise einige Tage), dann konnte die Helligkeit des Sterns berechnet werden. Diese Helligkeit war die „echte" Helligkeit des Sterns. Wenn man diese mit der „scheinbaren" Helligkeit verglich, also mit der Helligkeit, die von der Erde aus sichtbar war, konnte die Entfernung berechnet werden.

Hubble konnte nun im Dreiecksnebel einen Cepheiden ausfindig machen, und schon hatte er die Entfernung zur Erde: 720000 Lichtjahre (heute wissen wir, dass die Entfernung tatsächlich 2,8 Millionen Lichtjahre beträgt). Da die Milchstraße selbst „nur" 100000 Lichtjahre groß ist, musste M33 weit außerhalb liegen.

Mit der Cepheiden-Methode konnte Hubble dann sehr viele der Nebel als extragalaktische Objekte identifizieren und ihre Entfernungen messen. Dabei machte Hubble eine „Jahrhundert-Entdeckung": Er zeigte, dass die Galaxien sich (fast) alle von der Milchstraße entfernen; je weiter sie weg sind, desto schneller fliehen sie vor uns. Deutlich wurde dies durch den Doppler-Effekt (Abb. 49): Wenn sich eine Lichtquelle von uns weg bewegt, werden ihre Wellen in die Länge gezogen, aus grünem Licht wird dadurch Licht, das

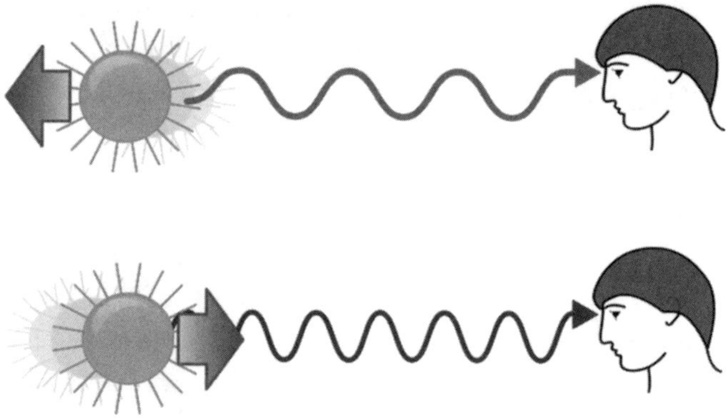

Abb. 49: Zum Doppler-Effekt

(mehr oder weniger leicht) in den roten Bereich verschoben wird. Das Phänomen ist auch unter dem Namen Rotverschiebung bekannt geworden. Im umgekehrten Fall, wenn sich eine Lichtquelle auf uns zubewegt, gibt es eine Blauverschiebung. Da das Ausmaß der Rotverschiebung eine genaue Aussage über die Geschwindigkeit erlaubt, konnte Hubble die Entfernung der Galaxien mit ihrer Fluchtgeschwindigkeit in Beziehung setzen und fand heraus, dass beides gleichermaßen größer wird.

Aber was hat die Milchstraße so Schreckliches an sich, dass alle Galaxien vor ihr fliehen wollen? Natürlich nichts, denn für jede Galaxie würde sich das gleiche Bild ergeben, die Galaxien fliehen alle voreinander. Dies lässt sich am einfachsten durch eine Expansion des gesamten Universums erklären. Wegen unserer unzureichenden Vorstellungskraft wird zur Veranschaulichung meist das Bild eines mit Punkten bemalten Luftballons bemüht, der aufgeblasen wird. Je weiter ein Punkt von einem anderen entfernt ist, desto größer ist die Geschwindigkeit, mit der sie sich beim Aufblasen des Ballons voneinander entfernen.

Wenn der Gedanke logisch zurückverfolgt wird, kommt man an den Punkt, an dem die Expansion begann, an dem alle Galaxien zusammen waren, alle Atome des Universum an einem einzigen unvorstellbar dichten Punkt. Von diesen Erwägungen aus machte die

Urknalltheorie ihren Anfang. Gestützt durch eine Reihe von Beobachtungen (Hintergrundstrahlung als Nachleuchten dieser Urexplosion, Elementhäufigkeiten, natürlich gerade die Flucht der Galaxien) und im Einklang mit der allgemeinen Relativitätstheorie, setzte der Siegeszug dieser Theorie an. Bis heute (2016) gibt es keine Theorie, die die Entwicklung des Universums besser erklären könnte.

Schluss

„Die moderne Naturwissenschaft war eine Reise ins Unbekannte, bei der man an jeder Station Demut lernen konnte. Viele Reisende hätten aber doch besser zu Hause bleiben sollen."

Carl Sagan

Zweieinhalbtausend Jahre sind eine lange Zeit, nicht nur für ein kurzes Buch. Wir haben gesehen, dass die Betrachtung von Naturphänomenen in diesem Zeitraum riesige Veränderungen durchgemacht hat. Das gilt für die Modelle, mit deren Hilfe Naturphänomene erklärt werden sollten, vor allem auch für den Umfang des Wissens. Die größten Veränderungen betrafen aber die Rahmenbedingungen, unter denen Wissen gewonnen wird.

Heute erscheint die Naturwissenschaft als ein riesiges Wissenssystem, das Unmengen von Erkenntnissen und Daten enthält, aber auch einen riesigen Apparat an Technik, Laboratorien und anderen Forschungs- und Lehrinstituten, weltweit vernetzt durch Medien, wie zum Beispiel dem Internet. War es einem Naturwissenschaftler noch im 19. Jh. möglich, mit geringem finanziellen Aufwand große Entdeckungen in einem kleinen Labor zu machen, erscheint es heute eher so, als ob nur kleine Entdeckungen in einem gigantischen Labor mit entsprechend hohem finanziellen Aufwand möglich sind. Und in diesen Laboren herrscht eine ziemliche Spezialisierung vor; kein Physiker ist beispielsweise in der Lage, die gesamte Anlage des CERN zu verstehen. Kein Naturwissenschaftler kennt sich noch wirklich in der gesamten Naturwissenschaft aus. Jeder ist auf ein enges Teilgebiet seiner Spezialwissenschaft ausgerichtet; große Synthesen, wie sie in früheren Zeiten Aristoteles oder Newton geschaffen haben, verbieten sich da schon von selbst.

Das naturwissenschaftliche Wissenssystem hat heute auch eine große wirtschaftliche Bedeutung, ist Teil des ökonomischen Marktgeschehens. Der Erfolg der modernen Naturwissenschaft hatte ja sehr viel damit zu tun, dass sie anwendbar war und ist. Es gibt zwar immer noch die Grundlagenforschung, die Suche nach dem, was die „Welt im Innersten zusammenhält", wie es Goethe einmal formulierte. Aber es wird immer schwieriger, diese Grundlagenforschung von ihren Anwendungen zu trennen.

Die Physik und mit ihr die Astronomie, historisch unbestritten seit jeher die Leitdisziplinen der europäischen Naturforschung, zeigen ein typisches Bild aller Naturwissenschaften. Es gibt kein geschlossenes Erklärungssystem mehr. Am Ende des 19. Jhs. schien man ganz sicher, kurz vor der vollständigen Erklärung aller Erscheinungen zu stehen. Seitdem hat man manchmal den Eindruck, als ob man, trotz des schier unendlichen Wissens, das man dazugewonnen hat, immer weniger wirklich versteht.

Die Quantenphysik lasst sich – trotz aller Bemühungen – mit den übrigen Theorien nicht widerspruchsfrei verknüpfen, insbesondere zwischen ihr und der allgemeinen Relativitätstheorie scheint kein Zusammenhang zu bestehen. An einer all diesen Theorien übergeordneten „Theory of everything" (TOE) wird zwar gearbeitet, die Superstringtheorie ist ein Kandidat dafür, aber abzusehen ist eine solche Vereinheitlichung nicht. Vielleicht wird es sie nie geben, vielleicht ist es auch einfach noch zu früh, 115 Jahre nach dem Beginn der modernen Physik zu verlangen, dass es ein einheitliches Bild ergibt.

Und es gibt viele ungelöste Rätsel, die, je genauer man hinschaut, immer noch größer zu werden scheinen. Es sind die „Wolken", die William Thomson gesehen hat. Im Mikrokosmos gibt es sehr viele ungeklärte Fragen, selbst so etwas Einfaches wie ein Messprozess ist bei den kleinsten Teilchen noch immer nicht wirklich verstanden. In der Biologie wird immer deutlicher, dass wir zum Beispiel die Wechselwirkung zwischen DNA und den Proteinen viel zu einseitig gesehen haben, die Komplexität des Lebens wird immer undurchschaubarer. Das Genom enthält mehr Bereiche, von denen man nicht genau weiß, was da geschieht, als Bereiche, von denen man das zumindest zu wissen glaubt.

Und noch viel unheimlicher: die Dunkle Materie. Die Galaxien drehen sich nicht so, wie sie eigentlich sollten, sondern so, als ob viel

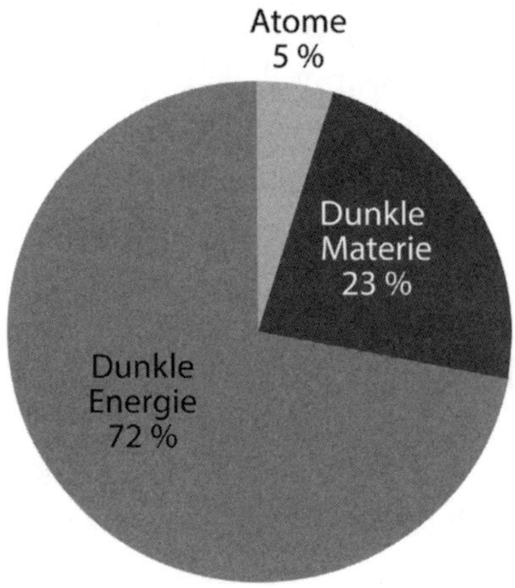

Abb. 50: Verteilung von Materie und Dunkler Energie

mehr Masse da wäre, als eigentlich da ist. Genaue Rechnungen zeigen, dass ungefähr 75 Prozent der Masse im Universum keine Materie im gewöhnlichen Sinn ist, d. h., drei Viertel unseres Universums sind den Physikern noch völlig unbekannt. Dazu kommt noch die geheimnisvolle Dunkle Energie, die herangezogen werden muss, um die Expansion des Universums mit den Beobachtungsdaten in Übereinstimmung zu bringen. Niemand weiß, was sie sein soll, aber anscheinend muss es sie geben – und sogar sehr viel davon. Das Diagramm (Abb. 50) veranschaulicht die Verhältnisse: Wir kennen höchstens fünf Prozent des Universums, und nicht einmal die kennen wir vollständig.

Der österreichisch-polnisch-israelische Wissenschaftsphilosoph Ludwik Fleck (1896–1961) formuliert in dem Zitat, das wir an den Anfang unseres Buches gestellt haben, „*Naturwissenschaft ist eine nie fertig zu machende Arbeit*“. Aber gerade das macht die Naturwissenschaft so spannend, sie ist eine abenteuerliche Reise in unbekannte Welten des Wissens, und es scheint für diese Reise keine Grenzen zu geben. Die Geschichte der Naturwissenschaften zeigt, dass es sich immer neu lohnt, auf diese Reise zu gehen.

Weiterführende Literatur

Jeffrey Bennett u. a.: Astronomie: die kosmische Perspektive. München 2009

Helmut Birkhan: Magie im Mittelalter. München 2010

Henning Boethius: Geschichte der Elektrizität. Weinheim 2006

Sigmund Brandt: Geschichte der modernen Physik. München 2010

Olaf Breidbach: Geschichte der Naturwissenschaften. Band 1: Antike. Heidelberg, Wiesbaden 2014

Floris Cohen: Die zweite Erschaffung der Welt. Wie die moderne Naturwissenschaft entstand. Frankfurt, New York 2010

Ernst Peter Fischer: Die andere Bildung. Was man von den Naturwissenschaften wissen sollte. München 2003

Ernst Peter Fischer: Einstein trifft Picasso und geht mit ihm ins Kino oder: Die Erfindung der Moderne. München 2005

John Freely: Aristoteles in Oxford. Wie das finstere Mittelalter die moderne Naturwissenschaft begründete. Stuttgart, 2014

Johannes Fried. Aufstieg aus dem Untergang. Apokalyptisches Denken und die Entstehung der modernen Naturwissenschaft im Mittelalter. München 2002

Dieter Groh: Göttliche Weltökonomie. Perspektiven der wissenschaftlichen Revolution vom 15. bis zum 17. Jahrhundert. Frankfurt am Main 2010

Thomas Junker: Geschichte der Biologie. Die Wissenschaft vom Leben. München 2004

Thomas Junker, Sabine Paul: Der Darwin Code. Die Evolution erklärt unser Leben. München 2010

Wilfried Kuhn: Ideengeschichte der Physik. Braunschweig 2001

Rolf Landua: Am Rande der Dimensionen. Gespräche über die Physik am CERN. Frankfurt am Main 2008

Beatrix Langner (Hg.): Johannes Kepler. Der Traum, oder: Mond-Astronomie. Somnium sive astronomia lunaris. Mit einem Leitfaden für Mondreisende von Beatrix Langner. Berlin 2011

Robert Locqueneux: Kurze Geschichte der Physik. Göttingen 1989

Ernst Mayr: Das ist Biologie. Die Wissenschaft des Lebens. Heidelberg, Berlin 2000

Müller-Wille, S., H.-J. Rheinberger, Das Gen im Zeitalter der Postgenomik. Eine wissenschaftshistorische Bestandsaufnahme. Frankfurt am Main 2009

Richard Panek: Das unsichtbare Jahrhundert. Einstein, Freud und die Suche nach verborgenen Welten. Berlin 2007

Claus Priesner: Geschichte der Alchemie. München 2011

Karoly Simonyi: Kulturgeschichte der Physik. Frankfurt am Main 2001

Simon Singh: Big Bang. Die Ursprünge des Kosmos und die Erfindung der modernen Naturwissenschaft. München, Wien 2007

Dava Sobel: Galileos Tochter. Berlin 1999

Bildnachweis

1, 2, 4, 9, 15, 19, 20, 21, 26, 28, 29, 32, 34, 50: Autoren
3: styleuneed – Fotolia.com
5: Umgezeichnet nach Bennett et al.: Astronomie. Die kosmische Perspektive. München 2010
6: Umgezeichnet nach Celnik & Hahn: Astronomie für Einsteiger. Stuttgart 2002.
7: aus www.paehler.org/tim/archiv/physdid/node11.html
8: aus news.astronomie.info/sky200306/thema.html
10: aus www.abyss.uoregon.edu
11, 17: akg-images
12: galileo.rice.edu/images/things/tycho_univ.gif
13: Hellisp – wikimedia commons
14: Grook Da Oger – wikimedia commons
16: Ragesoss – wikimedia commons
18: web.physik.rwth-aachen.de
22: JohnBad – wikimedia commons
23: wikimedia commons
24: umgezeichnet nach asti.vistecprivat.de/hp/elektronik/wpu10/radiozusatz.html
25: nachgezeichnet nach alchetron.com/Electrical-Technology-647-W
27: www. kohlhammer-schulversuche.de
30: Tryphon – wikimedia commons
31: Mu301 – wikimedia commons
33: Joergens.mi – wikimedia commons
35: Scewing – wikimedia commons
36: akg/science photo library
37: Thomas-sk – wikimedia commons
38: Ladyt – wikimedia commons
39: Ahellwig – wikimedia commons
40: DB au – wikimedia commons
41: pixaby/supercoloring.com/Autoren
42: Afrank99 – wikimedia commons
43: umgezeichnet nach W. H. Westphal: Die Relativitätstheorie. Stuttgart 1955
44: Cantons-de-l'Est – wikimedia commons
45: geralt – Pixabay.com
46: nach www.physik.wissenstexte.de/floureszenz.htm
47: Qef – wikimedia commons
48: Pieter Kuiper – wikimedia commons
49: Bender235 – wikimedia commons

Personenregister